普通高等教育"十一五"国家级规划教材

国家级精品课程主教材

编译原理

（第三版）

主编　何炎祥

编者　李晓燕　王汉飞　伍春香

华中科技大学出版社
http://www.hustp.com

中国·武汉

图书在版编目(CIP)数据

编译原理(第三版)/何炎祥　主编. —武汉：华中科技大学出版社,2010.8
ISBN 978-7-5609-3441-9

Ⅰ.编…　Ⅱ.何…　Ⅲ.编译程序-程序设计-高等学校-教材　Ⅳ.TP314

中国版本图书馆 CIP 数据核字(2010)第 123541 号

编译原理(第三版)　　　　　　　　　　　　　　　　　　　　　　　　何炎祥　主编

策划编辑：沈旭日
责任编辑：田　密
封面设计：潘　群
责任校对：刘　竣
责任监印：熊庆玉
出版发行：华中科技大学出版社(中国·武汉)
　　　　　武昌喻家山　　邮编：430074　　电话：(027)87557437
录　　排：武汉众欣图文照排
印　　刷：湖北新华印务有限公司
开　　本：787 mm×1092 mm　1/16
印　　张：17
字　　数：421 千字
版　　次：2018 年 12 月第 3 版第 13 次印刷
定　　价：27.80 元

本书若有印装质量问题，请向出版社营销中心调换
全国免费服务热线：400-6679-118　竭诚为您服务
版权所有　侵权必究

前　言

　　编译程序(Compiler)是计算机的重要系统软件,是高级程序设计语言的支撑基础。本书主要介绍设计和构造编译程序的基本原理和方法。

　　本书共分 14 章。

　　第 1 章讲述编译程序的功能、结构、工作过程、组织方式、编译程序与高级语言的关系,以及编译自动化方面的基本知识。

　　第 2 章介绍形式语言理论,我们仅仅给出了便于理解、有助于研究各种分析方法和设计构造编译程序的形式语言理论,并着重介绍了上下文无关文法。

　　有穷自动机是描述词法的有效工具,也是进行词法分析的主要理论基础。因此,第 3 章专门讨论有穷自动机,它与正规文法、正规表达式之间的对应关系,以及它的确定化和最小化方面的知识,略去了像图灵机及可计算性理论方面的内容。第 4 章讨论词法分析的功能和词法分析程序的设计方法。

　　上下文无关文法可用于描述现今大多数高级程序设计语言的语法,也是语法分析的主要理论支柱。为此,在接下来的几章里,主要讨论了与上下文无关文法相关的各类语法分析方法。

　　第 5 章介绍自上而下分析方法,包括 LL(k) 文法、LL(1) 分析方法和应用十分广泛的递归下降分析方法。第 6 章讨论自下而上分析方法的一般原理和优先分析方法,包括简单优先分析技术和算符优先分析方法。第 7 章专门讨论自下而上的 LR(k) 分析方法,包括 LR(0)、SLR(1)、规范 LR(1) 及 LALR 分析表的构造算法。

　　第 8 章介绍语法制导翻译方法,主要讨论了 SDTS 的基本原理、属性翻译文法,以及它们在中间代码生成中的应用。

　　第 9 章讨论运行时的存储组织与管理,其中考虑了一些重要的语言特征,如过程调用、参数传递、数组和记录的存取方式及多种存储分配技术。

　　第 10 章讨论符号表的组织和存取符号表的各种方法。第 11 章介绍常用的优化方法。第 12 章简单讨论代码生成的原理。

　　第 13 章、第 14 章中花了较大篇幅分别介绍了词法分析器生成工具 LEX 和语法分析器生成工具 YACC,以便于本课程的教学实习和课程设计。

　　我们认为某些形式语言理论和自动机理论对设计构造编译程序是极其有用的,但现有的不少形式语言理论及自动机理论与设计和构造编译程序的关系不大。本书试图在沟通设计和构造编译程序的理论与实践、原理与方法等方面作一点尝试。

　　编译原理这门课程是计算机专业的主干课和必修课,也是计算机专业高年级课程中较难学习的一门课程,其先导课程是汇编语言程序设计、计算机组成原理、数据结构、高级语言程序设计和离散数学等。本课程的参考学时数为 72,使用者可根据具体情况对教材内容进行取舍,例如,工科院校的学生可略过第 7 章、第 8 章并可精简第 2 章的内容,从而使授课学时数减至 54。

为了满足教学和自学的需要，我们还编写了配套参考书《编译原理学习与解题指南》，供读者选用。

本书的第1～6章由李晓燕编写，第7、8、10、12章及1.5～1.7节由何炎祥编写，第11、13、14章由王汉飞编写，第9章由伍春香编写，全书由何炎祥统稿。

本书可作为高等院校计算机专业的教材，也可供教师、研究生及有关科技工作者学习和参考。

本书成书过程中，得到了华中科技大学出版社的鼎力协助，此外，书中还引用了一些专家学者的研究成果，在此一并表示感谢。

本次再版，由何炎祥和王汉飞对全书内容进行了细致的审定和修改，以使本书趋于完善。

作　者

2010年5月于武昌珞珈山

目 录

第 1 章 引论 (1)
1.1 程序设计语言与翻译程序 (1)
1.1.1 程序设计语言 (1)
1.1.2 翻译程序 (1)
1.2 编译程序的工作过程 (2)
1.3 编译程序的结构 (4)
1.4 编译程序的组织方式 (5)
1.5 编译程序的自展、移植与自动化 (6)
1.5.1 高级语言的自编译性 (6)
1.5.2 编译程序的自展技术 (6)
1.5.3 编译程序的移植 (7)
1.5.4 编译程序的自动化 (7)
1.6 翻译程序编写系统 (8)
1.7 并行编译程序 (9)
1.8 小结 (10)
习题一 (10)

第 2 章 形式语言概论 (12)
2.1 字母表和符号串 (12)
2.2 文法及其分类 (13)
2.2.1 文法 (13)
2.2.2 文法分类 (14)
2.2.3 文法举例 (15)
2.3 语言和语法树 (16)
2.3.1 推导和规范推导 (16)
2.3.2 句型、句子和语言 (17)
2.3.3 语法树 (18)
2.3.4 产生式树 (19)
2.4 关于文法和语言的几点说明 (20)
2.5 分析方法简介 (21)
2.5.1 自上而下分析方法 (22)
2.5.2 确定的自上而下分析方法 (23)
2.5.3 自下而上分析方法 (24)
2.6 小结 (25)
习题二 (26)

第3章 有穷自动机 (28)
3.1 有穷自动机的形式定义 (28)
3.1.1 状态转换表 (28)
3.1.2 状态转换图 (29)
3.1.3 自动机的等价性 (29)
3.1.4 非确定有穷自动机 (30)
3.2 NFA 到 DFA 的转换 (31)
3.2.1 空移环路的寻找和消除 (31)
3.2.2 消除空移 (32)
3.2.3 确定化——子集法 (32)
3.2.4 确定化——造表法 (33)
3.2.5 εNFA 的确定化 (35)
3.2.6 消除不可达状态 (36)
3.2.7 DFA 的化简 (36)
3.2.8 从化简后的 DFA 到程序表示 (37)
3.3 正规文法与有穷自动机 (38)
3.3.1 从正规文法到 FA (38)
3.3.2 从 FA 到正规文法 (39)
3.4 正规表达式与 FA (39)
3.4.1 正规表达式的定义 (39)
3.4.2 正规表达式与 FA 的对应性 (41)
3.4.3 正规表达式到 NFA 的转换 (41)
3.4.4 NFA 到正规表达式的转换 (42)
3.4.5 从正规文法到正规表达式 (43)
3.5 DFA 在计算机中的表示 (44)
3.5.1 矩阵表示法 (44)
3.5.2 表结构 (44)
3.6 小结 (45)
习题三 (45)

第4章 词法分析 (47)
4.1 词法分析程序与单词符号 (47)
4.1.1 词法分析程序 (47)
4.1.2 单词符号 (47)
4.2 扫描程序的设计 (48)
4.2.1 预处理 (48)
4.2.2 状态转换图 (49)
4.2.3 根据状态图设计词法分析程序 (50)
4.3 标识符的处理 (51)
4.3.1 类型的机内表示 (51)
4.3.2 标识符的语义表示 (52)

   4.3.3 符号表(标识符表) ································ (52)
   4.3.4 标识符处理的基本思想 ·························· (52)
  4.4 设计词法分析程序的直接方法 ···························· (53)
   4.4.1 由正规文法设计词法分析程序 ···················· (53)
   4.4.2 由正规表达式设计词法分析程序 ·················· (54)
  4.5 小结 ·· (54)
  习题四 ·· (55)

第5章 自上而下语法分析 ································ (56)

  5.1 消除左递归方法 ···································· (56)
   5.1.1 文法的左递归性 ································ (56)
   5.1.2 用扩展的BNF表示法消除左递归 ·················· (56)
   5.1.3 直接改写法 ···································· (57)
   5.1.4 消除左递归算法 ································ (58)
  5.2 LL(k)文法 ·· (59)
   5.2.1 LL(1)文法的判断条件 ·························· (59)
   5.2.2 集合FIRST、FOLLOW与SELECT的构造 ·········· (59)
  5.3 确定的LL(1)分析程序的构造 ·························· (61)
   5.3.1 构造分析表M的算法 ···························· (61)
   5.3.2 LL(1)分析程序的总控算法 ······················ (62)
  5.4 递归下降分析程序及其设计 ···························· (64)
   5.4.1 框图设计 ······································ (64)
   5.4.2 程序设计 ······································ (65)
  5.5 带回溯的自上而下分析法 ······························ (66)
   5.5.1 文法在内存中的存放形式 ························ (66)
   5.5.2 其他信息的存放 ································ (67)
   5.5.3 带回溯的自上而下分析算法 ······················ (67)
  5.6 小结 ·· (71)
  习题五 ·· (71)

第6章 自下而上分析和优先分析方法 ···················· (74)

  6.1 自下而上分析 ······································ (74)
  6.2 短语和句柄 ·· (74)
  6.3 移进-归约方法 ···································· (76)
  6.4 有关文法的一些关系 ································ (77)
   6.4.1 关系 ·· (77)
   6.4.2 布尔矩阵和关系 ································ (78)
   6.4.3 Warshall算法 ·································· (79)
   6.4.4 关系FIRST与LAST ···························· (80)
  6.5 简单优先分析方法 ·································· (82)
   6.5.1 优先关系 ······································ (82)
   6.5.2 简单优先关系的形式化构造方法 ·················· (83)

6.5.3　简单优先文法及其分析算法 ……………………………………… (87)
　　6.5.4　简单优先分析方法的局限性 …………………………………… (89)
6.6　算符优先分析方法 ……………………………………………………… (90)
　　6.6.1　算符优先文法 …………………………………………………… (90)
　　6.6.2　OPG 优先关系的构造 ………………………………………… (90)
　　6.6.3　素短语及句型的分析 …………………………………………… (92)
　　6.6.4　算符优先分析算法 ……………………………………………… (92)
6.7　优先函数及其构造 ……………………………………………………… (94)
　　6.7.1　优先函数 ………………………………………………………… (94)
　　6.7.2　Bell 方法 ………………………………………………………… (95)
　　6.7.3　Floyd 方法 ……………………………………………………… (96)
　　6.7.4　两种方法的比较 ………………………………………………… (97)
　　6.7.5　运用优先函数进行分析 ………………………………………… (97)
6.8　两种优先分析方法的比较 ……………………………………………… (98)
6.9　小结 ……………………………………………………………………… (98)
习题六 ………………………………………………………………………… (99)

第7章　自下而上的 LR(k) 分析方法 ……………………………………… (101)
7.1　LR(k) 文法和 LR(k) 分析程序 ………………………………………… (101)
7.2　LR(0) 分析表的构造 …………………………………………………… (104)
　　7.2.1　规范句型的活前缀 ……………………………………………… (105)
　　7.2.2　LR(0) 项目 ……………………………………………………… (105)
　　7.2.3　文法 G 的拓广文法 ……………………………………………… (105)
　　7.2.4　CLOSURE(I) 函数 ……………………………………………… (105)
　　7.2.5　goto(I,X) 函数 …………………………………………………… (106)
　　7.2.6　LR(0) 项目集规范族 …………………………………………… (107)
　　7.2.7　有效项目 ………………………………………………………… (108)
　　7.2.8　举例 ……………………………………………………………… (110)
　　7.2.9　LR(0) 文法 ……………………………………………………… (112)
　　7.2.10　构造 LR(0) 分析表的算法 …………………………………… (112)
7.3　SLR 分析表的构造 ……………………………………………………… (113)
7.4　规范 LR(1) 分析表的构造 …………………………………………… (116)
7.5　LALR 分析表的构造 …………………………………………………… (121)
7.6　无二义性规则的使用 …………………………………………………… (124)
7.7　小结 ……………………………………………………………………… (126)
习题七 ………………………………………………………………………… (130)

第8章　语法制导翻译法 …………………………………………………… (131)
8.1　一般原理和树变换 ……………………………………………………… (131)
　　8.1.1　一般原理 ………………………………………………………… (131)
　　8.1.2　树变换 …………………………………………………………… (133)
8.2　简单 SDTS 和自上而下翻译器 ………………………………………… (135)

8.3 简单后缀 SDTS 和自下而上翻译器 (137)
8.3.1 后缀翻译 (138)
8.3.2 IF-THEN-ELSE 控制语句 (138)
8.3.3 函数调用 (139)
8.4 抽象语法树的构造 (140)
8.4.1 自下而上构造 AST (141)
8.4.2 AST 的拓广 (142)
8.5 属性文法 (143)
8.5.1 L 属性文法 (143)
8.5.2 S 属性文法 (143)
8.6 中间代码形式 (144)
8.6.1 逆波兰表示法 (144)
8.6.2 逆波兰表示法的推广 (144)
8.6.3 四元式 (146)
8.6.4 三元式 (147)
8.7 属性翻译文法的应用 (147)
8.7.1 综合属性与自下而上定值 (147)
8.7.2 继承属性和自上而下定值 (148)
8.7.3 布尔表达式到四元式的翻译 (149)
8.7.4 条件语句的翻译 (150)
8.7.5 迭代语句的翻译 (151)
8.8 小结 (153)
习题八 (154)

第 9 章 运行时的存储组织与管理 (156)
9.1 存储分配基础知识 (156)
9.1.1 运行时刻的存储区域 (156)
9.1.2 过程活动与过程的活动记录 (156)
9.1.3 静态层次、静态外层和动态外层 (157)
9.1.4 名字的作用域和生存期 (158)
9.1.5 名字的静态属性和动态属性 (159)
9.1.6 常见数据类型的存储分配 (159)
9.2 典型的存储分配方案 (160)
9.2.1 静态存储分配方案 (160)
9.2.2 动态存储分配方案 (161)
9.2.3 存储分配时需考虑的问题 (161)
9.3 参数传递方式及其实现 (162)
9.3.1 传地址 (162)
9.3.2 传值 (163)
9.3.3 传结果 (163)
9.3.4 传名 (163)

9.4 栈式存储分配 ··· (164)
    9.4.1 概述 ··· (164)
    9.4.2 简单栈式存储分配 ··· (166)
    9.4.3 嵌套结构语言的栈式存储分配 ···································· (167)
    9.4.4 过程调用时的存储管理 ·· (170)
    9.4.5 PL/0 栈式存储分配 ·· (171)
9.5 堆式存储分配方法 ··· (176)
9.6 小结 ··· (177)
习题九 ··· (177)

第 10 章 符号表的组织和查找

10.1 符号表的一般组织形式 ·· (179)
10.2 符号表中的数据 ·· (180)
10.3 符号表的构造与查找 ·· (180)
    10.3.1 线性查找 ··· (181)
    10.3.2 折半法 ·· (181)
    10.3.3 杂凑技术 ··· (182)
10.4 分程序结构的符号表 ·· (184)
10.5 小结 ·· (186)
习题十 ··· (187)

第 11 章 优化

11.1 控制流图 ··· (189)
11.2 常见的冗余 ·· (192)
    11.2.1 公共子表达式 ··· (193)
    11.2.2 复制传播 ··· (194)
    11.2.3 活跃变量分析及死代码删除 ····································· (195)
11.3 循环优化 ··· (196)
    11.3.1 代码外提 ··· (196)
    11.3.2 归纳变量与强度削弱 ·· (199)
    11.3.3 循环展开 ··· (201)
    11.3.4 指令调度 ··· (203)
习题十一 ·· (204)

第 12 章 代码生成

12.1 假想的计算机模型 ·· (207)
12.2 从四元式生成代码 ·· (208)
12.3 从三元式生成代码 ·· (209)
12.4 从树形表示生成代码 ··· (212)
12.5 从逆波兰表示生成代码 ·· (214)
12.6 寄存器的分配 ··· (214)
12.7 小结 ·· (215)
习题十二 ·· (215)

第 13 章　词法分析程序生成工具 LEX (216)
13.1　LEX 简介 (216)
13.2　LEX 源文件的格式 (218)
13.2.1　模式 (218)
13.2.2　定义部分 (220)
13.2.3　规则部分 (221)
13.2.4　用户代码部分 (222)
13.3　LEX 的工作原理 (222)
13.4　yylex()函数的匹配原则 (223)
13.5　识别模式后处理 (223)
13.6　条件模式 (226)
13.7　FLEX 的命令选项 (227)
13.8　举例 (227)
习题十三 (228)

第 14 章　语法分析程序生成工具 YACC (230)
14.1　YACC 简介 (230)
14.2　YACC 源文件的格式 (233)
14.2.1　单词和非终结符 (233)
14.2.2　定义部分 (234)
14.2.3　语法规则部分 (240)
14.3　语义定义 (240)
14.3.1　单词语义值的计算 (241)
14.3.2　非终结符语义值的计算 (242)
14.3.3　在规则中部的语义动作 (243)
14.4　归约-归约冲突和上下文相关性的处理 (245)
14.5　出错处理和恢复 (247)
14.6　输出分析程序的调试 (249)
14.7　YACC 和 LEX 的接口 (249)
14.8　BYACC 的命令选项 (250)
14.9　举例 (251)
习题十四 (256)

参考文献 (258)

第1章 引论

编译程序是高级语言的支撑基础,是计算机系统中重要的系统软件之一。编译原理是计算机科学技术中发展最为迅速的一个分支,现已基本形成了一套比较系统、完整的理论和方法。本章主要介绍编译程序的功能、体系结构、工作过程、组织方式,编译程序与高级程序设计语言的关系,以及编译自动化和并行编译程序等方面的基本知识。

1.1 程序设计语言与翻译程序

1.1.1 程序设计语言

众所周知,自然语言是人类传递信息、交流思想和情感的工具,程序设计语言则是人与计算机联系的工具。人们正是通过程序设计语言指挥计算机按照自己的意志进行运算和操作、显示信息和输出运算结果的。

最早的计算机程序设计语言是机器语言(指令系统)。机器语言中的指令都是用二进制代码直接表示的。指令难记、难认,因而机器语言程序难写、难读、难修改。一个机器语言程序的编写时间往往是它运行时间的几十倍到几百倍。随着计算机科学技术的发展,符号语言和汇编语言等程序设计语言相继出现,它们比机器语言虽前进了一步,但仍属计算机低级语言,编写程序还是很不方便的。编写程序的效率低下,阻碍了计算机科学技术的发展和应用推广。因此,程序设计语言自身的自动化势在必行。

1954年FORTRAN I 语言的问世,标志着计算机高级程序设计语言的诞生。随后,计算机高级程序设计语言如雨后春笋,层出不穷。至今,全世界到底有多少种计算机高级程序设计语言,没有一个准确的统计数据,有人估计有几百种、上千种。但是,典型的常用高级程序设计语言不过十几种。计算机高级程序设计语言至今仍在不断发展,目前流行的面向对象程序设计语言是对传统的面向过程程序设计语言的一种挑战。

计算机高级程序设计语言独立于机器,比较接近自然语言,因而容易学习和掌握,且编写程序效率高,编写出的程序易读、易理解、易修改、易移植。

1.1.2 翻译程序

用高级程序设计语言(简称高级语言)编写程序方便、效率高,但计算机不能直接执行用高级语言编写的程序,只能直接执行机器语言程序。因此,用高级语言编写的程序必须由一个翻译程序翻译成机器语言程序。

翻译有两种方式,一种是编译方式,另一种是解释方式。

用高级语言编写的程序称为源程序。所谓**编译方式**是先将源程序翻译成汇编语言程序或机器语言程序(称为目标程序),然后再执行它,如图 1.1 所示。这个翻译程序称为**编译程序**。当然,在编译方式中,如果目标程序是汇编语言,那么还需由另一个称为汇编程序的翻译程序将它进一步翻译成机器语言程序。

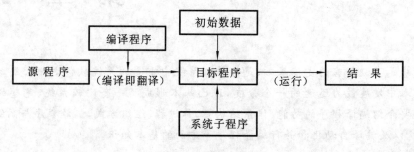

图 1.1　编译方式

一个高级语言的编译程序就是这个高级语言的翻译程序。编译程序的重要意义在于它使高级语言独立于机器,因而,程序员在用高级语言编写程序时,不必去考虑那些直接与机器有关的烦琐细节,这些细节是由编译程序去处理的。

源程序是编译程序加工的对象。一个源程序往往可能被分解成几个模块文件。在编译系统中有一个预处理程序,负责将源程序的模块文件合并成一个文件,并且完成宏展开等任务。

从图 1.1 可知,在编译方式中源程序的编译和目标程序的运行是分成两个阶段完成的。编译所得的目标程序,计算机暂不能直接执行,必须由连接装配程序将目标程序和编译程序及系统子程序连接成一个可执行程序,这个可执行程序则可直接被计算机执行。

由于编译方式具有上述这些特征,因此,很多高级语言,如 FORTRAN、ALGOL、PAS-CAL、COBOL、C、C++语言,等等,均采用这种编译方式。

和编译方式不同,解释方式并不是先产生目标程序然后再执行,而是对源程序边翻译边执行,如图 1.2 所示。按解释方式进行翻译的翻译程序称为**解释程序**。解释方式的主要优点是便于对源程序进行调试和修改,但其加工处理过程的速度较慢。BASIC 是一种交互式语言,它的程序是一种行结构,因而对 BASIC 程序宜采用解释方式。

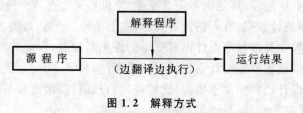

图 1.2　解释方式

1.2　编译程序的工作过程

编译程序的主要功能是将源程序翻译成等价的目标程序,这个翻译过程(也称编译过程)十分复杂,一般可分为词法分析、语法分析、语义分析、中间代码生成、代码优化和目标代码生成等阶段来实现。

1. 词法分析

词法分析是编译过程的基础,其任务是扫描源程序,根据语言的词法规则,分解和识别出每个单词,并把单词翻译成相应的机内表示。当然,词法分析在识别单词的过程中,同时也做了词法检查。

单词是语言中最小的语义单位,如语言中的关键字(保留字或基本字)、标识符、常数、运算符和界限符。

例如,有 PASCAL 程序段如下:
```
    sum:=0;
    n:=1;
    while  n<=100  do
      begin
    sum:=sum+1.0/n;
    n:=n+1
    end;
```

在该程序段中,包含有关键字 while、do、begin、end,标识符 sum、n,常数 0、1、1.0、100,运算符＋、/、<=,界限符:=、;等,它们都是单词。

2. 语法分析

语法分析是在词法分析的基础上进行的。语法分析的任务是根据语言的语法规则,把单词符号串分解成各类语法单位,如表达式、语句等。通过语法分析,可以确定整个输入符号串是否构成一个语法正确的程序。如上例中的程序段可分解出表达式 n<=100、赋值语句 sum:=0,等等。对含有语法错误的程序,要进行相应的出错处理,如显示出错性质、出错部位等,以便程序员修改。

3. 语义分析

语义分析的任务是对源程序进行语义检查,其目的是保证标识符和常数的正确使用,把必要的信息收集、保存到符号表或中间代码程序中,并进行相应的处理。例如,对赋值语句
```
         x:= e;
```
需要检查表达式 e 与变量 x 的类型是否一致;如果不一致,编译程序将报告出错。

4. 中间代码生成

中间代码生成对于编译程序来说并不是必不可少的阶段。编译程序采用中间代码,并随后对中间代码进行优化,其目的是为了最终能得到高效率的目标代码。

中间代码生成阶段的任务是在语法分析和语义分析的基础上,根据语法成分的语义对其进行翻译,这种翻译的结果即某种中间代码形式。这种中间代码结构简单,接近于计算机的指令形式,或者能很容易地翻译成计算机的指令。常用的中间代码有三元式、四元式和逆波兰式,其中三元式近似于二地址指令,四元式近似于三地址指令。

例如,与赋值语句 x:=a+b*c 对应的四元式如下:

① (* , b, c, t_1)

② (+, a, t_1, t_2)
③ (:=, t_2, , x)

其中,t_1、t_2为临时工作变量。

5. 中间代码优化

中间代码优化通过调整和改变中间代码中某些操作的次序,以最终产生更加高效的目标代码(目标程序)。中间代码优化也不是编译程序的必要阶段。

6. 目标代码生成

目标代码生成是编译程序的最后阶段。如果编译程序采用了中间代码,那么,目标代码生成阶段的任务则是将中间代码或优化之后的中间代码转换为等价的目标代码,即机器指令或汇编指令。**注意**:目标代码依赖于具体计算机的硬件系统结构和指令系统。

1.3 编译程序的结构

由1.2节可知,一个典型的编译过程包括词法分析、语法分析、语义分析、中间代码生成、中间代码优化和目标代码生成六个阶段。相应地,编译程序也包括六个程序模块,即词法分析程序、语法分析程序、语义分析程序、中间代码生成程序、中间代码优化程序和目标代码生成程序。此外,编译程序还包括表格处理程序和出错处理程序。编译程序的结构如图1.3所示。

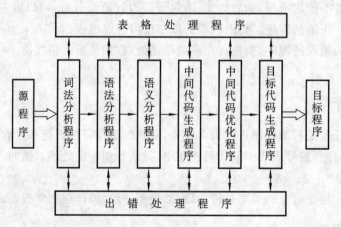

图1.3 编译程序结构

在编译过程中,源程序的各种信息需要保留在各种表格之中,在编译的各个阶段都需要查找或更新有关的表格。这个任务是由编译程序中的表格处理程序来完成的。

出错处理程序负责发现源程序中可能出现的错误,并把错误报告给用户,指出错误的性质和发生错误的位置。为了最大限度地发现源程序中的错误,出错处理程序将错误所造成的影响限制在尽可能小的范围之内,使得编译程序能继续编译源程序的余下部分,以便编译一次能检查出尽可能多的错误。

1.4 编译程序的组织方式

在 1.2 节中,已将编译过程划分为六个阶段,这种划分是编译程序的逻辑组织方式。实际上,编译过程往往分为前端和后端。前端包括词法分析、语法分析、语义分析、中间代码生成和中间代码优化,主要依赖于源程序;后端包括目标代码生成,依赖于计算机硬件系统和机器指令系统。这种组织方式,便于编译程序的移植,若要将编译程序移植到不同类型的机器,只需修改编译程序的后端即可。

编译过程还可采用分遍的形式,即编译过程可以由一遍或多遍编译程序来完成。

对于源程序或中间代码程序,从头至尾扫描一次并完成所规定的工作称为一遍。在一遍中,可以完成一个或相连几个逻辑步骤的工作。例如,可以把词法分析作为第一遍,语法分析和语义分析作为第二遍,代码优化和存储分配作为第三遍,代码生成作为第四遍,从而构成一个四遍扫描的编译程序;也可以把每个逻辑步骤作为一遍或几遍完成,如将代码优化分为优化准备和实际代码优化两遍进行,这种分法适合于存储空间小、要求高质量目标程序的场合。

一个编译程序是否需要分遍,如何分遍,通常根据宿主机的存储容量的大小、编译程序功能的强弱、源语言的繁简、目标程序优化的程度、设计和实现编译程序时使用工具的先进程度,以及参加人员的多少和素质,等等而定。一般,当源语言较繁、编译程序功能很强、目标程序优化程度较高且宿主机存储容量较小时,采用多遍扫描方式。分遍的好处是,多遍的功能独立、单纯,相互联系简单,逻辑结构清晰,优化准备工作充分并有利于多人分工合作。不足之处是,不可避免地要做些重复性工作,且多遍之间有一定的交接工作,因而增加了编译程序的长度和编译时间。

一遍的编译程序是一种极端情形。在这种情形下,整个编译程序同时驻留在内存中,编译程序的各部门之间采用"调用转接"方式连接在一起。当语法分析需要新符号时,它就调用"词法分析程序";当它识别出某一语法结构时,它就调用"语义分析程序"。语义程序对识别出的结构进行语义检查并调用"存储分配"、"优化"和"代码生成"完成相应的工作,如图 1.4 所示。图中,把语法分析程序作为主程序。

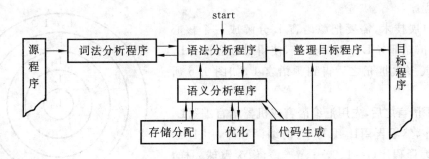

图 1.4 一遍编译程序

在内存较小的计算机系统中实现功能很强的编译程序,最好采用多遍方式,但对于某些仅具有慢速存取的中间存储器的小型计算机系统,配制多遍编译程序是比较耗时的。此外也应**注意**:并不是每种高级语言都可以用一遍编译程序实现的。

对多遍编译程序而言,每遍的输出结果是下一遍的输入对象,例如,设 L_{i-1} 是遍 $Comp_i$ 的编译对象,L_i 是其加工的结果,则有

$$Comp_1(L_0) \to Comp_2(L_1) \to \cdots \to Comp_n(L_{n-1}) = L_n$$

其中,L_0 是源程序,L_n 是目标程序,$L_1,L_2,\cdots,L_{n-1}$ 是中间代码程序。显然,中间代码程序被加工后不需要继续保留,因此,在加工过程中,后一中间代码程序 L_i 可以覆盖前一中间代码程序 L_{i-1} 中已加工过的部分,如图 1.5 所示。

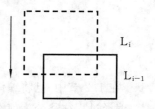

图 1.5　中间代码的覆盖

1.5　编译程序的自展、移植与自动化

1.5.1　高级语言的自编译性

编译程序是一个十分复杂、庞大的系统。早年,人们都是用低级语言(机器语言、汇编语言)手工编写编译程序,工作效率极低,编写一个编译程序往往需要花费几个、十几个人一年或更长的时间,而且编出的编译程序难以阅读,不便于维护和移植。当然,用低级语言编写的编译程序也有它的优点,如运行效率高。后来,人们改用高级语言作为工具来编写编译程序,不仅节省了时间,而且编写的编译程序易于阅读,便于维护和移植。这种适于编写系统软件的高级语言有 PASCAL、C 和 ADA 语言,等等。

高级语言的自编译性,是指可以用这个语言来编写自己的编译程序。一个具有自编译性的高级语言也可用于编写其他高级语言的编译程序。

1.5.2　编译程序的自展技术

20 世纪 60 年代,有人开始使用自展技术来构造编译程序。特别是在 1971 年用自展技术生成 PASCAL 编译程序之后,其影响越来越大。

对于具有自编译性的高级语言,可运用自展技术构造其编译程序。

按照自展技术,需要把源语言 L 分解成一个核心部分 L_0 与扩充部分 $L_1,L_2,\cdots,L_n$,使得对核心部分 L_0 进行一次或多次扩充之后得到源语言 L,如图 1.6 所示。

分解源语言之后,先用汇编语言或机器语言编写 L_0 的编译程序,然后再用 L_0 编写 L_1 的编译程序,用 L_i 编写 L_{i+1} 的编译程序($i=1,2,\cdots,n-1$),像滚雪球一样,越滚越大,最后得到源语言 L 的编译程序。在这个自展过程中,除了 L_0 的编译程序是用低级语言编写的之外,$L_1,L_2,\cdots,L_n=L$ 的编译程序都是用高级语言编写的。

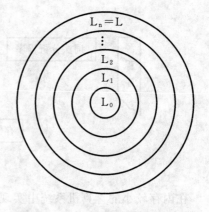

图 1.6　L 的核心部分与扩充部分

1.5.3 编译程序的移植

编译程序可以通过移植得到,即可以将一个机器(宿主机)上的一个具有自编译性的高级语言编译程序移植到另一个机器(目标机)上。

为了叙述方便,下面将引入一些新符号。将在宿主机 A 上用高级语言 L 编写的源语言为 L 的编译程序记为 C^{LA};在宿主机 A 上用机器语言编写的源语言为 L 的编译程序记为 C^{OA}。

为了便于编译程序的移植,编译程序被分为前端和后端,将编译程序 C^{LA} 的前端和后端分别记为 C_F^{LA} 和 C_A^{LA},有

$$C^{LA}=C_F^{LA}+C_A^{LA}$$

为了从宿主机 A 上将编译程序 C^{LA} 移植到目标机 B 上,需先用源语言 L 将 C^{LA} 的后端 C_A^{LA} 改写成 C_A^{LB},使之能产生目标机 B 的目标代码。改写后,在宿主机 A 上产生编译程序

$$C_1^{LA}=C_F^{LA}+C_A^{LB}$$

然后用 C^{OA} 对 C_1^{LA} 进行编译,生成 C_1^{OA},这是一个能在宿主机 A 上运行、能生成目标机 B 的目标代码的编译程序。再用这个编译程序 C_1^{OA} 对 C_1^{LA} 进行编译,生成 C^{OB},这是一个能在目标机 B 上运行、能生成 B 的目标代码的编译程序。

1.5.4 编译程序的自动化

在编译程序自动化进程中,开发早且应用广泛的是词法分析程序生成器和语法分析程序生成器。

LEX 是一个有代表性的词法分析程序生成器(详见第 13 章)。它输入的是正规表达式,输出的是词法分析程序。LEX 的基本思想是由正规表达式构造有穷自动机(见图 1.7)。

图 1.7 LEX 生成器

YACC(yet another compiler compiler)是一种基于 LALR(1)文法的语法分析程序生成器(详见第 14 章)。它接受 LALR(1)文法,生成一个相应的 LALR(1)分析表以及一个 LALR(1)分析器,而且,YACC 生成的语法分析程序可以和扫描器连接(见图 1.8)。

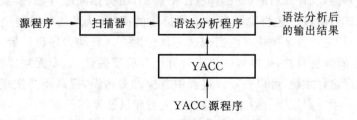

图 1.8 YACC 语法分析程序生成器

在 YACC 源程序中,除 2 型语言的语法规则之外,还可以包括一段语义程序(C 或 RAT-FOR 程序),指定相应的语义操作,如填写、查找符号表,进行语义检查,生成语法树或代码生

成等。

LEX 和 YACC 是关于编译程序前端的生成器,而关于编译程序后端(代码生成、代码优化)的生成器,直到最近几年才出现。

理想化的编译程序生成器以源语言的规格说明、语义描述和目标机的规格说明作为输入,而输出的则是编译程序。但目前,编译程序生成器还仅仅只是某部分编译程序的生成器,如词法分析程序生成器、语法分析程序生成器或代码生成程序生成器。

1.6 翻译程序编写系统

将有助于减轻编写翻译程序(包括编译程序、汇编程序、解释程序)工作的任何软件系统或工具包,统称为**翻译程序编写系统**(translator writing system,简称 TWS),产生式语言的编译程序和自动分析算法的构造程序都是 TWS。TWS 的作用在于简化翻译程序的实现。因此,TWS 包含了很多翻译程序所必须执行的各种基本操作,如建立、查找符号表操作,生成目标代码,出错处理操作等。

TWS 可分为三类。第一类为自动产生编译程序的"编译程序的编译程序"(compiler-compiler)。只要给出某一高级程序语言的语法规则和语义描述,这类程序就能自动地生成相应语言的编译程序。第二类为面向语法的符号加工程序。这类程序比较通用,例如,可用于表达式的符号化简、数据格式的转换、把一种高级语言转换成另一种高级语言等。一般来说,当输入对象能用类似**巴科斯范式**(BNF)表示法加以描述时,这类 TWS 是较为适用的。第三类 TWS 是由可扩充语言组成的集合。这类 TWS 允许程序员利用已有的数据类型和语句去定义新的数据类型和语句。这种功能将使程序员可根据自己的需要去扩充或改变某一语言。

如果没有可供使用的 TWS,则可采用自展法实现语言的编译程序。自展法的基本思想是先对所需语言选择一小子集,并用汇编程序或机器语言写出其编译程序;然后,利用这个小子集语言及其编译程序编写并产生更大子集语言的编译程序;如此重复,经过一系列的扩充,最后产生所需语言的编译程序(见 1.5.2 节)。

也可用移植法实现语言的编译程序(见 1.5.3 节)。研究可移植的软件是软件工程的重要内容之一。

在计算机技术发展初期,编译程序的出现被认为是自动程序设计方面的一大进展。1956年,美国国际商用机器公司(IBM)建立的第一个 FORTRAN 编译程序就曾被称为是自动程序设计系统。我们知道,软件的研制(如编译程序的研制)由提出问题开始,需经历需求定义、设计、程序编写、测试诸阶段。这些阶段是一系列描述的演变,从最初的问题描述开始,逐步精化,直至能用某一特定语言来描述如何实现这一目标为止。自动程序设计旨在使这一转换过程自动化,使设计者以更自然、更高级的语言告诉计算机要做什么,而无须详细地规定如何去做。利用自动程序设计系统,可以在设计过程中减少许多错误,提高所要实现系统的可靠性,并在这个系统整个生存周期中有效地利用时间、人力和机器等各种资源。

随着计算机技术的发展,自动程序设计的内容在不断变化,这些内容包括规格说明、目标语言、问题范围和采用方法等。

规格说明就是以某种方式告知计算机所需要的是什么样的程序,要求这一程序干什么。**目标语言**则是自动程序设计系统用以表示最后生成的程序的语言。**问题范围**是指所希望生成的程序应用的范围。当然,问题范围与规格说明有关,并对系统采用的方法有很大影响。**采用方法**很多,例如,程序转换就是常用方法之一,它用于实现将某一程序的规格说明等价转换为另一种描述。转换的目的是将一个用超高级语言(易写)表示的程序,转换为用低级语言(易实现)表示的程序,而且该程序比较有效。知识工程也是一种不仅适用于自动程序设计,而且也适用于人工智能领域中许多应用范围的方法。它涉及知识的识别、获取、表示,知识库的建立,如何利用知识库中的知识和提示信息,以及根据预定的搜索策略和推理机制去实现所需目标等问题。

1.7 并行编译程序

一般来说,适合于 SISD 结构计算机的编译程序称为**串行编译程序**;适合于 SIMD 和 MIMD 结构计算机,具有并行处理功能的编译程序称为**并行编译程序**。并行编译程序的功能是,把串行的源程序或尚未充分并行化的并行源程序,自动转换成并行计算机系统上运行的并行目标程序或它所能接收的并行源程序。

并行编译程序的任务是实现对并行语言的翻译,所以它既受到并行语言的约束,又受到并行计算机体系结构及操作系统提供的基本手段的限制。

并行语言可分为扩充式语言和全新设计的语言。目前,不少人对扩充式语言更感兴趣,因为:

① 它与串行语言是向上兼容的;

② 有了扩充式语言的编译程序后,串行源程序不必修改或仅作极少的修改就可转换为并行程序;

③ 目前全新式并行语言还不怎么能支持多种类型的并行性,而且,若将以往的串行程序都用全新式并行语言来编写,则工作量太大,可行性较小,而且编程者需要经过专门的训练,具有较好的素质。

实现扩充式语言编译程序的方式有以下两种。

① 直接法 直接法直接接收扩充式语言,并按语言的语义规则处理。

② 间接法 间接法接收串行源程序(或带并行指示标志的串行源程序),并行编译程序对源程序进行并行性检测,并将检测到的并行成分转换成并行语句,或者立即进行相应的并行编译处理。

并行粒度是对并行执行的任务(事务)大小的度量。并行粒度通常分为作业级、用户级、程序级和指令级(语句级),其中作业级的粒度最大,指令级粒度最小。并行编译程序应选择适当的并行粒度。例如,向量计算机只能实现较小粒度的并行,而分布式计算机系统则一般实现大粒度的并行。

加速比 S_p 可认为是一个应用程序在单处理机上串行执行的时间 t_s 和用 p 个处理器并行执行的时间 t_p 之比,即 $S_p=t_s/t_p$。在分析比较并行编译程序所生成的目标程序的执行速度时,可用此指标。

第五代计算机并未真正跳出串行和基于算法的体系结构,正如美国著名计算机科学家和心理学家 H. A. Simon 所说,所谓 PROLOG 机和 Lisp 机只实现了加速,但不是突破。

实现智能信息处理的另一种方法是通过许多元素间的相互作用来实现的。人脑正是一个采用这种方式的复杂并行智能信息处理系统。它有 100 亿至 1 000 亿个脑细胞(神经元),每个神经元可能与上万个其他神经元相连,构成一个多层次的神经网络,而每个神经元本身只需完成十分简单的处理任务。可以想象,它是一个高度并行的神经网络结构,这种结构与我们所熟悉的并行计算机结构是大不相同的,神经计算机正是基于这种模式和信息处理方法而提出的。在已提出的许多仿神经系统的模型中,较著名的是20世纪80年代费尔德曼提出的连接机制模型。它抛弃了人工智能研究中采用的符号处理概念及知识被动地存储在存储器中等待处理机去寻找并处理它们的概念。在连接机制模型中,知识是以许多处理单元之间的连接和连接强度(或权)来表示的。每个处理单元只记忆极少的信息,它们只对输入信息作求和、比较等简单的操作。

目前,在并行硬件的基础上实现神经模型和连接制模型的研究工作正在广泛开展,其实现途径概括起来有两种:

① 用大量专门的神经元器件连接成特定的模型;
② 用通用并行计算机支持各种连接机制模型。

应将基于上述模型的计算机系统设计成什么样的编译程序,或者直接将编译程序融入其中,无论在理论上还是在实践上都是一个值得探讨的问题。

1.8 小　　结

自1954年FORTRAN I语言问世以来,计算机高级语言得到迅速发展。高级语言给编程带来了极大的方便,但计算机只能直接执行用机器语言编写的程序,不能直接执行用高级语言编写的程序。要执行高级语言程序,必须提供该语言的翻译程序。翻译有编译和解释两种方式。编译方式是先将源程序翻译成目标程序,然后再执行目标程序,相应的翻译程序称为编译程序。解释方式是边翻译边执行,相应的翻译程序称为解释程序。

编译理论和技术主要研究和讨论编译程序的构造和设计原理。

编译程序一般包括词法分析程序、语法分析程序、语义分析程序、中间代码生成程序、代码优化程序、目标代码生成程序、表格处理程序和出错处理程序等。

编译过程可采用分遍形式,即编译过程可由一遍或多遍完成。

对于具有自编译性的高级语言,可运行自展技术构造其编译程序,即将源程序分解成核心部分和扩充部分,对核心部分进行多次扩充之后可得到源语言。

一个具有自编译性的高级语言在宿主机上的编译程序可以移植到目标机上。

LEX是一个有代表性的词法分析程序生成器。YACC是一种基于LALR(1)分析法的语法分析程序生成器。凡是有助于减少编写翻译程序工作的软件或工具包,统称为翻译程序的编写系统。

传统的串行编译程序只适于SISD结构计算机,具有并行处理功能的并行编译程序则适于SISD和MISD结构计算机。

习　题　一

1.1 简述计算机程序设计语言的发展过程。

1.2 高级程序设计语言有哪些特点？
1.3 高级程序设计语言为何需要翻译程序？
1.4 高级程序设计语言有哪两种翻译方式？分别介绍它们的特点。
1.5 编译程序包括哪几个主要组成部分？分别阐述各个组成部分的主要任务。
1.6 叙述编译程序的结构和组织方式。
1.7 简述编译程序的自展技术、移植和自动化。
1.8 何谓翻译程序的编写系统？
1.9 并行编译程序有什么特点？

第2章 形式语言概论

形式语言由 Chomsky 于 1956 年提出之后,形式语言理论得到了迅速的发展。在形式语言理论中,讨论了语言和文法的数学机制以及语言和文法的分类。形式语言理论的形成和发展,推动了计算机科学和技术的进一步发展,特别是对编译理论和技术产生了十分重要的影响。形式语言理论是编译程序的重要理论基础。本章主要介绍形式语言理论中的一些最基本的概念和基础知识,它是学习以后各章节的基石。

2.1 字母表和符号串

1. 字母表与符号

字母表是元素的非空有穷集合。例如,由 26 个英文字母组成的集合是一个字母表。字母表记为 Σ。

字母表中的元素称为**符号**。例如,26 个英文字母中的元素 a、b、c 等都称为符号。

2. 符号串及其运算

① 符号串。符号的有穷序列称为**符号串**。例如,字母表 Σ 中的符号组成的序列 compiler、string 和 symbol 等都是符号串。什么符号也不包含的符号串称为**空符号串**,以希腊字母 ε 表示。

② 符号串的长度。符号串所包含符号的个数,称为**符号串的长度**。设 x 是一符号串,它的长度记为 $|x|$,例如,x=string,$|x|=6$。特别有 $|\varepsilon|=0$,即空符号串的长度等于零。

③ 符号串的连接。设 x、y 是两个符号串,则 xy 称为 x 与 y 的连接。例如,x=cate,y=nation,则 xy=catenation。特别有 $\varepsilon\alpha=\alpha\varepsilon=\alpha$,其中,$\alpha$ 是任意符号串。

④ 符号串集合的乘积。设 A、B 是两个符号串集合,AB 表示 A 与 B 的乘积,则定义
$$AB=\{xy|x\in A, y\in B\}$$
例如,设 A={ab, c},B={d, efg},则
$$AB=\{abd, abefg, cd, cefg\}$$
特别有　$\{\varepsilon\}A=A\{\varepsilon\}=A$,$\varnothing A=A\varnothing=\varnothing$,其中,$\varnothing$ 为空集。

注意:$\varepsilon\notin\varnothing$,即空符号串并不属于空集 $\varnothing$。

⑤ 符号串的方幂。同一符号串的连接可写成方幂形式。设 x 是一符号串,则定义

$$x^0=\varepsilon$$
$$x^1=x$$
$$x^2=xx$$
$$x^3=x^2x=xx^2=xxx$$
$$\vdots$$

$$x^n = x^{n-1} = xx^{n-1} = \underbrace{xx\cdots x}_{n个}$$

例如，$x=abc$，$x^2=abcabc$，$x^3=abcabcabc$。

⑥ 符号串集合的方幂。同一符号串集合的乘积也可以写成方幂形式。设符号串集合 A，则定义

$$A^0 = \{\varepsilon\}$$
$$A^1 = A$$
$$A^2 = AA$$
$$A^3 = A^2A = AA^2$$
$$\vdots$$
$$A^n = A^{n-1}A = AA^{n-1}$$

例如，$A=\{a,bc\}$，$A^2=AA=\{aa,abc,bca,bcbc\}$，$A^3=A^2A=\{aaa,abca,bcaa,bcbca,aabc,abcbc,bcabc,bcbcbc\}$。

⑦ 符号串集合的正闭包。设符号串集合 A 的正闭包记为 A^+，则有

$$A^+ = A^1 \cup A^2 \cup \cdots \cup A^n \cup \cdots$$

即 A^+ 为集合 A 上所有符号串的集合。

⑧ 符号串集合的自反闭包。设符号串集合 A 的自反闭包记为 A^*，则有

$$A^* = \{\varepsilon\} \cup A^+ = A^+ \cup \{\varepsilon\}$$

显然有 $A^+ = AA^* = A^*A$

2.2 文法及其分类

2.2.1 文法

在定义文法之前，需先定义产生式，因为在文法的定义中要用到产生式。

定义 2.1 设 V_N、V_T 分别是非空有限的非终结符号集和终结符号集，$V = V_N \cup V_T$，$V_N \cap V_T = \varnothing$。一个产生式是一个序偶对 (α, β)，其中，$\alpha \in V^+$，$\beta \in V^*$，通常表示为

$$\alpha \rightarrow \beta \quad 或 \quad \alpha ::= \beta$$

称 α 为产生式的**左部**，称 β 为产生式的**右部**。产生式又称为**重写规则**，它意味着能将一个符号串用另一个符号串替换。

定义 2.2 文法 G 是一个四元组，$G = (V_N, V_T, P, S)$，其中，V_N、V_T 分别是非空有限的非终结符号集和终结符号集，$V_N \cap V_T = \varnothing$，P 是产生式集，$S \in V_N$ 称为文法的**识别符号**或**开始符号**。

例 2.1 文法
$$G_1 = (V_N, V_T, P, S)$$

其中 $V_N = \{S, B, C, D\}$
$V_T = \{a, b, c\}$
$P = \{S \rightarrow aSBC, S \rightarrow abc, CB \rightarrow CD, CD \rightarrow BD, BD \rightarrow BC,$
$bB \rightarrow bb, bC \rightarrow bc, cC \rightarrow cc\}$

如果产生式集中的产生式有共同的左部,如
$$\alpha \to \beta, \alpha \to \gamma$$
则可将其简写成
$$\alpha \to \beta | \gamma$$

2.2.2 文法分类

Chomsky 将文法分为 0 型、1 型、2 型和 3 型四种类型。

1. 0 型文法

在 2.2.1 节中定义的文法即为 **0 型文法**。其产生式具有以下形式:
$$\alpha \to \beta$$
其中,$\alpha \in (V_N \cup V_T)^+$,$\beta \in (V_N \cup V_T)^*$。产生式的左部 α 和右部 β 都是符号串,对它们没作任何限制。

0 型文法又称为**短语结构文法**,它的能力相当于图灵机。

若对 0 型文法的产生式作某些限制,则可给出其他三种类型的文法。

2. 1 型文法(上下文有关文法)

如果文法 G 的产生式具有以下形式:
$$\alpha \to \beta$$
其中 $\alpha = \gamma_1 A \gamma_2$;$\beta = \gamma_1 \delta \gamma_2$;$\gamma_1, \gamma_2 \in (V_N \cup V_T)^*$; $A \in V_N$; $\delta \in (V_N \cup V_T)^+$
则称 G 为 **1 型文法**。

符号串 γ_1 和 γ_2 可以认为是上下文,其间的 A 可以被符号串 δ 替代,因此,1 型文法又称为**上下文有关文法**。

对于 1 型文法,显然有
$$1 \leqslant |\alpha| \leqslant |\beta|$$

例 2.2 1 型文法
$$G_2 = (V_N, V_T, P, S)$$
其中
$V_N = \{S, A, B, C\}$
$V_T = \{a, b, c\}$
$P = \{S \to aSBC, S \to aBC, aB \to ab, bB \to bb,$
$bC \to bc, CB \to BC, cC \to cc\}$

3. 2 型文法(上下文无关文法)

在 1 型文法的产生式中,如果不考虑上下文 γ_1 和 γ_2,即上下文 γ_1 和 γ_2 用空符号串 ε 代替,则有以下形式的产生式:
$$A \to \delta$$
其中 $A \in V_N, \delta \in V_N \cup V_T)^+$

具有这种形式的产生式的文法,称为 **2 型文法**。2 型文法产生式的左部是单个非终结符,右部是由终结符和非终结符组成的符号串。2 型文法又称为**上下文无关文法**。上下文无关文法是值得特别注意的文法,因为它所定义的语法单位完全独立于它所处的环境,即与上下文无关。这种文法足够描述现今的程序设计语言。

例2.3 2型文法

$$G_3 = (V_N, V_T, P, E)$$

其中
$V_N = \{E, T, F\}$
$V_T = \{i, (,), +, *\}$
$P = \{E \rightarrow E+T | T, T \rightarrow T*F | F, F \rightarrow (E) | i \}$

例2.4 2型文法

$$G_4 = (V_N, V_T, P, N)$$

其中
$V_N = \{N, D\}$
$V_T = \{0, 1, 2, 3, 4, 5, 6, 7, 8, 9\}$
$P = \{N \rightarrow ND | D, D \rightarrow 0 | 1 | 2 | 3 | 4 | 5 | 6 | 7 | 8 | 9 \}$

4. 3型文法(右线性文法或正规文法)

如果对2型文法的产生式作进一步限制,限制产生式右部是单一终结符或单一终结符跟着单一非终结符,即

$A \rightarrow a$
$A \rightarrow aB$

其中 $A, B \in V_N, a \in V_T$

则称该文法为**3型文法**,又称为**右线性文法**或**正规文法**。

例2.5 3型文法

$$G_5 = (V_N, V_T, P, S)$$

其中
$V_N = \{S, A, B\}$
$V_T = \{0, 1\}$
$P = \{S \rightarrow 0 | 1 | 1A | 0B, A \rightarrow 1A | 0B, B \rightarrow 0 | 1 | 0B \}$

文法分类对于实现程序设计语言的编译程序具有重要意义。从文法分类的角度看,程序设计语言的词法规则属于正规文法,与局部语法有关的规则属于上下文无关文法,而与全局语法和语义有关的部分则属于上下文有关文法。一般来说,属于哪一类文法的语言,就应采用适合于哪一类语言的识别技术。程序设计语言的词法规则属于正规文法,因此,编译程序扫描器采用了正规文法识别技术。程序设计语言的语法和语义部分,一般属于上下文有关文法,但是,实际上并没用上下文有关文法来定义语法,而是采用上下文无关文法来描述语法,其原因是,如果采用上下文有关文法定义语法,将会使语法变得更加复杂;而且,语法采用了上下文无关文法定义之后,编译程序的语法分析程序便可采用高功效的上下文无关文法识别技术。

2.2.3 文法举例

例2.6 1型文法 $G_6 = (V_N, V_T, P, S)$

其中
$V_N = \{S, X, Y, Z\}$
$V_T = (x, y, z)$
$P = \{S \rightarrow xSYZ | xYZ, xY \rightarrow xy, yY \rightarrow yy, yZ \rightarrow yz$

ZY→YZ, zZ→zz}

例 2.7 2 型文法 $G_7 = (V_N, V_T, P, S)$

其中
$V_N = \{S, T\}$
$V_T = \{a, b, c, d\}$
$P = \{S→aTd, T→bT|cT|b|c\}$

例 2.8 2 型文法 $G_8 = (V_N, V_T, P, B)$

其中
$V_N = \{B\}$
$V_T = \{(,)\}$
$P = \{B→(B)|BB|( )\}$

例 2.9 2 型文法 $G_9 = (V_N, V_T, P, S)$

其中
$V_N = \{S\}$
$V_T = \{0, 1\}$
$P = \{S→0S1, S→01\}$

例 2.10 正规文法 $G_{10} = (V_N, V_T, P, A)$

其中
$V_N = \{A, B, C, D\}$
$V_T = \{x, y, z\}$
$P = \{A→xB|yC$
$B→zB|y|yC$
$C→xD$
$D→yD|x\}$

2.3 语言和语法树

2.3.1 推导和规范推导

定义 2.3 设文法 $G=(V_N, V_T, P, S)$, $(\alpha, \beta) \in P$; $\gamma, \delta \in (V_N \cup V_T)^*$,则称符号串 $\gamma\beta\delta$ 为符号串 $\gamma\alpha\delta$ 应用产生式 $\alpha→\beta$ 所得到的**直接推导**,记为

$$\gamma\alpha\delta \Rightarrow \gamma\beta\delta$$

特别地,当 $\gamma = \delta = \varepsilon$ 时,有

$$\alpha \Rightarrow \beta$$

即每个产生式的右部是它左部的直接推导。

例 2.11 设文法 $G_{11}[E]$:

$E→E+T|T$
$T→T*F|F$
$F→(E)|i$

有
$E+F*i \Rightarrow E+(E)*i$

其中,应用了产生式

$F→(E)$

特别有
$E \Rightarrow E+T \quad\quad E \Rightarrow T$

$$T \Rightarrow T * F \qquad T \Rightarrow F$$
$$F \Rightarrow (E) \qquad F \Rightarrow i$$

定义 2.4 如果存在一个直接推导的序列

$$v = \alpha_0 \Rightarrow \alpha_1 \Rightarrow \alpha_2 \Rightarrow \cdots \Rightarrow \alpha_n = u \qquad (n > 0)$$

则称符号串 u 为符号串 v 的一个**推导**，记为

$$v \stackrel{+}{\Rightarrow} u$$

例 2.12 因为

$$E + T \Rightarrow E + T * F \Rightarrow E + T * F * F \Rightarrow E + F * F * F$$
$$\Rightarrow E + F * F * i \Rightarrow E + F * (E) * i$$

所以 $E + T \stackrel{+}{\Rightarrow} E + F * (E) * i$

定义 2.5 $v \stackrel{*}{\Rightarrow} u$ 表示 $v \stackrel{+}{\Rightarrow} u$ 或 $v = u$。

定义 2.6 在 $xUy \Rightarrow xuy$ 直接推导中，若 $x \in V_T^*$，$U \in V_N$，即 U 是符号串 xUy 中最左非终结符，则称此直接推导为**最左直接推导**。若一个推导的每一步直接推导都是最左直接推导，那么此推导称为**最左推导**。

例 2.13 设文法 G_{12}[〈标识符〉]：

〈标识符〉→ 〈字母〉|〈标识符〉〈字母〉|〈标识符〉〈数字〉

〈字母〉→ a|b|c|…|x|y|z

〈数字〉→ 0|1|2|3|4|5|6|7|8|9

〈标识符〉⇒〈标识符〉〈数字〉⇒〈标识符〉〈数字〉〈数字〉
⇒〈字母〉〈数字〉〈数字〉⇒ a〈数字〉〈数字〉
⇒ a6〈数字〉⇒ a69

这个推导的每一步直接推导都是最左直接推导，所以它是一个最左推导。

定义 2.7 在 $xUy \Rightarrow xuy$ 直接推导中，若 $y \in V_T^*$，$U \in V_N$，即 U 是符号串 xUy 中最右非终结符，则称此直接推导为**最右直接推导**。若一个推导的每一步直接推导都是最右直接推导，则称此推导为**最右推导**。

最右直接推导又称为**规范直接推导**，最右推导又称为**规范推导**。

例 2.13 中，〈标识符〉⇒〈标识符〉〈数字〉⇒〈标识符〉9 ⇒〈标识符〉〈数字〉9
⇒〈标识符〉69 ⇒〈字母〉69 ⇒ a69

此推导的每一步直接推导都是最右直接推导，因此它是一个最右推导，或者说它是一个规范推导。

2.3.2 句型、句子和语言

定义 2.8 设 S 是文法 G 的识别符号，如果 $S \stackrel{*}{\Rightarrow} u$，则称符号串 u 为文法 G 的**句型**。显然，识别符号 S 也是文法 G 的句型。

由于 $E \Rightarrow E + T \Rightarrow E + T * F \Rightarrow E + T * i \Rightarrow E + F * i \Rightarrow E + (E) * i \Rightarrow E + (E + T) * i$，而 E 是文法 G 的识别符号，因此，符号串 $E + T$、$E + T * F$、$E + T * i$、$E + F * i$、$E + (E) * i$ 和 $E + (E + T) * i$ 以及符号 E 都是文法 G 的句型。

定义 2.9 设 S 是文法 G 的识别符号，若 $S \stackrel{*}{\Rightarrow} u$，$u \in V_T^*$，则称符号串 u 为文法 G 的**句子**。

因为 $E \overset{+}{\Rightarrow} i+i*i$，所以终结符号串 $i+i*i$ 是文法 G 的一个句子。

定义 2.10 设 S 是文法 G 的识别符号，文法 G 的语言

$$L(G)=\{u|S \overset{*}{\Rightarrow} u, u \in V_T^*\}$$

即文法的语言是文法的所有句子构成的集合。

简单算术表达式文法 G[E] 的语言就是所有简单算术表达式（仅含加法、乘法运算）的集合。2.2.3 节中的文法 G_6、G_7、G_8 和 G_9 的语言分别是

$$L(G_6)=\{x^n y^n z^n | n>0\}$$
$$L(G_7)=\{a\alpha d | \alpha \in \{b,c\}^+\}$$
$$L(G_8)=\{(^n)^n (^m)^m \cdots (^k)^k | n>0, m, k \geqslant 0\}$$
$$L(G_9)=\{0^n 1^n | n>0\}$$

2.3.3 语法树

在自然语言中，句子结构可以借助一种树形表示来进行分析。例如，有下面的句子
They are students and teachers of the Physics Department.
对该句子的结构进行分析，其树形表示如图 2.1 所示，由此可以看出，该句子由主语、系词和表语组成，是一个语法正确的句子。

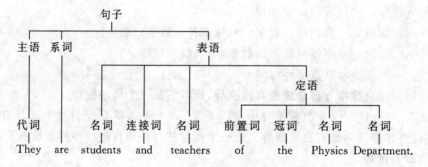

图 2.1 句子结构

在自然语言中，可通过树形表示直观地分析句子结构；在形式语言中，则是通过语法树直观地分析文法的句型结构。

设文法 $G=(V_N, V_T, P, S)$，对于文法 G 的任意一个句型都存在一个相应的语法树：

① 树中每个结点都有一个标记，该标记是 $V_N \cup V_T \cup \{\varepsilon\}$ 中的一个符号；

② 树的根结点标记是文法的识别符号 S；

③ 若树的一个结点至少有一个叶子结点，则该结点的标记一定是一个非终结符；

④ 若树的一个结点有多个叶子结点，该结点的标记为 A，这些叶子结点的标记从左到右分别是 $B_1, B_2, \cdots, B_n$，则 $(A \rightarrow B_1 B_2 \cdots B_n) \in P$。

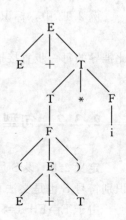

图 2.2 语法树

例 2.14 例 2.11 中文法 G_{11} 的句型 $E+(E+T)*i$ 的语法树如图 2.2 所示。

在这棵树中,根结点的标记是文法 G_{11} 的识别符号 E。结点 T 有 3 个叶子结点,从左到右分别是结点 T、* 和 F,符号 T 显然是一个非终结符,在文法 G_{11} 中存在一条产生式 T→T*F。

2.3.4 产生式树

文法的句型都可依据文法的产生式来生成相应的语法树。不妨仍以句型 E+(E+T)*i 为例进行介绍,其语法树生成过程如下。

① 以文法 G 的识别符号 E 作为语法树根结点的标记。选择识别符 E 的一个产生式 E→E+T,然后生成根结点 E 的 3 个分支,根结点 E 的 3 个叶子结点的标记,从左到右分别记为 E、+ 和 T,如图 2.3(a)所示。

② 选择产生式 T→T*F,生成以结点 T 作为根结点的子树,如图 2.3(b)所示。

③ 选择产生式 F→i,以图 2.3(b)中最右边的叶子结点 F 为根结点,延伸相应的子树,如图 2.3(c)所示。

④ 选择产生式 T→F,以图 2.3(c)中所示的叶子结点 T 为根结点,延伸相应的子树,如图 2.3(d)所示。

⑤ 选择产生式 F→(E),以图 2.3(d)中所示叶子结点 F 为根结点,延伸相应的子树,扩充相应的子树,如图 2.3(e)所示。

⑥ 最后,选择产生式 E→E+T,以图 2.3(d)中的叶子结点 E 为根结点,构造相应的子树,如图 2.3(f)所示。

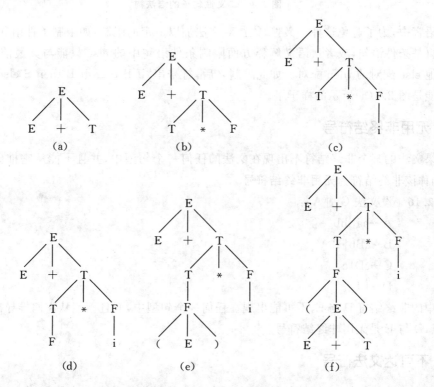

图 2.3 产生式语法树

2.4 关于文法和语言的几点说明

1. 二义性

定义 2.11　一个文法,如果它的一个句子有两棵或两棵以上的语法树,则称此句子具有**二义性**。如果一个文法含有二义性的句子,则该文法具有二义性。

例 2.15　设文法 $G_{13}[S]$：
$$S \rightarrow \text{if B then S} | \text{if B then S else S}$$
$$| i:=E$$

中的符号串"if B then if B then S else S"有两棵语法树,如图 2.4(a)、(b)所示。显然,此文法具有二义性。

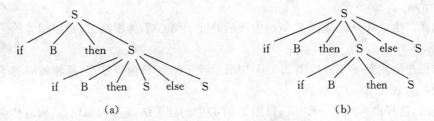

图 2.4　二义性句子的语法树

在语言中,为了避免这种二义性,往往对文法加以一定的限制,如限制条件语句 then 之后不允许再是条件语句,或者从语义解释方面限制条件语句中的 else 只能与其最前面的、还没有和其他 else 配对的 then 配对。如此限制之后,符号串"if B then if B then S else S"的语法树就只能是图 2.4(a)所示的样子了。

2. 无用非终结符号

如果文法的某个非终结符不出现在文法的任何一个句型中,并且不能从它推导出终结符号串,则称该非终结符为**无用非终结符号**。

例 2.16　设文法 $G_{14}[A]$：
$$A \rightarrow aaBbb$$
$$B \rightarrow aBb | ab$$
$$C \rightarrow cD | c$$
$$D \rightarrow Ef$$

此文法中的非终结符 D 与 E,不可能出现在任何一个句型中,而且不能从它们推导出终结符号串,所以,D 与 E 是无用非终结符号。

3. 不可达文法符号

如果一个非终结符(非识别符号)不出现在文法的任何一条产生式的右部,则称该非终结符为**不可达文法符号**。文法 G_{14} 的非终结符 C 是一个不可达文法符号。

不可达文法符号和无用非终结符号都不可能出现在文法的句型中,也就是说,它们对于生成文法的语言都毫无意义,或者说包含不可达文法符号和(或)无用非终结符号的产生式对于文法来讲都是多余的。

实际上,形如 U→U 的产生式也是多余产生式。这种产生式不仅对文法是不必要的,而且还可能引起文法的二义性。

例 2.17 文法 $G_{15}[Z]$:

$$Z \to aZb | ab$$

是一个无二义的文法,它的语言 $L(G)=\{a^n b^n | n \geqslant 1\}$。但是,如果此文法添加一条 Z→Z 的产生式,就变为

G[Z]:

$$Z \to aZb | Z | ab$$

此文法便具有二义性。如句型 aabb 将有多个语法树,如图 2.5 所示。

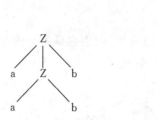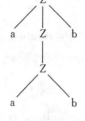

图 2.5 句型 aabb 的语法树

可见,多余产生式不仅是多余的,而且可能还是有害的。因此,应消除文法中多余的产生式。

4. 可空非终结符

2 型文法的产生式要求以下形式:

$$A \to \delta$$

其中,$A \in V_N$,$\delta \in (V_N \cup V_T)^+$。对 2 型文法可进行扩充,令 $\delta \in (V_N \cup V_T)^*$,允许有以下形式的产生式:

$$A \to \varepsilon$$

此产生式称为**空产生式**,A 称为**可空非终结符**。2 型文法添加空产生式之后,文法的语言除了增加一个空串 ε 之外,并没有改变文法的类型。空产生式往往会带来方便。如产生式

$$A \to Ax | y$$

为了消除直接左递归,将产生式等价变换为

$$A \to yA'$$
$$A' \to xA' | \varepsilon$$

此处便用到空产生式。

2.5 分析方法简介

对于 2 型文法(即上下文无关文法),如何识别一个符号串是不是一个合法的句型或句子,

其分析方法有两类,一类是自上而下分析方法,另一类是自下而上分析方法。

2.5.1 自上而下分析方法

自上而下分析方法的基本思想是从文法的识别符号出发,看是否能推导出待检查的符号串,如果能推导出这个符号串,则表明此符号串是该文法的一个句型或句子,否则便不是。或者说,以文法的识别符号作为根结点,看其是否能构造一个语法树,而且此语法树所有叶子结点从左到右所构成的符号串恰好是待检查的符号串。如果能生成这样的语法树,则表明待检查的符号串是该文法的一个句型或句子,否则便不是。

例 2.18 设文法 $G_{16}[S]$:
$$S \rightarrow aAbc|aB$$
$$A \rightarrow ba$$
$$B \rightarrow beB|d$$

采用自上而下分析方法,对符号串 abed 进行分析,识别它是不是该文法的一个句子。

从文法识别符 S 出发,选择它的一个产生式
$$S \rightarrow aAbc$$
得直接推导 $S \Rightarrow aAbc$
以识别符 S 作为根结点,构造语法树,如图 2.6(a)所示。

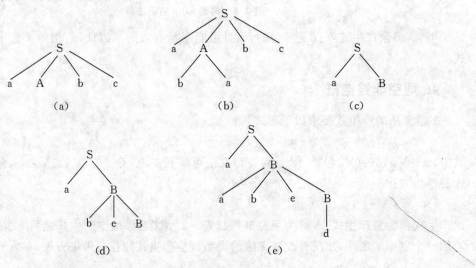

图 2.6 语法树构造

符号串 aAbc 与待查符号串 abed 的第一个符号相匹配。由于符号串 aAbc 的第二个符号是非终结符,因而需要对它进行替换。A 只有一个产生式
$$A \rightarrow ba$$
以其右部替换 A,得推导
$$S \Rightarrow aAbc \Rightarrow ababc$$
得语法树,如图 2.6(b)所示。

符号串 ababc 与待查符号串 abed 的第二个符号相匹配,但与第三个符号不相匹配,匹配失败。此时,需退回到非终结符 A,重新选择,但 A 只有一个产生式,无法重新选择,因此,需

要再往前退回到非终结符 S,重新选择 S 另外的产生式,再作试探。这种往前回退,又称为回溯。选择 S 的另一条产生式

$$S \rightarrow aB$$

得直接推导　　$S \Rightarrow aB$

得语法树,如图 2.6(c)所示。

对非终结符 B,选其中一条产生式

$$B \rightarrow beB$$

得推导　　$S \Rightarrow aB \Rightarrow abeB$

得语法树,如图 2.6(d)所示。

此时,符号串 abeB 与待查符号串 abed 前三个符号均匹配。符号串 abeB 的第四个符号是非终结符 B,需对 B 进行替换,若选择其产生式

$$B \rightarrow d$$

则得推导　　$S \Rightarrow aB \Rightarrow abeB \Rightarrow abed$

得语法树,如图 2.6(e)所示。

由识别符 S 所得推导 abed,即图 2.6(e)语法树的叶子结点从左到右所构成的符号串,与待检查的符号串 abed 完全匹配。说明待检查的符号串是该文法的一个句子。

例 2.18 属带回溯的自上而下分析方法,又称为不确定的自上而下分析方法。这种方法显然花费时间多,效率低。如果对文法加以限制,就可以避免回溯。

2.5.2　确定的自上而下分析方法

在例 2.18 中,待检查的符号串 abed 的首符号是 a,而 S 的两条产生式的右部首符号都是终结符 a。此时存在两种可能性,分别按 S 的两条产生式进行推导,最终都有可能推导出符号串 abed,因而是不确定的。如果要避免这种不确定性,避免回溯,那么,当文法的某一个非终结符有几条产生式,而且每条产生式右部首符号都是终结符时,应保证它们是互不相同的终结符。

例 2.19　设文法 $G_{17}[S]$:

$$S \rightarrow aBc \mid bCd$$
$$B \rightarrow eB \mid f$$
$$C \rightarrow dC \mid c$$

试检查符号串 aefc 是不是该文法的句子。

识别符 S 有两条产生式,它们的右部首符号分别是终结符 a 与 b。待检查符号串 aefc 的首符号是 a,所以,从识别符 S 出发,只能选择其产生式

$$S \rightarrow aBc$$

得直接推导　　$S \Rightarrow aBc$

得语法树,如图 2.7(a)所示。其中,非终结符 B 有两条产生式,它们右部首符号分别是终结符 e 与 f,而待检查符号串 aefc 的第二个符号是终结符 e,所以,选择 B 的产生式

$$B \rightarrow eB$$

得推导　　$S \Rightarrow aBc \Rightarrow aeBc$

得语法树,如图 2.7(b)所示。

由于待检查符号串 aefc 的第三个符号是终结符 f，因而对句型 aeBc 中的非终结符 B 选择其产生式

$$B \to f$$

得推导　　　$S \Rightarrow aBc \Rightarrow aeBc \Rightarrow aefc$

得语法树，如图 2.7(c)所示。

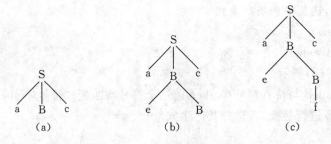

图 2.7　aefc 语法树构造

如此推导出的符号串 aefc，语法树的叶子结点序列 aefc，与待检查符号串 aefc 相匹配。

例 2.19 属确定的自上而下分析方法。在分析过程中，选择某个非终结符的产生式，是根据待检查符号串的当前符号以及各产生式右部首符号而进行的，因此是确定的。

2.5.3　自下而上分析方法

自下而上分析方法的基本思想是从待检查的符号串出发，看最终是否能归约（推导的逆过程）到文法的识别符号。如果能归约到文法的识别符号，则表明此待检查的符号串是该文法的一个句型或句子，否则便不是。

从待检查符号串出发，在其中寻找一个称为句柄的子串，此句柄如果与文法中的某一产生式右部相匹配，那么就用此产生式左部（一个非终结符）去替换待检查符号串中的句柄，替换之后得一新符号串，然后对这新符号串作同样处理。这便是一个归约的过程。

这里需解决两个问题，一是满足什么条件的子串为句柄，二是怎样从一个符号串中寻找句柄。在后面有关章节中，将讨论这些问题，并介绍各种确定的自下而上分析器。

在自下而上分析方法中，要不断地寻找当前句型的可归约子串；一旦找到可归约子串，便用此子串去和文法的产生式右部进行比较；若子串和文法的某一条产生式右部相匹配，则用该产生式左部符号（一个非终结符）去取代句型中的可归约子串。在这个归约过程中，显然，相关文法的所有产生式都必须事先存放在计算机中。在计算机中，可以为相关文法建立一个产生式表，把文法的所有产生式都放在这个产生式表中。为了在自下而上分析过程中能迅速地查找到与可归约子串相匹配的产生式右部，可以为该产生式表再建立一个目录表。在目录表的每一项中，都存放着一个产生式右部的尾符号和一个指针，这个指针指示该产生式在产生式表中的位置。具有相同产生式右部尾符号的产生式被连接成一个产生式链。

例 2.20　文法 $G_{18}[S]$：

　　　　$S \to (R) | a | \wedge$
　　　　$R \to T$
　　　　$T \to S, T | S$

的产生式表与目录表如图 2.8 所示。

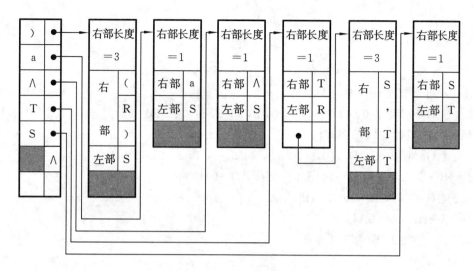

图 2.8 产生式表与目录表

在图 2.8 中,左边的一个向量是目录表,其余部分是产生式表。文法 G[S]有 6 条产生式,全部放在产生式表中。产生式表共有 6 项,每一项对应一条产生式,包括产生式的左部、右部和产生式右部长度。目录表共有 5 项,每一项包括两部分,分别存放产生式右部的尾符号和一个指针,指针指示相应产生式在产生式表中的位置。如目录表第一项中的符号")"是产生式 S→(R)右部的尾符号,相应的指针指示产生式 S→(R)在产生式表中的首地址。由于产生式 R→T 与产生式 T→S,T 有相同的右部尾符号"T",所以它们在产生式表中被连接成一个链。

2.6 小　　结

形式语言由 Chomsky 于 1956 年提出,其理论的形成和发展推动了计算机科学技术的发展。形式语言理论是编译原理的重要理论基础。

文法是形式语言中一个十分重要的基本概念。文法可定义为一个四元组,文法 $G=(V_N, V_T, P, S)$。其中,V_N 是一个非终结符集,V_T 是一个终结符集,P 是一个产生式集,$S\in V_N$ 是文法的识别符。

Chomsky 将文法分类为 0 型、1 型、2 型和 3 型文法。程序设计语言的词法规则属于 3 型文法(正规文法)。程序设计语言的语法和语义部分,一般属于 1 型文法(上下文有关文法),但实际上都是采用 2 型文法(上下文无关文法)来描述语法。

对于一个文法,我们需要研究它的句型、句子和语言。要识别一个符号串是不是一个文法的合法句子,需对它进行语法分析。分析方法有两类,一类是自上而下分析法,另一类是自下而上分析法。

为了进行语法分析,需事先将文法的产生式存储在计算机中。可以为文法建立一个产生式表,把文法的所有产生式都放在这个产生式表中。为了在分析过程中能迅速地查找到相应的产生式,还可再建立一个目录表。

习 题 二

2.1 写出下列文法所确定的语言：

① 文法 G=({D},{0, 1, 2, 3, 4, 5, 6, 7, 8, 9},P,D)
其中,P={D→0|1|2|3|4|5|6|7|8|9};

② 文法 G=({B, L, D},{0, 1, 2, 3, 4, 5, 6, 7, 8, 9},P,B)
其中,P={B→D|L, L→1|2|3|4|5|6|7|8|9, D→0|L};

③ 文法 G=({S, A},{a,b},P,S)
其中,P={S→Aa, A→bA|a}。

2.2 构造文法以生成下列语言：

① $\{a^{3n} | n \geq 1\}$；

② $\{a^n b^{2m-1} | n, m \geq 1\}$；

③ $\{a^n b^n | n \geq 1\}$；

④ $\{a^n b^m c^k | n, m, k \geq 0\}$；

⑤ 偶整数集合，但偶整数不允许 0 打头；

⑥ 能被 5 整除的整数集合；

⑦ $L(G)=\{\alpha | \alpha \in \{a, b\}^+\}$，且 α 含相同个数的 a 和 b。

2.3 设文法 G=({A, B, C, S},{x, y, z},P,S),
其中,P={S→AB²C, AB→BAz, zB→A²Bx, A→x, B→y, C→z}
试构造与文法 G 等价的文法 G'=(V'_N, V'_T, P', S'),要求其产生式的形式为

$$\alpha Q \beta \rightarrow \alpha \gamma \beta$$

其中,$Q \in V'_N, \gamma \in (V'_N \cup V'_T)^+, \alpha, \beta \in (V'_N \cup V'_T)^*$。

2.4 确定下面文法的类型：

G=({A, B, T, S}, {x, y, z}, P, S)

其中,P={S→xTB|xB, T→xTA|xA, B→yz, Ay→yA, Az→yzz}。

2.5 试将下面文法改写成 3 型文法：

G=({S, A, B}, {a, b, c, d, e}, P, S)

其中,P={S→abcA|edB, A→beB, B→d}。

2.6 设文法 G=({N, D}, {0, 1, 2, 3, 4, 5, 6, 7}, P, N)

其中,P={N→ND|D, D→0|1|2|3|4|5|6|7}。试写出下列符号串的最左推导和最右推导：

①3274   ②65173

2.7 判定下列文法是否有二义性：

① G=(V_N, V_T, P, S)

其中,V_N={A, B, S},V_T={a, b, c},P={S→AB, A→a|ab, B→c|bc};

② G=(V_N, V_T, P, ⟨unsigned integer⟩)

其中,V_N = {⟨unsigned integer⟩,⟨digit⟩},V_T={0, 1, 2, …, 9},

P={⟨unsigned integer⟩→⟨digit⟩,⟨digit⟩→⟨digit⟩⟨digit⟩,

⟨digit⟩→0|1|2|…|8|9}

2.8 分别压缩下列文法：

① G[Z]：
   Z→E+T
   E→E|S+F|T
   F→F|FP|P
   P→G
   G→G|GG|F
   T→T*i|i
   Q→E|E+F|T|S
   S→i

② G[S]：
   S→aFbT|Tcb|T
   F→Tb|M|abc
   T→Fa|F|cMb
   M→abF|c

第3章 有穷自动机

自动机是一种能进行运算并能实现自我控制的装置。一台储存有程序的传统计算机,在有合适电源的条件下不仅具有进行运算的能力,而且具有自我控制的能力,所以,计算机是一部自动机。

所有实际的计算装置均以某种方式受限于它所能储存的信息量,因此是有限的。

自动机是描述符号串处理的强有力的工具,因而,自动机成为研究词法分析程序的重要基础。有穷自动机(FA)分为确定有穷自动机(DFA)和非确定有穷自动机(NFA)。

本章介绍有关有穷自动机的基本概念和理论以及正规文法、正规表达式与有穷自动机之间的相互关系。

3.1 有穷自动机的形式定义

定义 3.1 一个确定有穷自动机 DFA 是一个五元组

$$DFA=(Q, \Sigma, t, q_0, F)$$

其中,Q 是非空有穷状态集,Σ 是有穷输入字母表,t 是一个映射 $Q\times\Sigma\rightarrow Q$,$q_0\in Q$ 是开始状态,$F\subseteq Q$ 是非空终止状态集。

3.1.1 状态转换表

有穷自动机中的映射 $t:Q\times\Sigma\rightarrow Q$,可以由一个状态转换表给出。

例 3.1 有穷自动机

$$A=(Q, \Sigma, t, q_0, F)$$

其中,$Q=\{q_0, q_1, q_2, q_3\}$,$\Sigma=\{a, b\}$,q_0 是开始状态,终止状态集 $F=\{q_0\}$,映射 $t:Q\times\Sigma\rightarrow Q$ 由表 3.1 所示的状态转换表给出。

由表 3.1 可知,对于输入符号 a、b,若其当前状态为 q_0,则分别转入状态 q_1、q_3;若当前状态为 q_1,则分别转入状态 q_0、q_2;若当前状态为 q_2,则分别转入状态 q_3、q_1;若当前状态为 q_3,则分别转入状态 q_2、q_0。

表 3.1 状态转换表

状态\映象\字母	a	b
q_0	q_1	q_3
q_1	q_0	q_2
q_2	q_3	q_1
q_3	q_2	q_0

3.1.2 状态转换图

有穷自动机中的映射 $t:Q\times\Sigma\to Q$,也可用状态转换图描述。

例 3.2 例 3.1 中的有穷自动机 A(记为 DFA A)的状态转换图如图 3.1 所示。

在图 3.1 中,状态 q_0 用双圆圈标记,表明它是终止状态;同时,用一个箭头标记,表明它是开始状态。这就是说,状态 q_0 既是开始状态又是终止状态。由状态转换图可以直观地看到状态间的转换。如状态 q_0 经输入字母 a 可转换成状态 q_1。

一个状态转换图实际上就是一个有穷自动机,因为状态转换图中完全包括了有穷自动机的五个部分。

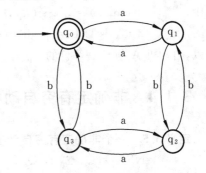

图 3.1 状态转换图

DFA 中的映射 t,还可用以下形式描述:
$$t(q,a)=q'$$
其中,$q,q'\in Q$, $a\in\Sigma$。

例 3.3 例 3.1 中的有穷自动机 A,其映射 t 可写成:

$t(q_0, a)=q_1$ $t(q_0, b)=q_3$
$t(q_1, a)=q_0$ $t(q_1, b)=q_2$
$t(q_2, a)=q_3$ $t(q_2, b)=q_1$
$t(q_3, a)=q_2$ $t(q_3, b)=q_0$

3.1.3 自动机的等价性

为了讨论自动机的等价性,先对 DFA 中的映射进行扩充。

定义 3.2 DFA$=(Q,\Sigma,t,q_0,F)$,扩充的映射
$$t: Q\times\Sigma^*\to Q$$
定义为
① $t(q,\varepsilon)=q$
② $t(q,a\alpha)=t(t(q,a),\alpha)$

其中, $q\in Q$, $a\in\Sigma$, $\alpha\in\Sigma^*$。

定义 3.3 DFA$=(Q,\Sigma,t,q_0,F)$,如果
$$t(q_0,\alpha)=q\in F$$
则称符号串 α 可被该有穷自动机 DFA 所接受。

由有穷自动机 A 接受的符号串集,记为 L(A)。

例 3.4 例 3.1 中有穷自动机 A,
$$t(q_0, aabb)=t(t(q_0, a), abb)=t(q_1, abb)=t(t(q_1, a), bb)$$
$$=t(q_0, bb)=t(t(q_0,b),b)=t(q_3, b)=q_0\in F$$

所以,符号串 aabb 能被有穷自动机 A 接受。

实际上,所有包含偶数个 a 和偶数个 b 的符号串都能被有穷自动机 A 接受。

定义 3.4 两个有穷自动机 A_1 和 A_2，如果 $L(A_1)=L(A_2)$，则称自动机 A_1 与 A_2 等价。

例 3.5 DFA $A=(\{q_0,q_1\},\{a,b\},t,q_0,\{q_0\})$，

其中 $t(q_0,a)=q_1, t(q_1,b)=q_0$

DFA $B=(\{q_0',q_1',q_2'\},\{a,b\},t',q_0',\{q_0',q_2'\})$，

其中 $t'(q_0',a)=q_1', t'(q_1',b)=q_2', t'(q_2',a)=q_1'$

$L(A)=L(B)=\{(ab)^n \mid n\geqslant 0\}$

所以，自动机 A 与 B 是等价的。

3.1.4 非确定有穷自动机

定义 3.5 一个非确定有穷自动机 NFA 是一个五元组

$$NFA=(Q,\Sigma,t,Q_0,F)$$

其中，Q 是一个非空有穷状态集，Σ 是一个非空有穷输入字母集，映射 t 为 $Q\times\Sigma\to Q$ 的子集所成的集合（即 t 是一个多值映射），$Q_0\subseteq Q$ 是开始状态集，$F\subseteq Q$ 是终止状态集。

非确定有穷自动机与确定有穷自动机的主要区别有二：一是 NFA 有一个开始状态集，而 DFA 只有一个开始状态；二是 NFA 的映射是 $Q\times\Sigma\to Q$ 的子集所成的集合，是一个多值映射，而 DFA 的映射是 $Q\times\Sigma\to Q$，是一个单值映射。

例 3.6 $NFA=(Q,\Sigma,t,Q_0,F)$

其中，$Q=\{q_0,q_1,q_2,q_3\}$，$\Sigma=\{x,y\}$，$Q_0=\{q_0\}$，$F=\{q_1\}$，$t(q_0,x)=\{q_1,q_2\}$，$t(q_0,y)=\{q_0\}$，$t(q_1,x)=\{q_0\}$，$t(q_1,y)=\{q_1,q_2\}$，$t(q_2,x)=\{q_3\}$，$t(q_2,y)=\{q_3\}$，$t(q_3,x)=\{q_1,q_3\}$，$t(q_3,y)=\{q_3\}$，其状态转换如图 3.2 所示。

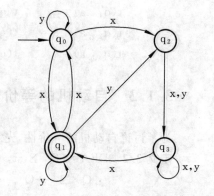

映射 $t(q_0,x)=\{q_1,q_2\}$，表示如果当前状态是 q_0，当遇到输入字符 x 时，将转换为 q_1 或 q_2 状态，显然是不确定的。从图 3.2 可以看到，由状态结点 q_0 到状态结点 q_1 和 q_2 的弧上，均标记输入字符 x。

和 DFA 类似，对 NFA 中的映射同样可以进行扩充。

图 3.2 NFA 状态转换图

定义 3.6 $NFA=(Q,\Sigma,t,Q_0,F)$，扩充的映射 $t:Q\times\Sigma^*\to Q$ 的子集，定义如下：

① $t(q,\varepsilon)=\{q\}$

② $t(q,a\alpha)=t(q_1,\alpha)\cup t(q_2,\alpha)\cup\cdots\cup t(q_n,\alpha)$

其中，$a\in\Sigma,\alpha\in\Sigma^+,t(q,a)=\{q_1,q_2,\cdots,q_n\}$。

定义 3.7 $NFA=(Q,\Sigma,t,Q_0,F)$，对于一个符号串 $\alpha\in\Sigma^*$，如果 $q\in t(q_0,\alpha)$，$q_0\in Q_0$，而 $q\in F$，则称符号串 α 能被该非确定有穷自动机所接受。

能被非确定有穷自动机 A 接受的符号串集，记为 $L(A)$。

例 3.7 例 3.6 中的 NFA，

$t(q_0,xyx) = t(q_1,yx)\cup t(q_2,yx)$ （因为 $t(q_0,x)=\{q_1,q_2\}$）

$= t(q_1,x)\cup t(q_2,x)\cup t(q_3,x)$

（因为 $t(q_1,y)=\{q_1,q_2\}, t(q_2,y)=\{q_3\}$）

$$= \{q_0\} \cup \{q_3\} \cup \{q_1, q_3\}$$
$$= \{q_0, q_1, q_3\}$$

因为 $q_1 \in \{q_0, q_1, q_3\}$，$q_1 \in F$

所以符号串 xyx 能被该 NFA 接受。

3.2 NFA 到 DFA 的转换

3.2.1 空移环路的寻找和消除

如果自动机的弧上允许标记 ε，则称此自动机为 ε 自动机，记为 εNFA。

对于 εNFA（或 εDFA），总可构造等价的 NFA（或 DFA），使得 L(εNFA) = L(NFA)。换句话说，可以消除 ε-自动机中的空移（或空移环路）。

要寻找空移环路可按以下方法进行。先找到一个有 ε 弧射出的状态结点 q_1，不妨假设有一条 ε 弧自 q_1 射出，到达结点 q_2（见图 3.3(a)）。同时，假设结点 q_2 也有一条 ε 弧射出，到达结点 q_3（见图 3.3(b)）。如果 ε 弧所到达的结点总有 ε 弧射出，则此 ε 自动机必有空移环路。图 3.3(c)是一个空移环路。

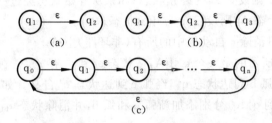

图 3.3 寻找空移环路

找到空移环路之后，要消除它只需把空移环路上的所有结点 $q_1, q_2, \cdots, q_n$ 合并成一个结点，并消除它们所有的 ε 弧。如果其中的某一个结点 q_i（i=1 或 2，…，n）是开始状态或终止状态，则将此合并之后的新结点相应设置为开始状态或终止状态。

例 3.8 图 3.4(a)所示的是一个 εNFA，结点 q_0 是开始状态，q_3 是终止状态，结点 q_0、q_1 与 q_4 形成一个空移环路。要消除这个空移环路，只需将 3 个结点 q_0、q_1 与 q_4 合并成一个结点，以 q_0 标记，并消除原来 3 个结点之间所有的 ε 环。由于这 3 个结点中的 q_0 是开始状态，因此，合并之后的新结点 q_0 被设置为开始状态，如图 3.4(b)所示。

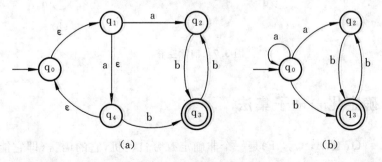

图 3.4 消除空移环路

3.2.2 消除空移

在 ε 自动机中,假设从状态 A 有一条 ε 弧发出,到达状态 B(见图 3.5(a)),而状态 B 没有 ε 弧发出,从它发出的是非 ε 弧。设状态 B 经弧 a_i 到达状态 q_i($i=1,2,\cdots,n$),如图 3.5(b)所示。

可在状态 A 与 q_i($i=1,2,\cdots,n$)之间添加新弧 a_i($i=1,2,\cdots,n$),并消除状态 A 与状态 B 之间的 ε 弧(见图 3.6)。

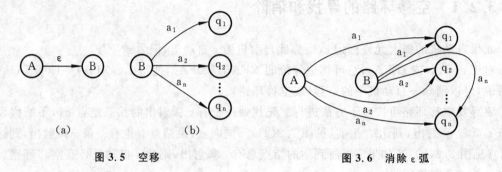

图 3.5 空移　　　　　　　　　图 3.6 消除 ε 弧

如果 B 是终止状态,则设置 A 为终止状态;如果从开始状态经过一条 ε 路径(路径上的每一条弧均为 ε 弧)到达状态 A,则设置 B 为开始状态。

重复上述过程,便可消除 ε 自动机中的所有(非环路)空移。

例 3.9 图 3.7(a)所示的是一个 εNFA,从状态 q_1 到 q_2 有一条 ε 弧,而状态 q_2 没有 ε 弧发出,发出的是非 ε 弧,经弧 b 到达状态 q_4,经弧 c 到达状态 q_2 自身。如果要消除状态 q_1、q_2 间的 ε 弧,则可从状态 q_1 到 q_2、q_4 分别添加新弧 c 和弧 b,并消除状态 q_1、q_2 间的 ε 弧,如图 3.7(b)所示。

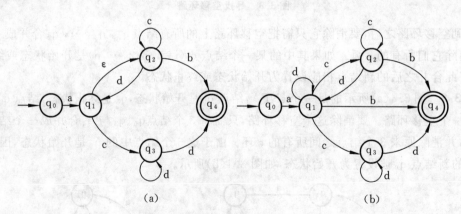

图 3.7 消除空移

3.2.3 确定化——子集法

设 NFA $A=(Q, \Sigma, t, Q_0, F)$ 是一个非确定有穷自动机,它的语言(即它能接受的符号串集合)记为 L(A)。那么,一定可以构造一个和它等价的确定有穷自动机 DFA $A'=(Q', \Sigma,$

t', q_0, F'),使 $L(A')=L(A)$。构造方法如下。

① DFA A' 的输入字母表 Σ 和 NFA A 的输入字母表完全相同。

② 把 NFA A 的每一个状态子集都作为 DFA A' 的一个状态。因此,此构造方法称为**子集法**。

③ 设 NFA A 的任一状态子集 $\{r_1, r_2, \cdots, r_n\}$,$r_i \in Q(i=1,2,\cdots,n)$。令 $r'=[r_1, r_2, \cdots, r_n]$,$r' \in Q'$。取 $a \in \Sigma$,DFA A' 的映射定义
$$t'(r', a) = q' \in Q'$$
其中,$q' = [q_1, q_2, \cdots, q_m]$,而 $\{q_1, q_2, \cdots, q_m\} = t(r_1, a) \cup t(r_2, a) \cup \cdots \cup t(r_n, a)$。

④ DFA A 的开始状态 $q_0 = [s_1, s_2, \cdots, s_k]$,其中,$s_i \in Q_0 (i=1, 2, \cdots, k)$。

⑤ DFA A 的终止状态集 $F' = \{e' | e' = [e_1, e_2, \cdots, e_p], \{e_1, e_2, \cdots, e_p\} \cap F \neq \varnothing\}$。

例 3.10 设与例 3.6 中的 NFA 等价的确定有穷自动机
$$DFA = (Q', \Sigma, t', q_0', F')$$

其中

① $\Sigma = \{x, y\}$;

② $Q' = \{[q_0], [q_1], [q_2], [q_3], [q_0, q_1], [q_0, q_2], [q_0, q_3], [q_1, q_2], [q_1, q_3],$
$[q_2, q_3], [q_0, q_1, q_2], [q_0, q_1, q_3], [q_0, q_2, q_3], [q_1, q_2, q_3], [q_0, q_1, q_2, q_3]\}$;

③ 定义映射 t'

$t'([q_0], x) = [q_1, q_2]$ 　　　　　　$t'([q_0], y) = [q_0]$

$t'([q_1], x) = [q_0]$ 　　　　　　　　$t'([q_1], y) = [q_1, q_2]$

$t'([q_2], x) = [q_3]$ 　　　　　　　　$t'([q_2], y) = [q_3]$

$t'([q_3], x) = [q_1, q_3]$ 　　　　　　$t'([q_3], y) = [q_3]$

$t'([q_0, q_1], x) = [q_0, q_1, q_2]$ 　　$t'([q_0, q_1], y) = [q_0, q_1, q_2]$

$t'([q_0, q_2], x) = [q_1, q_2, q_3]$ 　　$t'([q_0, q_2], y) = [q_0, q_3]$

$t'([q_0, q_3], x) = [q_1, q_2, q_3]$ 　　$t'([q_0, q_3], y) = [q_0, q_3]$

$t'([q_1, q_2], x) = [q_0, q_3]$ 　　　　$t'([q_1, q_2], y) = [q_1, q_2, q_3]$

$t'([q_1, q_3], x) = [q_0, q_3]$ 　　　　$t'([q_1, q_3], y) = [q_1, q_2, q_3]$

$t'([q_2, q_3], x) = [q_1, q_3]$ 　　　　$t'([q_2, q_3], y) = [q_3]$

$t'([q_0, q_1, q_2], x) = [q_0, q_1, q_2, q_3]$ 　$t'([q_0, q_1, q_2], y) = [q_0, q_1, q_2, q_3]$

$t'([q_0, q_1, q_3], x) = [q_0, q_1, q_2, q_3]$ 　$t'([q_0, q_1, q_3], y) = [q_0, q_1, q_2, q_3]$

$t'([q_0, q_2, q_3], x) = [q_1, q_2, q_3]$ 　　$t'([q_0, q_2, q_3], y) = [q_0, q_3]$

$t'([q_1, q_2, q_3], x) = [q_0, q_1, q_3]$ 　　$t'([q_1, q_2, q_3], y) = [q_1, q_2, q_3]$

$t'([q_0, q_1, q_2, q_3], x) = [q_0, q_1, q_2, q_3]$ $t'([q_0, q_1, q_2, q_3], y) = [q_0, q_1, q_2, q_3]$

④ DFA 的开始状态 $q_0' = [q_0]$;

⑤ DFA 的终止状态集 $F' = \{[q_1], [q_0, q_1], [q_1, q_2], [q_1, q_3], [q_0, q_1, q_2],$
$[q_0, q_1, q_3], [q_1, q_2, q_3], [q_0, q_1, q_2, q_3]\}$。

3.2.4 确定化——造表法

在子集法中,如果 NFA 的状态个数 n 比较大,那么,确定化后的 DFA 的状态个数 $2^n - 1$

将更大,其中不少状态是不可达状态。

造表法是比子集法简单而有效的一种确定化方法。

例 3.11 表 3.2 是按造表法对 3.1.4 节例 3.6 中的非确定有穷自动机 NFA 进行确定化的结果。状态 q_0 是 NFA 的开始状态,以 $[q_0]$ 作为 DFA 的开始状态。$[q_0] \in Q'$,由 $t'([q_0], x) = [q_1, q_2]$ 与 $t'([q_0], y) = [q_0]$,得状态 $[q_0]$ 对于输入字母 x、y 的映象分别是状态 $[q_1, q_2]$ 与 $[q_0]$,其中状态 $[q_1, q_2] \in Q'$ 是 DFA 的新状态。再求新状态 $[q_1, q_2]$ 对于 x、y 的映象,$t'([q_1, q_2], x) = [q_0, q_3] \in Q'$,$t'([q_1, q_2], y) = [q_1, q_2, q_3] \in Q'$,状态 $[q_0, q_3]$ 与 $[q_1, q_2, q_3]$ 均为 DFA 的新状态。每得到一个新状态,就继续求新状态对于 x、y 的映象,直到再没有新状态出现为止。$Q' = \{[q_0], [q_1, q_2], [q_0, q_3], [q_0, q_1, q_3], [q_1, q_2, q_3], [q_0, q_1, q_2, q_3]\}$。将 Q' 的状态 $[q_0]$、$[q_1, q_2]$、$[q_0, q_3]$、$[q_1, q_2, q_3]$、$[q_0, q_1, q_3]$ 和 $[q_0, q_1, q_2, q_3]$ 分别标记为 q_0'、q_1'、q_2'、q_3'、q_4' 和 q_5',可得 DFA 的状态转换表(见表 3.3)和状态转换图(见图 3.8)。其中,q_1'、q_2'、q_3'、q_4' 和 q_5' 为 DFA 的终止状态。

表 3.2 造表法确定化

状态＼输入	x	y
$[q_0]$	$[q_1, q_2]$	$[q_0]$
$[q_1, q_2]$	$[q_0, q_3]$	$[q_1, q_2, q_3]$
$[q_0, q_3]$	$[q_1, q_2, q_3]$	$[q_0, q_3]$
$[q_1, q_2, q_3]$	$[q_0, q_1, q_3]$	$[q_1, q_2, q_3]$
$[q_0, q_1, q_3]$	$[q_0, q_1, q_2, q_3]$	$[q_0, q_1, q_2, q_3]$
$[q_0, q_1, q_2, q_3]$	$[q_0, q_1, q_2, q_3]$	$[q_0, q_1, q_2, q_3]$

表 3.3 确定化后的状态转换矩阵

状态＼输入字母	x	y
q_0'	q_1'	q_0'
q_1'	q_2'	q_3'
q_2'	q_3'	q_2'
q_3'	q_4'	q_3'
q_4'	q_5'	q_5'
q_5'	q_5'	q_5'

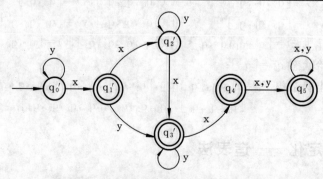

图 3.8 确定化后的状态转换图

3.2.5 εNFA 的确定化

设 εNFA $M=(Q, \Sigma \cup \{\varepsilon\}, t, Q_0, F)$，有

定义 3.8　$I \subset Q$，状态子集 I 的 ε-闭包，记为 ε-closure(I)，定义如下：
① 若 $q \in I$，则 $q \in$ ε-closure(I)；
② 若 $q \in$ ε-closure(I)，q' 是由 q 出发经多条 ε 弧所到达的状态，则 $q' \in$ ε-closure(I)。
显然，ε-closure(I) $\subset Q$。

定义 3.9　$I \subset Q, a \in \Sigma$，映射 $t(I,a)=\{q'|t(q,a)=q', q \in I\}=J \subset Q$
　　　　　$I_a =$ ε-closure(J)

例 3.12　εNFA M 如图 3.9 所示。下面将以此 εNFA M 为例，介绍 εNFA 确定化过程。

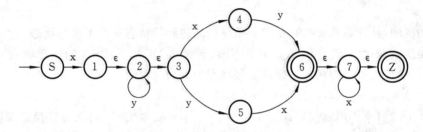

图 3.9　εNFA M

① εNFA M 的开始状态集为 {S}，ε-closure({S})={S}，将 [S]=q_0 作为 DFA M' 的开始状态。

② $\{S\}_x = \{1, 2, 3\}$，$\{S\}_y = \emptyset$，其中，{1, 2, 3} 是一个新的非空子集，因此，将 [1, 2, 3]=q_1 作为 DFA M' 的一个新状态。对新子集继续求 I_x 与 I_y。$\{1, 2, 3\}_x = \{4\}$，$\{1, 2, 3\}_y = \{2, 3, 5\}$，{4} 与 {2, 3, 5} 都是新子集，因此，又将 [4]=q_2，[2, 3, 5]=q_3 作为 DFA M' 的两个新状态。对新子集将继续求它们的 I_x 与 I_y，又可能出现新子集，DFA M' 又将添加新的状态。这个过程一直重复到 DFA M' 不再出现新状态为止，如表 3.4 所示。

表 3.4　M' 状态转换表（Ⅰ）

	I_x	I_y
[S]	[1, 2, 3]	∅
[1, 2, 3]	[4]	[2, 3, 5]
[4]	∅	[6, 7, Z]
[2, 3, 5]	[4, 6, 7, Z]	[2, 3, 5]
[6, 7, Z]	[7, Z]	∅
[4, 6, 7, Z]	[7, Z]	[6, 7, Z]
[7, Z]	[7, Z]	∅

令 q_0=[S]，q_1=[1, 2, 3]，q_2=[4]，q_3=[2, 3, 5]，q_4=[6, 7, Z]，q_5=[4, 6, 7, Z]，q_6=[7, Z]，则 M' 的状态转换表如表 3.5 所示。其中，q_0 是开始状态，q_4、q_5 和 q_6 是终止状态，DFA M' 状态转换图如图 3.10 所示。

表 3.5 M′状态转换表

	I_x	I_y
q_0	q_1	$\emptyset$
q_1	q_2	q_3
q_2	$\emptyset$	q_4
q_3	q_5	q_3
q_4	q_6	$\emptyset$
q_5	q_6	q_4
q_6	q_6	$\emptyset$

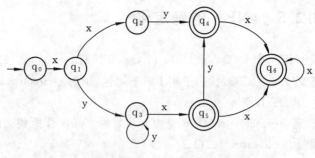

图 3.10 M′状态转换图

3.2.6 消除不可达状态

在自动机中,从开始状态没有任何一条路径能达到的状态称为**不可达状态**。

在子集法确定化中,曾将例 3.6 中的 NFA 转换成 DFA,此 DFA 的状态集 Q′共有 15 个状态,其中不少便是不可达状态。现以部分状态为例加以说明。

设 $q_0'=[q_0], q_1'=[q_1, q_2], q_2'=[q_0, q_3], q_3'=[q_1, q_2, q_3], q_4'=[q_0, q_1, q_3], q_5'=[q_0, q_1, q_2, q_3], q_6'=[q_1], q_7'=[q_2], q_8'=[q_3], q_9'=[q_1, q_3]$,DFA 的状态转换图如图 3.11 所示。图中,q_0'是开始状态,q_0'没有一条路径能到达状态 q_6'、q_7'、q_8'和 q_9',所以这 4 个状态是不可达状态。不可达状态对于生成自动机的语言毫无意义,因此,应从自动机中消除。

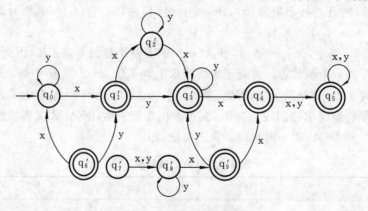

图 3.11 DFA 的状态转换图

3.2.7 DFA 的化简

对 DFA 化简就是使它的状态最少化,即对任意一个确定的有穷自动机 A,要构造另一个确定的有穷自动机 A′,使 L(A′)=L(A),且 A′的状态个数不超过 A 的状态个数。

定义 3.10 如果由状态 q_1 导出的符号串集和由状态 q_2 导出的符号串集相等,则 DFA 的两个状态 q_1 与 q_2 是等价的。

定义 3.11 若 DFA 的两个状态 q_1 与 q_2 不等价,则称状态 q_1 与 q_2 是可区分的。

对 DFA 化简的基本思想是,将状态集分解成若干个互不相交的子集,使每个子集中的状态都是等价的,而不同子集的状态则是不等价的,即是可区分的。

由于终止状态与非终止状态是可区分的,所以先将状态集分解成两个子集,所有的终止状态归为一个子集,而其他非终止状态归为另一个子集;然后,对每一个子集进行再分解,分解后的两个状态属于同一个子集,当且仅当对于任何一个输入字母,它们的映象属于同一个子集。此过程一直执行到不能再分解为止。

设原 DFA $A=(Q, \Sigma, t, q_0, F)$,化简后得 DFA $A'=(Q', \Sigma', t', q_0', F')$。显然,输入字母表 Σ 没发生变化。Q 分解后的每一个子集,作为 Q' 的一个状态。其中包含 q_0 的子集,作为 A' 的开始状态 q_0',包含 $e \in F$ 的子集作为 A' 的终止状态。

设 $q_k'=[q_{k_1}, q_{k_2}, \cdots, q_{k_n}]$, $q_k' \in Q'$, $q_i \in Q(i=k_1, k_2, \cdots, k_n)$, $q_p'=[q_{p_1}, q_{p_2}, \cdots, q_{p_m}]$, $q_p' \in Q'$, $q_j \in Q(j=p_1, p_2, \cdots, p_m)$,映射 $t'(q_k', a)=q_p'(a \in \Sigma)$,当且仅当 $t(q_h, a)=q_r, q_h \in \{q_{k_1}, q_{k_2}, \cdots, q_{k_n}\}, q_r \in \{q_{p_1}, q_{p_2}, \cdots, q_{p_m}\}$。

例 3.13 对 3.2.4 节例 3.11 中已确定化的 DFA(见图 3.8)进行化简。

先将所有终止状态归为一个子集 $S_1=\{q_1', q_3', q_4', q_5'\}$,其余的非终止状态归为另一个子集 $S_2=\{q_0', q_2'\}$。

因为 $t'(q_1', x)=q_2' \in S_2$,而 $t'(q_3', x)=q_4' \in S_1$, $t'(q_4', x)=q_5' \in S_1$, $t'(q_5', x)=q_5' \in S_1$,所以将 S_1 分解成两个子集,$S_1'=\{q_1'\}$, $S_2'=\{q_3', q_4', q_5'\}$。

又因为 $t'(q_0', x)=q_1' \in S_1'$,而 $t'(q_2', x)=q_3' \in S_2'$,所以将 S_2 分解成子集 $\{q_0'\}$ 与 $\{q_2'\}$。

以 q_3' 作为子集 S_2' 的代表,便可得化简后的 DFA,如图 3.12 所示。

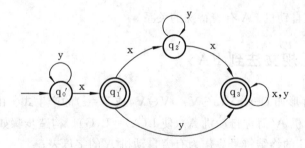

图 3.12 化简后的 DFA

3.2.8 从化简后的 DFA 到程序表示

如果对 DFA 的每一个状态都先指明它所要完成的任务,再把从状态发出的弧上所标记的输入字母视为控制条件,那么,DFA 实际上就是一个程序流程图。

读一个单词时,读到单词的后继符(如界限符)才知道单词的结束。因此,DFA 尚需作适当的修改。如识别标识符的 DFA_1(见图 3.13)需改为图 3.14 所示状态,其中,l 代表字母,d 代表数字。

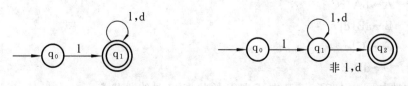

图 3.13 标识符 DFA_1　　　　　图 3.14 标识符 DFA_2

如果赋予状态 q_0、q_1 与 q_2 一定的操作,则可得识别单词标识符的程序流程图(见图 3.15)。在程序流程图 q_0 框中,name 用于存放读入的单词,先将它置空。语句 read(ch)读入一个字符存入 ch 中,并根据 ch 的值是否为字母符号决定是否转入 q_1 框,如果 ch=l,则转入 q_1 框。在 q_1 框中,先将 ch 连接到 name,再读下一个输入字符;如果 ch=l 或 d,则重复执行 q_1 框中的操作,否则进入 q_2 框。进入 q_2 框则表明 name 已存放一个单词,可用 name 去查符号表,如果没查到,则用 name 去填符号表,否则返回该标识符在符号表中的地址。

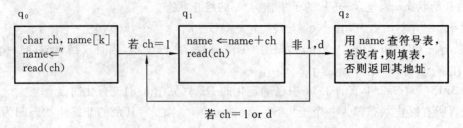

图 3.15 识别单词标识符的程序流程图

3.3 正规文法与有穷自动机

正规文法与有穷自动机 FA 有着特殊的关系。

3.3.1 从正规文法到 FA

设正规文法 G 有形如 U→aV($a \in V_T$,$V \in V_N$ 或 V=ε)的产生式。由正规文法 G 可以直接构造一个有穷自动机 A(简称自动机 A),使 L(A)=L(G)。构造步骤如下:
① 令正规文法 G 的终结符号集作为有穷自动机 A 的字母表;
② 文法 G 的每一个非终结符都作为自动机 A 的一个状态,特别是文法 G 的开始符作为自动机 A 的开始状态;
③ 在自动机 A 中增加一个新状态 Z 作为自动机的终止状态;
④ 对于文法 G 的形如 U→aV($a \in V_T$ 或 a=ε,$V \in V_N$)的产生式,在自动机 A 中构造形如 t(U,a)=V 的映射;
⑤ 对于文法 G 的形如 U→a($a \in V_T$)的产生式,在自动机 A 中构造形如 t(U,a)=Z 的映射。

例 3.14 设正规文法 G_{19}[S]:
    S→aS|aA|bB
    A→bA|cC
    B→aB|dD
    C→cC|c
    D→dD|d

FA 的构造如图 3.16 所示,其中,S 是开始状态,Z 是终止状态。

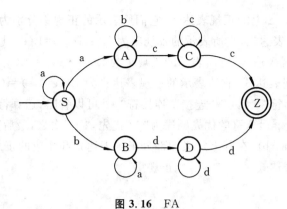

图 3.16 FA

3.3.2 从 FA 到正规文法

从正规文法可直接构造其自动机,反之,由自动机也可直接构造其正规文法。构造步骤如下:

① 自动机每一个状态的标记,均作为正规文法的非终结符,其中,自动机开始状态的标记将作为正规文法的开始符号,自动机的输入字母表中的所有符号,作为正规文法的终结符;

② 对于自动机的映射 t(U,a)=V(其中,U、V 为自动机的状态标记;a 为输入符号),构造文法的一条产生式

U→aV

U、V 为文法的非终结符,a 为终结符;

③ 对于自动机的终止状态 Z,在正规文法中增加一条产生式

Z→ε

例 3.15 设有图 3.17 所示的自动机,根据构造法,可构造正规文法 $G_{20}[S]$:

S→xA|yB
A→yA|yC|xB
B→xC|yC|ε
C→ε

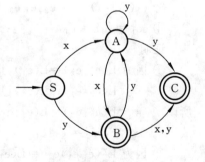

图 3.17 自动机

3.4 正规表达式与 FA

3.4.1 正规表达式的定义

定义 3.12 字母表 Σ 上的正规表达式和正规集递归定义如下:

(1) a∈Σ,a 是 Σ 上的一个正规表达式,它所表示的正规集为{a}。

(2) 空串 ε 是 Σ 上的一个正规表达式,它所表示的正规集为{ε}。

(3) 空集 ∅ 是 Σ 上的一个正规表达式,它所表示的正规集为 ∅。

(4) 设 e_1 与 e_2 都是 Σ 上的正规表达式，它们所表示的正规集分别为 $L(e_1)$ 与 $L(e_2)$，则

① $e_1|e_2$ 也是正规表达式，它所表示的正规集为 $L(e_1|e_2)=L(e_1)\bigcup L(e_2)$；

② $e_1 \cdot e_2$ 也是正规表达式，它所表示的正规集为 $L(e_1 \cdot e_2)=L(e_1)L(e_2)$；

③ $(e_1)^*$ 也是正规表达式，它所表示的正规表达式为 $L((e_1)^*)=(L(e_1))^*$。

正规表达式的运算符"·"读做"连接"，连接符"·"可以省略；运算符"|"读做"或"；运算符"*"读做"闭包"。这3个运算符的优先顺序为"*"优先，"·"次之，最后是"|"。

例 3.16 设 $\Sigma=\{a, b\}$，在其上定义的部分正规表达式和相应的正规集如下：

正规表达式	正规集
a	$\{a\}$
b	$\{b\}$
ab	$\{ab\}$
a|b	$\{a, b\}$
a*	$\{a\}^*=\{\varepsilon, a, aa, aaa, \cdots\}$
ba*	$\{b\}\{a\}^*=\{b, ba, baa, baaa, \cdots\}$

定义 3.13 设 e_1 与 e_2 是 Σ 上的两个正规表达式，若 $L(e_1)=L(e_2)$，则称 e_1 与 e_2 等价，记为 $e_1=e_2$，如

$$a|(ba)^*=(ba)^*|a$$

定理 3.1 设 e_1、e_2 和 e_3 都是 Σ 上的正规表达式，则

① $e_1|e_2 = e_2|e_1$

② $(e_1 e_2) e_3 = e_1(e_2 e_3)$，$(e_1|e_2)|e_3 = e_1|(e_2|e_3)$

③ $e_1(e_2|e_3) = e_1 e_2 | e_1 e_3$，$(e_1|e_2) e_3 = e_1 e_3 | e_2 e_3$

④ $\varepsilon e_1 = e_1 \varepsilon = e_1$

证明

① 因为 $L(e_1|e_2)=L(e_1)\bigcup L(e_2)$

$L(e_2|e_1)=L(e_2)\bigcup L(e_1)=L(e_1)\bigcup L(e_2)$

所以 $L(e_1|e_2)=L(e_2|e_1)$

故 $e_1|e_2 = e_2|e_1$

② 因为 $L((e_1 e_2)e_3)=L(e_1 e_2)L(e_3)=(L(e_1)L(e_2))L(e_3)$

$L(e_1(e_2 e_3))=L(e_1)L(e_2 e_3)=L(e_1)(L(e_2)L(e_3))$
$=(L(e_1)L(e_2))L(e_3)$

所以 $L((e_1 e_2) e_3)=L(e_1(e_2 e_3))$

故 $(e_1 e_2) e_3 = e_1(e_2 e_3)$

因为 $L((e_1|e_2)|e_3)=L(e_1|e_2)\bigcup L(e_3)=L(e_1)\bigcup L(e_2)\bigcup L(e_3)$

$L(e_1|(e_2|e_3))=L(e_1)\bigcup L(e_2|e_3)=L(e_1)\bigcup L(e_2)\bigcup L(e_3)$

所以 $L((e_1|e_2)|e_3)=L(e_1|(e_2|e_3))$

故 $(e_1|e_2)|e_3 = e_1|(e_2|e_3)$

③ 因为 $L(e_1(e_2|e_3))=L(e_1)L(e_2|e_3)=L(e_1)(L(e_2)\bigcup L(e_3))$
$=(L(e_1)L(e_2))\bigcup(L(e_1)L(e_3))$

$L(e_1 e_2|e_1 e_3)=L(e_1 e_2)\bigcup L(e_1 e_3)=(L(e_1)L(e_2))\bigcup(L(e_1)L(e_3))$

所以 $L(e_1(e_2|e_3))=L(e_1 e_2|e_1 e_3)$

故 $\quad e_1(e_2|e_3) = e_1e_2|e_1e_3$

因为 $L((e_1|e_2)e_3) = L(e_1|e_2)L(e_3) = (L(e_1) \bigcup L(e_2))L(e_3)$
$\qquad\qquad\qquad = (L(e_1)L(e_3)) \bigcup (L(e_2)L(e_3))$
$\quad L(e_1e_3|e_2e_3) = L(e_1e_3) \bigcup L(e_2e_3)$
$\qquad\qquad\qquad = (L(e_1)L(e_3)) \bigcup (L(e_2)L(e_3))$

所以 $\quad L((e_1|e_2)e_3) = L(e_1e_3|e_2e_3)$

故 $\quad (e_1|e_2)e_3 = e_1e_3|e_2e_3$

④ 因为 $L(\varepsilon e_1) = L(\varepsilon)L(e_1) = \{\varepsilon\}L(e_1) = L(e_1)$
$\quad L(e_1\varepsilon) = L(e_1)L(\varepsilon) = L(e_1)\{\varepsilon\} = L(e_1)$

所以 $\quad L(\varepsilon e_1) = L(e_1\varepsilon) = L(e_1)$

故 $\quad \varepsilon e_1 = e_1\varepsilon = e_1$

证毕。

3.4.2 正规表达式与 FA 的对应性

正规表达式和 FA 是定义语言(符号串集)的两种不同形式。同一个语言,既可用 FA 描述,又可用正规表达式描述。可以证明:

① 对于一个在输入字母表 Σ 上的 NFA M,一定可以在字母表 Σ 上构造一个正规表达式 e,使得 $L(e) = L(M)$,其中,$L(e)$ 是正规表达式 e 的正规集,$L(M)$ 是 NFA M 所能识别的符号串集合;

② 对于一个在字母表 Σ 上定义的正规表达式 e,也一定可以用 Σ 作为输入字母表,构造一个 NFA M,使得 $L(M) = L(e)$。

3.4.3 正规表达式到 NFA 的转换

对于字母表 Σ 上任意一个正规表达式 e,一定可以构造一个 NFA M,使得 $L(M) = L(e)$。先构造一个 NFA M 的一个广义转换图,其中,只有 S 与 Z 两个状态,S 是开始状态,Z 是终止状态,弧上是正规表达式 e。然后,按照图 3.18 所示的替换规则对正规表达式 e 逐步进行分解,直到转换图中所有的弧上都是 Σ 中的单个符号或 ε 为止。

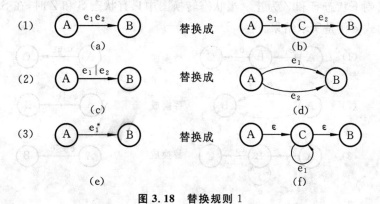

图 3.18 替换规则 1

例 3.17 设 $\Sigma=\{x,y\}$，Σ 上的正规表达式 $e_1=xy^*(xy|yx)x^*$，构造一个 NFA M，使 $L(M)=L(e)$。构造如图 3.19(a)、(b)、(c)、(d)所示。

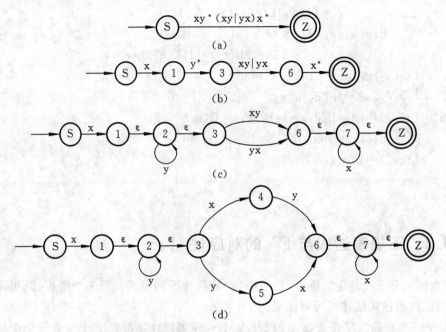

图 3.19 构造正规表达式的 NFA M

3.4.4 NFA 到正规表达式的转换

在 3.4.3 节中，介绍了由正规表达式到 NFA M 的转换，反之，对于一个具有输入字母表 Σ 的 NFA M，在 Σ 上也可以构造一个正规表达式 e，使得 $L(e)=L(M)$。

在构造之前，先对 NFA M 进行扩充，允许状态转换图中弧上可以是正规表达式。具体操作如下。

在 NFA M 的状态转换图中，新设置一个唯一的开始状态 S 和唯一的终止状态 Z。然后，从开始状态 S 到原开始状态连接 ε 弧，再从原终止状态到 Z 状态也连接 ε 弧。修改后的 NFA，显然和原 NFA 等价。接着，对新 NFA 按照图 3.20 所示的替换规则进行替换，直到状态转换图中只剩下状态 S 和 Z 为止。当状态转换图中只有状态 S 和 Z 时，在 S 到 Z 的弧上标记的正规表达式 e 便是所求结果。

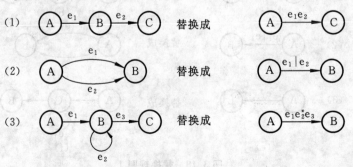

图 3.20 替换规则 2

例 3.18 设 NFA M 的状态转换图如图 3.21 所示,在 {x, y} 上构造一个正规表达式 e,使 L(e)=L(M)。按图 3.22 所示的步骤构造正规表达式 e,NFA M 将转换成正规表达式 e=(x|y)*(xy*y|yx*x)。

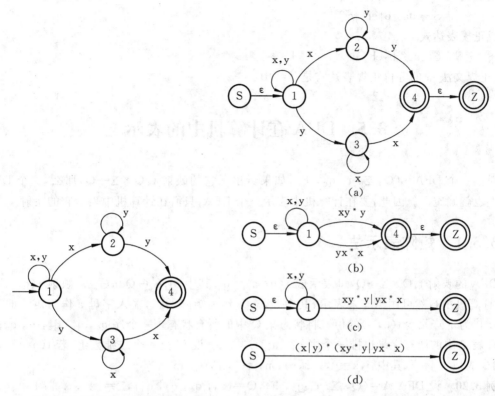

图 3.21　M 的状态转换图　　　图 3.22　NFA M 到正规表达式转换

3.4.5　从正规文法到正规表达式

正规语言可以用正规文法描述,也可用正规表达式描述。因为一个正规文法 G,总存在一个等价的正规表达式 e,使得 L(e)=L(G)。对于一个正规表达式,只需反复使用下面的转换规则,直到文法只有一条关于文法开始符的产生式,且其右部不含非终结符为止。这个产生式的右部就是正规表达式。

在介绍转换规则之前,先将正规文法拓广,其产生式可以是

　　　　U→αV　　或　　U→α

其中,$V \in V_N, \alpha \in V_T^*$。

其实,拓广正规文法很容易改写成一般的正规文法。

正规文法到正规表达式的转换规则如下:

① 产生式 U→αV,V→β,$V \in V_N, \alpha, \beta \in V_T^*$,转换成正规表达式 U=αβ;

② 产生式 U→αU|β,转换成 U=α*β;

③ 产生式 U→α|β,转换成 U=α|β。

例 3.19 正规文法 $G_{21}[S]$:

　　　　S→ dA|eB

　　　　A→ aA|b

$$B \to bB \mid c$$

根据转换规则,可以将产生式 $A \to aA \mid b$ 转换成正规表达式 $A = a^*b$;将产生式 $B \to bB \mid c$ 转换成正规表达式 $B = b^*c$,则有产生式

$$S \to da^*b \mid eb^*c$$

转换成正规表达式

$$S = da^*b \mid eb^*c$$

所以,正规文法 G 的等价正规表达式是 $da^*b \mid eb^*c$。

3.5 DFA 在计算机中的表示

对于一个 DFA$=(Q, \Sigma, t, q_0, F)$,如果给出了它的映射 $t: Q \times \Sigma \to Q$,那么,这个 DFA 实际上也就确定了。因此,要在计算机中表示一个 DFA,只需在计算机中表示它的映射。

3.5.1 矩阵表示法

DFA 的映射 $t: Q \times \Sigma \to Q$,可表示成 $t(q, a) = q'$,其中,$q, q' \in Q, a \in \Sigma$。映射 $t(q, a) = q'$,在计算机中自然可用矩阵来表示,其中,状态 q 作为矩阵的行,输入字母 a 作为矩阵的列,映象 q' 作为矩阵元素 $t(q, a)$ 的值。将状态集 Q 中的所有状态排一个序 $q_0, q_1, q_2, \cdots, q_n$;输入字母表 Σ 中的所有字母也排一个序 $a_1, a_2, \cdots, a_m$。设 M 是一个二维数组,若 $t(q_i, q_j) = q_k$,则令 $M[i, j] = k$,其中,$i, k = 0, 1, 2, \cdots, n; j = 1, 2, \cdots, m$。

例 3.20 设 DFA $A = (Q, \Sigma, t, q_0, F), Q = \{q_0, q_1, q_2, q_3\}, \Sigma = \{x_1, x_2\}, F = \{q_3\}$,映射 $t(q_0, x_1) = q_1, t(q_0, x_2) = q_3, t(q_1, x_1) = q_2, t(q_1, x_2) = q_0, t(q_2, x_1) = q_3, t(q_2, x_2) = q_1, t(q_3, x_1) = q_0, t(q_3, x_2) = q_2$。二维数组 M 定义为 $M[0, 1] = 1, M[0, 2] = 3, M[1, 1] = 2, M[1, 2] = 0, M[2, 1] = 3, M[2, 2] = 1, M[3, 1] = 0, M[3, 2] = 2$。

3.5.2 表结构

DFA 的映射 $t: Q \times \Sigma \to Q$,在计算机中可表示成一种表结构。在这个表结构中,每一个状态对应一个表,表中包括该状态的状态名、从该状态发出的弧数、每条弧上的标记(输入字母)以及弧达到的状态所在表的首地址。

例 3.21 例 3.20 中文法的表结构如图 3.23 所示。

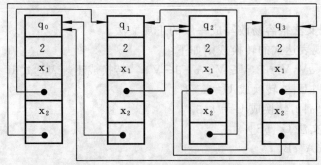

图 3.23 DFA 在计算机中的表结构

3.6 小　　结

自动机是一种能进行运算并能实现自我控制的装置。它是描述符号串处理的强有力的工具，是研究扫描器的理论基础。本章只限于研究有穷自动机，介绍它的基本概念和基本理论。有穷自动机(FA)分为确定有穷自动机(DFA)和非确定有穷自动机(NFA)。

DFA＝(Q, Σ, t, q_0, F)，Q 是状态集，Σ 是输入字母表，$t: Q \times \Sigma \rightarrow Q$，$q_0 \in Q$ 是开始状态，$F \subseteq Q$ 是终止状态集。

NFA＝(Q, Σ, t, Q_0, F)，t 为 $Q \times \Sigma \rightarrow Q$ 的子集上的函数，$Q_0 \subseteq Q$ 是开始状态集。

对 NFA 可采用子集法和造表法进行确定化，将其转化为等价的 DFA。对 DFA 则可进行最小化(化简)，对 DFA 化简的基本思想是将状态集分解成若干个互不相交的子集，使每个子集中的状态都是等价的，而不同子集的状态是可区分的。

正规文法与 FA 有着特殊的关系。从正规文法可直接构造其自动机；反之，由自动机也可直接构造其正规文法。

正规表达式与 FA 也有着特殊的关系。对于字母表 Σ 上的任意一个正规表达式 e，一定可以构造一个 NFA M，使 $L(M)=L(e)$；反之，对于一个具有输入字母表 Σ 的 NFA M，在 Σ 上也可构造一个正规表达式 e，使 $L(e)=L(M)$。

正规语言可用正规文法描述，也可用正规表达式描述。

DFA 在计算机中有两种表示，一种是矩阵表示，另一种是表结构。

习　题　三

3.1　构造自动机 A，使得

① $L(A)=\{a^m b^n | m,n \geq 1\}$；

② 它识别字母表 $\{a, b\}$ 上的符号串，但符号串不能含两个相邻的 a，也不含两个相邻的 b；

③ 它能识别形式如

$$\pm dd^* \cdot d^* E \pm dd$$

的实数，其中，$d \in \{0, 1, 2, 3, 4, 5, 6, 7, 8, 9\}$。

3.2　构造下列正规表达式的 DFA：

① $xy^*|yx^*y|xyx$；

② $00|(01)^*|11$；

③ $01((10|01)^*(11|00))^*01$；

④ $a(ab^*|ba^*)^*b$。

3.3　消除图 3.24 所示自动机的 ε 弧。

3.4　将图 3.25 所示 NFA 确定化和最小化。

3.5　设 e、e_1、e_2 是字母表 Σ 上的正规表达式，试证明：

① $e|e=e$；② $\{\{e\}\}=\{e\}$；③ $\{e\}=\varepsilon|e\{e\}$；④ $\{e_1 e_2\} e_1 = e_1 \{e_2 e_1\}$；

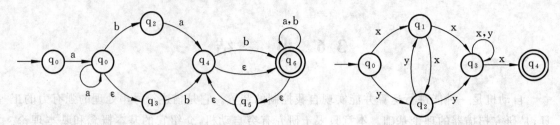

图 3.24 含 ε 弧的自动机　　　　　图 3.25 待确定化的 NFA

⑤ $\{e_1|e_2\}=\{\{e_1\}\{e_2\}\}=\{\{e_1\}|\{e_2\}\}$。

3.6 构造下面文法 G[Z] 的自动机,指明该自动机是不是确定的,并写出它相应的语言:

G[Z]：

Z→A0

A→A0|Z_1|0

3.7 设 NFA M=({x, y},{a, b},f, x, {y}),其中,f(x, a)={x, y}, f(x, b)={y}, f(y, a)=∅, f(y, b)={x, y}。试对此 NFA 确定化。

3.8 设文法 G[〈单词〉]：

〈单词〉→〈标识符〉|〈无符号整数〉

〈标识符〉→〈字母〉|〈标识符〉〈字母〉|〈标识符〉〈数字〉

〈无符号整数〉→〈数字〉|〈无符号整数〉〈数字〉

〈字母〉→ a|b

〈数字〉→ 1|2

试写出相应的有限自动机和状态图。

3.9 图 3.26 所示的是一个 NFA A,试构造一个正规文法 G,使得 L(G)= L(A)。

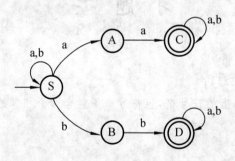

图 3.26 NFA A

3.10 构造一个 DFA,它接受 Σ={a, b} 上的符号串,符号串中的每一个 b 都有 a 直接跟在右边;然后,再构造该语言的正规文法。

第4章 词法分析

词法分析的主要任务是对源程序进行扫描，从中识别出单词，它是编译过程的第一步，也是编译过程中不可缺少的部分。本章介绍词法分析程序的手工构造和自动构造原理。

4.1 词法分析程序与单词符号

4.1.1 词法分析程序

编译程序中完成词法分析任务的程序段，称为**词法分析程序**。词法分析程序负责对源程序进行扫描，从中识别出一个个的单词符号，因此，词法分析程序又称为**扫描器**。

词法分析程序一般作为编译程序的一个独立部分，这样能使编译程序的结构清晰和条理化。

当词法分析作为编译过程中一个独立的环节时，词法分析程序将对整个源程序进行扫描，把整个源程序翻译成一个个单词符号，并存入一外部文件中。语法分析程序再对该文件中的一连串的单词符号进行语法分析。

词法分析程序也可作为一个独立的子程序，当进行语法分析需要一个单词符号时，便调用这个子程序。

4.1.2 单词符号

单词符号是程序设计语言的基本语法单位和最小语义单位。单词符号一般分为五类。

① 关键字（又称保留字或基本字），如 if、then、else、while、do、begin 和 end 等。
② 标识符，用于表示变量名、过程名等。
③ 常数，如整型数 123、实型数 45.67。
④ 运算符，如＋、－、＊、／、＜、＝等。
⑤ 界限符，如逗号、分号和括号等。

程序设计语言中的关键字、运算符和界限符的数量都是确定的，一般只有几十个或上百个，而常数和标识符的数量是不确定的。

一般将源程序经词法分析识别的单词符号表示成机内符，形式为

单词类别	单词自身值

单词类别通常用整数表示，它的划分并不统一。单词符号可分为关键字、标识符、常数、运算符和界限符五个类别，分别用整数1、2、3、4、5表示。对于这种非一符一个类别码的编码形式，一个单词符号除了给出它的单词类别码之外，还要给出它的自身值。标识符的自身值被表示成

按字节划分的内部码。常数的自身值是其二进制值。

由于语言中的关键字、运算符和界限符的数量都是确定的,因此,对这些单词符号可采用一符一个单词类别码。如果采取一符一个单词类别码,那么这些单词符号的自身值就不必给出了。

例 4.1 设源程序段:

        n:=1;
        while n <=10 do
            n:=n+1;

经词法分析程序识别之后,输出单词符号串如图 4.1 所示。

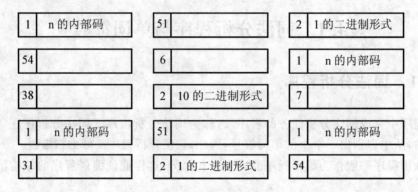

图 4.1 单词的机内符

其中,假设标识符和常数的类别码分别为 1 和 2,关键字 while、do 的类别码分别是 6 和 7,运算符"+"与"< ="的类别码分别是 31 和 38,界限符":="与";"的类别码分别是 51 和 54。

4.2 扫描程序的设计

4.2.1 预处理

词法分析程序在识别单词符号之前,需要对输入缓冲区的源程序进行预处理。预处理包括删除无用的空格、跳格、回车和换行等编辑性字符,以及注解部分。每一次对一串定长(如 120 个字符)的输入字符进行预处理,并装入一个指定的缓冲区。

这个缓冲区最好是一个一分为二的区域,每一半可容 120 个字符,如图 4.2 所示。

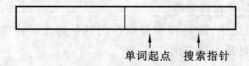

图 4.2 扫描缓冲区

缓冲区的两部分是可以互补使用的。搜索指针从单词起点开始搜索,如果遇到半区域的边界但尚未到达单词的终点,则可将后续的 120 个输入字符装进该缓冲区的另一半。当然,需要对标识符和常数单词符号的长度加以限制,如限制其长度不超过 120 个字符。

4.2.2 状态转换图

利用状态转换图可以设计词法分析程序。状态转换图是一个有向图,仅包含有限个结点,每个结点表示一个状态,其中有一个初态结点,至少有一个终态结点,结点间弧的标记可以是输入字符或字符类。

例 4.2 有状态转换图(见图 4.3),其中,0 结点用"一"标记,表示初态结点;2 结点用"+"标记,表示终态结点。从初态结点出发到某一终态结点所经过的路径,称为能为该状态转换图所接受(识别)的符号串,如在图 4.3 中存在图 4.4 所示的路径。

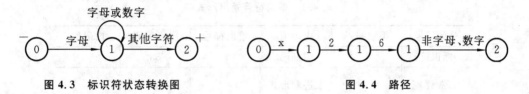

图 4.3 标识符状态转换图　　　　　　图 4.4 路径

所以,称符号串 x26 能为标识符状态转换图所接受(识别)。显然,标识符状态转换图能接受(识别)所有标识符,即以字母开头的字母和数字符号串。

图 4.5 是识别各类单词符号的状态转换图,实际上也就是词法分析程序流程图,根据它可很容易地编写词法分析程序。

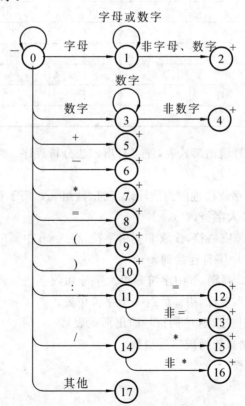

图 4.5 识别各类单词符号的状态转换图

在初态结点,需读一个输入字符,如果输入的是空格字符,则将它过滤掉,再读下一个输入字符。在状态结点 1 与 3 处,需读输入字符并将输入字符拼成符号串;在状态结点 2 与 4 处,由于多读了一个非数字和一个字母字符,所以需要回退一个字符;在状态结点 2 处,还要用符号串(单词符号)去查关键字表,以确定字母数字串是否是用户定义的标识符。

4.2.3 根据状态图设计词法分析程序

对于单词符号的输出形式,设定标识符和常数的单词类别码分别为 1 和 2,关键字、运算符和界限符的单词类别码为一符一码(见表 4.1)。

表 4.1 单词符号输出形式

单词符号	类别编码	内码值	单词符号	类别编码	内码值
标识符	1	内部码	*	33	
常数	2	二进制形式	/	34	
if	3		<	35	
then	4		>	36	
else	5		=	37	
while	6		⋮		
do	7		:=	51	
begin	8		(	52	
end	9		)	53	
⋮			;	54	
+	31		⋮		
−	32				

根据状态图和单词符号输出形式表,便可写出词法分析程序。程序中的有关变量、数组和过程,说明如下。

① 字符变量 ch,用于存放读进的当前输入字符;数组 arr,用于存放单词符号。

② 过程 getch,读取输入字符,存入 ch 中。

③ 过程 getnbc,过滤掉空格符,读取非空格字符,存入 ch 中。

④ 过程 concat,把 ch 中字符连接到 arr。

⑤ 过程 letter 和 digit,判别 ch 中字符是否为字母和数字。

⑥ 过程 retract,读输入字符,指针后退一个字符位置。

⑦ 过程 reserve,查关键字表(单词符号输出形式表)。

⑧ dtb 函数,将十进制数转换成二进制数。

⑨ error,错误处理过程。

词法分析程序构造如下:

```
        init: arr:='';getch; getnbc;
        case ch of
  'a'…'z' : begin
```

```
                  while letter or digit do
                    begin concat; getch end;
                  retract ;
                  c=reserve;
                  if c=0 then return (1, arr)
                    else return (c,      )
                end ;
        '0'…'9' : begin
                  while digit do
                    begin concat; getch end ;
                  retract ;
                  return (2, dtb)
                end ;
        '+'     : return (31,    );
        '-'     : return (32,    );
        '*'     : return (33,    );
        '/'     : return (34,    );
        '='     : return (37,    );
        ':='    : return (51,    );
        ';'     : return (54,    );
        '('     : return (52,    );
        ')'     : return (53,    );
        error;
    end of case ;
```

4.3　标识符的处理

标识符的处理是最基本、最关键的语义处理。对标识符的语义处理，就是将语义处理代码化。

4.3.1　类型的机内表示

标识符的机内表示又称**机内符**，它包括标识符的全部信息。当然，在词法分析阶段，不可能获得标识符的全部信息。

标识符的类型在机内可采用位向量形式表示，如图 4.6 所示。其中，vector.v＝1，表示标识符是简单变量；vector.a＝1，表示数组；vector.i＝1，表示数据类型是整数；vector.r＝1，表示实型；vector.b＝1，表示布尔型；vector.c＝1，表示字符型。

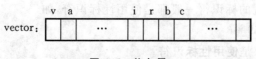

图 4.6　位向量

4.3.2 标识符的语义表示

一个标识符如果没有被赋予任何语义，那么它仅仅只是一个符号串；标识符一旦被赋予各种不同的语义，就可以用于标识变量、数组、函数、过程，等等。

如果一个标识符包含的语义信息不多，可放在一个（或半个）机器字内，那么，就可用一个机内符来表示它。但是，如果一个标识符包含的语义信息过多，在一个机器字内放不下，那么，可以在一个机内符中存放部分语义信息，多余的语义信息则存放到一个信息表区中。不过，在标识符机内符中要记下它在那个信息表中的地址，标识符的语义表示如图4.7所示。

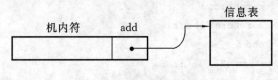

图 4.7　标识符的语义表示

4.3.3 符号表（标识符表）

符号表在编译程序中具有十分重要的意义，它是编译程序中不可缺少的部分。在编译程序中，符号表用于存放在程序中出现的各种标识符及其语义属性。一个标识符包含了它全部的语义属性和特征。标识符的全部属性不可能在编译程序的某一个阶段获得，而需要在它的各个阶段中去获得。在编译程序的各个阶段，不仅要用获取的标识符信息去更新符号表中的内容，添加新的标识符及其属性，而且需要去查找符号表，引用符号表中的信息，因为符号表是编译程序进行各种语义检查（即语义分析）的依据，是进行地址分配的依据。

4.3.4 标识符处理的基本思想

标识符分为定义性标识符和使用性标识符。定义性标识符可能出现在程序的说明部分，如
  VAR
    integer x, y;
    real a, b, c;
其中，标识符 x、y、a、b 和 c 都是**定义性标识符**。

定义性标识符可作为过程名、过程的形式参数，如
  Procedure p (x, y)
    integer x;
    real y;
其中，标识符 p、x 和 y 都是定义性标识符。

在程序语句部分出现的标识符一般都是使用性标识符，如
  y:= 3.14159 * r * r
语句中的标识符 y 和 r 都是**使用性标识符**。

标识符处理的基本思想是，当遇到定义性标识符时，先去查符号表（标识符表）。如果此标

识符已在符号表中登记过,那么表明该标识符被多次声明,将作为一个错误,因为一个标识符只能被声明一次;如果标识符在符号表中未登记过,那么将构造此标识符的机内符,并在符号表中进行登记。而当编译程序遇到使用性标识符时,也要去查符号表,在符号表中必须已登记过此标识符,否则会出现"此标识符未定义"的错误。如果在符号表中查到了这个标识符,就可获取与此标识符相应的机内符。

4.4 设计词法分析程序的直接方法

4.4.1 由正规文法设计词法分析程序

程序设计语言的单词一般都可以用正规文法描述,如

〈标识符〉→ a|b|c|…|x|y|z
〈标识符〉→ a L|b L|c L|…|x L|y L|z L
L → a|b|c|…|x||y|z
L → 0|1|2|…|8|9
L → a L|bL|c L|…|x L|y L|z L
L → 0 L|1L|2 L|…|8 L|9 L
〈无符号整数〉→ 0|1|2|…|8|9
〈无符号整数〉→ 0〈无符号整数〉|1〈无符号整数〉|
　　　　　　…|8〈无符号整数〉|9〈无符号整数〉
〈界限符〉→ ;|,|(|)
〈运算符〉→ +|−|*|/|=|<|>|!〈等号〉|<〈等号〉|>〈等号〉
〈等号〉→ =

从正规文法,按照3.4.1节中介绍的方法,可构造一个FA。再按照3.2.3节与3.2.7节中的方法,对FA确定化和状态个数最少化,最后得到一个化简了的DFA。这个DFA正是词法分析程序的设计框图,这样,由DFA编制词法分析程序就容易了。

例4.3 关于单词标识符的正规文法缩写为

　　G[I]:
　　　I → l A|l
　　　A → l A|dA| l|d

其中,l代表英文字母表中的字母,d代表数字。

从标识符的正规文法,按照3.4.1节中介绍的方法,构造的FA如图4.8所示。

显然,这是一个NFA,对它确定化后得到的DFA如图4.9所示。

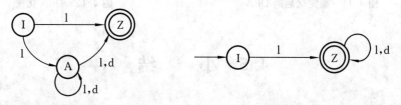

图4.8 FA　　　　　　　　图4.9 DFA

4.4.2 由正规表达式设计词法分析程序

正规表达式也是描述单词的一种方便工具。

例 4.4 有正规表达式

d=0|1|2|…|8|9
l=a|b|c|…|x|y|z
l(l|d)*
d(d*)

其中，正规表达式 l(l|d)* 和 d(d*) 分别描述单词标识符和无符号整数。

由正规表达式，按照图 3.18 所示的方法，转换成 NFA，然后再对它确定化和状态个数最少化，可得一个 DFA。

例 4.5 有标识符的正规表达式

l(l|d)*

按照图 3.18 所示的方法，先构造一个 NFA 的状态转换图，其中只有开始状态 S 和终止状态 Z，从 S 到 Z 的弧上标识正规表达式 l(l|d)*，如图 4.10(a) 所示。

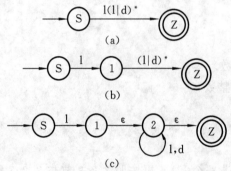

图 4.10 标识符的 NFA

表 4.2 按子集法确定化

	Il	Id
[S]	[1,2,Z]	∅
[1,2,Z]	[2,Z]	[2,Z]
[2,Z]	[2,Z]	[2,Z]

然后根据图 3.19 所示的替换规则，对正规表达式 l(l|d)* 逐步进行分解如图 4.10(b) 所示，直到状态转换图中所有的弧上都是字母表 Σ 中的单个符号 ε 为止，如图 4.10(c) 所示。

接着，按表 4.2 所示方法对之确定化，得 DFA（见图 4.11）。再对此 DFA 化简后得图 4.12 所示结果。

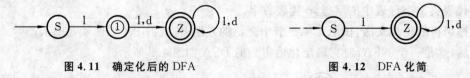

图 4.11 确定化后的 DFA   图 4.12 DFA 化简

4.5 小 结

词法分析是编译过程的第一阶段，是编译过程的基础。它负责对源程序扫描，从中识别出一个个的单词。

单词是程序设计语言的基本语法单位和最小的语义单位。单词一般可分为五类,即关键字(又称保留字或基本字)、标识符、常数、运算符和界限符。

源程序经词法分析程序识别的单词被表示成机内符,机内符包括单词类别和单词自身值两部分。

词法分析程序可利用状态转换图进行设计。状态转换图是一个有向图,每个结点表示一个状态,其中有一个初始状态,至少有一个终止状态。

词法分析程序还可以根据正规文法或正规表达式来进行设计。

习 题 四

4.1 词法分析程序的主要任务是什么?

4.2 单词一般分为哪几类?单词在计算机中怎样表示?

4.3 设计词法分析程序有哪些方法?分别对这些方法作扼要说明。

4.4 试叙述符号表在编译程序中的作用和意义,以及标识符处理的基本思想。

4.5 试用一种高级语言编写识别实数的词法分析程序。

4.6 用类 PASCAL 语言编写一个扫描器。

4.7 编写一个对 PASCAL 源程序进行预处理的程序。该程序的功能是,每次被调用时都把下一个完整的语句送进扫描缓冲区,并配上句结束符"⊣"。同时要对源程序列表进行打印和组织输入。

4.8 试编写描述基本 PASCAL 语言的单词符号的 LEX 源程序。

4.9 用类 PASCAL 语言编写以下算法:

① 把正规表达式变成 NFA 的算法;

② 把 NFA 确定化的算法;

③ 把 DFA 状态最少化的算法。

第5章 自上而下语法分析

语法分析是继词法分析之后编译过程的第二阶段。它的主要任务是对词法分析的输出结果——单词序列进行分析,识别合法的语法单位。语法分析分为自上而下和自下而上两类方法。自上而下语法分析又分为带回溯的和不带回溯的两种方法,本章分别介绍这两种分析法。为了避免无限循环,使用自上而下分析法的文法不应含有左递归,若含有左递归,则将其消除。

5.1 消除左递归方法

5.1.1 文法的左递归性

文法的左递归性是指文法具有以下形式的直接左递归:

$$U \to Ux|y$$

或间接左递归:

$$U \overset{+}{\Rightarrow} Ux$$

例 5.1 设文法 $G_{22}[A]$:

$$A \to [B$$
$$B \to X]|BA$$
$$X \to Xa|Xb|a|b$$

显然,该文法是一个具有左递归性的文法。

5.1.2 用扩展的 BNF 表示法消除左递归

在前面,文法的产生式都是采用巴科斯范式(BNF)描述的,它使得文法更严谨、简洁和清晰。为了消除文法的左递归,需对巴科斯范式进行扩展,增加以下元符号。

1. 花括号 { }

{x}:表示符号串 x 出现零次或多次。

$\{x\}_m^n$:n 表示符号串 x 能重复出现的最大次数,m 表示符号串 x 能重复出现的最小次数。

2. 方括号 [ ]

方括号用于表示可选项。[x] = x 或 ε,表示符号串 x 可出现一次或不出现。

3. 圆括号（ ）

利用圆括号可提出一个非终结符的多个产生式右部的公共因子。

例 5.2 设文法 G [〈标识符〉]：

〈标识符〉→〈字母〉|〈标识符〉〈字母〉|〈标识符〉〈数字〉

〈数字〉→ 0|1|2|3|4|5|6|7|8|9

〈字母〉→ a|b|c|d|…|x|y|z

这个标识符文法是一个具有左递归性的文法，为了消除文法的左递归，改写文法如下：

文法 G [〈标识符〉]：

〈标识符〉→〈字母〉{〈字母〉|〈数字〉}

〈数字〉→ 0|1|2|3|4|5|6|7|8|9

〈字母〉→ a|b|c|d|…|x|y|z

改写后的文法已不再具有左递归性。

5.1.3 直接改写法

设产生式

$U \to Ux | y$

此产生式称为**直接左递归形式**。其中，x 和 y 是两个符号串，y 的首字符不是 U。

产生式直接左递归形式，可直接改写为一个等价的非直接左递归形式

$U \to yU'$

$U' \to xU' | \varepsilon$

直接左递归更一般的形式

$U \to Ux_1 | Ux_2 | \cdots | Ux_m | y_1 | y_2 | \cdots | y_n$

其中， $x_i \neq \varepsilon (i=1, 2, \cdots, m)$, $y_i (i=1, 2, \cdots, n)$ 的头字符都不是 U。

$U \to y_1 U' | y_2 U' | \cdots | y_n U'$

$U' \to x_1 U' | x_2 U' | \cdots | x_m U' | \varepsilon$

例 5.3 文法 G_{22} [A]：

A→ [B

B→ X]|BA

X→ Xa|Xb|a|b

可直接改写成以下文法：

文法 G_{23} [A]：

A→ [B

B→ x]B'

B'→ AB'|ε

X→ AX'|BX'

X'→ AX'|BX'|ε

改写后的文法不含直接左递归形式。

5.1.4 消除左递归算法

消除文法左递归算法：
① 将文法 G 的所有非终结符整理成某一顺序 $U_1, U_2, \cdots, U_n$。
② for i:=1 to n do
  begin
   for j:=1 to i-1 do
    把产生式 $U_i \to U_j \alpha$ 替换成
    $U_i \to \beta_1\alpha|\beta_2\alpha|\cdots|\beta_m\alpha$
    其中 $U_j \to \beta_1|\beta_2|\cdots|\beta_m$
   消除 U_i 产生式中的直接左递归
  end；
③ 化简改写之后的文法，删除多余产生式。

例 5.4 设文法 $G_{24}[A]$：
  A→ Bcd
  B→ Ce|f
  C→ Ab|c

令 3 个非终结符的顺序为 C、B、A。执行算法第 2 步，当 i＝2，j＝1 时，将产生式
  B→ Ce|f
替换成
  B→ Abe|ce|f
当 i＝3，j＝2 时，将产生式
  A→ Bcd
替换成
  A→ Abecd|cecd|fcd
消除 A 的产生式中的直接左递归：
  A→ cecdA′|fcdA′
  A′→ becdA′|ε
改写后的文法 G[A]：
  A→ cecdA′|fcdA′
  A′ → becdA′|ε
  B→ Abe|ce|f
  C→ Ab|c
删除多余产生式，最后得文法 $G_{25}[A]$：
  A→ cecdA′|fcdA′
  A′→ becdA′|ε

5.2 LL(k)文法

LL(k)**文法**是一种自上而下语法分析方法。它是从文法的识别符号出发,生成句子的最左推导。它从左到右扫描源程序,每次向前查看 $k(k \geqslant 1)$ 个字符,便能确定当前应该选择的产生式。如果每次只向前查看一个字符,则称为 LL(1)文法。下面只研究 LL(1)文法。

5.2.1 LL(1)文法的判断条件

先定义两个相关集 FIRST 和 FOLLOW。
设 α 是文法 G 的一个符号串,$\alpha \in (V_N \cup V_T)^*$,定义
$$\text{FIRST}(\alpha) = \{a \mid \alpha \overset{*}{\Rightarrow} a\beta, a \in V_T, \beta \in (V_N \cup V_T)^*\}$$
特别地,若有 $\alpha \overset{*}{\Rightarrow} \varepsilon$,则 $\varepsilon \in \text{FIRST}(\alpha)$。

设 S 是文法的识别符号,$U \in V_N$,定义
$$\text{FOLLOW}(U) = \{b \mid S \overset{*}{\Rightarrow} xUby, b \in V_T, x, y \in (V_N \cup V_T)^*\}$$
特别地,若 U 能为某句型最右边的符号,即 $S \overset{*}{\Rightarrow} \delta U$,则 $\$ \in \text{FOLLOW}(U)$。$ 是输入结束标记。

例 5.5 设文法 $G_{26}[A]$
$$A \rightarrow [B$$
$$B \rightarrow X]B'$$
$$B' \rightarrow AB' \mid \varepsilon$$
$$X \rightarrow aX' \mid bX'$$
$$X' \rightarrow aX' \mid bX' \mid \varepsilon$$
FIRST(X]B′)={a, b},FOLLOW(X)={] }。

定义 5.1 设 U 是文法 G 的任一个非终结符,其产生式为
$$U \rightarrow x_1 \mid x_2 \mid \cdots \mid x_n$$
如果
$$\text{FIRST}(x_i) \cap \text{FIRST}(x_j) = \varnothing \quad (i \neq j; i, j=1, 2, \cdots, n)$$
而当 $\varepsilon \in \text{FIRST}(x_j)$ 时,有
$$\text{FIRST}(x_i) \cap \text{FOLLOW}(U) = \varnothing$$
则称文法 G 是 LL(1)文法。

5.2.2 集合 FIRST、FOLLOW 与 SELECT 的构造

(1) 设 $X \in (V_N \cup V_T)$,FIRST(X)的构造。
① 若 $X \in V_T$,则 FIRST(X)={X}。
② 若 $X \in V_N$,它的产生式为 $X \rightarrow a\cdots$,$a \in V_T$,则 $a \in \text{FIRST}(X)$;若它有产生式 $X \rightarrow \varepsilon$,则 $\varepsilon \in \text{FIRST}(X)$。

③ 如果它有产生式 X→Y⋯, Y∈V_N, 则 FIRST(Y)\{ε}⊂FIRST(X); 如果它有产生式 X→$Y_1Y_2⋯Y_k$(其中, Y_1, Y_2, ⋯, Y_{i-1} 都是非终结符, 且 $Y_1Y_2⋯Y_{i-1}\overset{*}{\Rightarrow}ε$), 则 FIRST($Y_i$)\{ε}⊂FIRST(X); 如果 $Y_1Y_2⋯Y_k\overset{*}{\Rightarrow}ε$, 则 ε∈FIRST(X)。

(2) 设 α∈($V_N \cup V_T$)*, α=$X_1X_2⋯X_n$, FIRST(α)的构造。

① 若 α=ε, 显然 FIRST(α)={ε}。

② 若 α≠ε, 则 FIRST(X_1)−{ε}⊂FIRST(α)。

③ 若 $X_1X_2⋯X_{i-1}\overset{*}{\Rightarrow}ε$, 则 FIRST($X_i$)−{ε}⊂FIRST(α);

若 $X_1X_2⋯X_n\overset{*}{\Rightarrow}ε$, 则 ε∈FIRST(α)。

(3) 设 U∈V_N, FOLLOW(U)的构造。

① 若 U 是文法的识别符号, 则 $∈FOLLOW(U)。

② 若有产生式 A→xUy, 则 FIRST(y)−{ε}⊂FOLLOW(U)。

③ 若有产生式 A→xU, 或 A→xUy, $y\overset{*}{\Rightarrow}ε$, 则 FOLLOW(A)⊂FOLLOW(U)。

(4) 集合 SELECT(U→α)的构造。

$$\text{SELECT}(U→α) = \begin{cases} \text{FIRST}(α)−\{ε\} & \text{当 } α \text{ 不可空} \\ \text{FIRST}(α) \cup \text{FOLLOW}(U) & \text{否则} \end{cases}$$

LL(1)文法的判断条件用集 SELECT 描述如下:

对于文法 G 的每一个非终结符 U 的产生式

U→$α_1|α_1|⋯|α_n$

如果 SELECT(U→$α_i$)∩SELECT(U→$α_j$)=∅ (i≠j, i, j=1, 2, ⋯, n), 则文法 G 是一个 LL(1)文法。

例 5.6 设文法 G_{27}[S]:

S→ A

A→ BA′

A′→ iBA′|ε

B→ CB′

B′→ +CB′|ε

C→)A*|(

因为 S 是识别符号, 且未出现在任何产生式右部, 所以 FOLLOW(S)={$}。

因为　　S→ A

所以　　　$∈FOLLOW(A)

因为　　C→)A*

所以　　　*∈FOLLOW(A)

且　　　FOLLOW(A) = {*, $}

因为　　A→ BA′

所以 FOLLOW(A′)=FOLLOW(A) = {*, $}

因为　　A′→ iBA′|ε, 所以

FIRST(A′)−{ε} = {i, ε}−{ε}={i}⊂FOLLOW(B)

FOLLOW(A′) = {*, $}⊂FOLLOW(B)

且　　　FOLLOW(B) = {i, *, $}

因为　　　B→CB′
所以　　　FOLLOW(B′)=FOLLOW(B)={i,*,$}
　　因为　　SELECT(A′→iBA′)∩SELECT(A′→ε)
　　　　　=FIRST(iBA′)∩(FIRST(ε)∪FOLLOW(A′))
　　　　　={i}∩{*,$,ε}=∅
　　　　　SELECT(B′→+CB′)∩SELECT(B′→ε)
　　　　　=FIRST(+CB′)∩(FIRST(ε)∪FOLLOW(B′))
　　　　　={+}∩{i,*,$,ε}=∅
　　　　　SELECT(C→)A*)∩SELECT(C→()
　　　　　=FIRST( )A*)∩FIRST(( )
　　　　　={)}∩{ (}=∅

所以此文法 G 是一个 LL(1)文法。

5.3 确定的 LL(1)分析程序的构造

5.3.1 构造分析表 M 的算法

LL(1)分析程序需要用到一个分析表 M 和一个符号栈 S。分析表 M 是进行 LL(1)分析的重要依据。分析表 M 是一个矩阵，它的元素 M[U,a]可以存放一条非终结符 U 的产生式，表明当符号栈 S 的栈顶元素非终结符 U 遇到当前输入字符(终结符)a 时，所应选择的产生式；元素 M[U,a]也可以存放一个出错标志，说明符号栈 S 的栈顶元素非终结符 U 不应遇到当前输入字符(终结符)a。

构造分析表 M 的算法：

① 对文法的每一条产生式 U→α，若 a∈FIRST(α)，则 M[U,a]=′U→α′；

② 若 ε∈FIRST(α)，则 M[U,b]=′U→α′，其中，b∈FOLLOW(U)；

③ 分析表 M 的其他元素均为出错标志 error，通常用空白表示。

例 5.7 例 5.6 中的文法 $G_{27}[S]$，对于产生式 S→A，因为
　　　　　FIRST(A)={(,)}
所以　　M[S,(] = ′S→A′,　M[S,)] = ′S→A′
　　　　对于产生式 A→BA′，因为
　　　　　FIRST(B)={(,)}
所以　　M[A,(] = ′A→BA′′,　M[A,)] = ′A→BA′′
　　　　对于产生式 A′→iBA′,因为
　　　　　FIRST(iBA′) = {i}
所以　　M[A′,i]=′A′→iBA′
　　　　对于产生式 A′→ε，因为
　　　　　FOLLOW(A′)={*,$}
所以　　M[A′,*] = ′A′→ε′,　M[A′,$]=′A′→ε′
　　　　对于产生式 B→CB′,因为

FIRST(C) = {(,)}

所以　　M[B, C] = 'B→CB'',　　M[B,)] = 'B→CB''

对于产生式 B'→ +CB'，因为

FIRST(+CB') = {+}

所以　　M[B', +] = 'B'→ +CB''

对于产生式 B'→ ε，因为

FOLLOW(B') = {i, *, $}

所以　　M[B', i] = 'B'→ ε'，　　M[B', *] = 'B'→ ε'

M[B', $] = 'B'→ε'

对于产生式 C→)A*，因为

FIRST ( )A*) = {) }

所以　　M[C,)] = 'C→)A*'

对于产生式 C→ (，因为

FIRST (( ) = { (}

所以　　M[C, (] = 'C→ ('

文法 $G_{27}[S]$ 分析表 M 如表 5.1 所示。

表 5.1　$G_{27}[S]$ 分析表 M

非终结符	终结符					
	i	+	*	(	)	$
S				S→A	S→A	
A				A→BA'	A→BA'	
A'	A'→iBA'		A'→ε			A'→ε
B				B→CB'	B→CB'	
B'	B'→ε	B'→+CB'	B'→ε			B'→ε
C				C→ (	C→)A*	

5.3.2　LL(1)分析程序的总控算法

图 5.1 是 LL(1)分析程序的构造框图，也是 LL(1)分析程序的总控算法流程图。它依赖于 LL(1)分析表 M，用到一个符号栈 S，其指针为 i。待分析的符号串存放在数组 str 中，下标指针为 j，在数组 str 中，输入符号串末尾符号为"$"。输入符号串的当前符号存放在字符变量 ch 中。在分析过程中，每次要判断 TOP(S)(栈顶元素)是否为终结符（"$"也视为终结符），如果 TOP(S)∈$V_T$，TOP(S)与 ch 相匹配，且均是"$"，则表明待分析符号串是一个句子，算法终止；如果 ch 与 TOP(S)相匹配，但不是"$"，则表示输入符号串的当前符号是合法的，此时，再读输入符号串的下一个符号，同时 S 栈退栈；如果 ch 不是终结符而是非终结符，则需查分析表 M。如果 M[TOP(S), ch]为出错标志或空白，则表示待分析符号串不是一个句子；如果 M[TOP(S), ch]是一条产生式，则倒置该产生式右部，并用它去替换 S 栈栈顶元素。

例 5.8　按照 LL(1)分析程序总控算法，对文法 $G_{27}[S]$ 的符号串'i(i('进行分析，分析过程如表 5.2 所示。分析结果表明该符号串是文法 $G_{27}[S]$ 的一个句子。

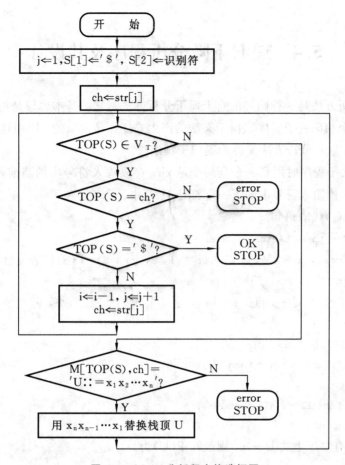

图 5.1 LL(1)分析程序构造框图

表 5.2 符号串 '(i('分析过程

步骤	符号栈 S[i]	输入串 str[j]	产生式
1	$ S	(i($	S→ A
2	$ A	(i($	A→ BA'
3	$ A'B	(i($	B→ CB'
4	$ A'B'C	(i($	C→ (
5	$ A'B'(	(i($	
6	$ A'B'	i($	B'→ ε
7	$ A'	i($	A'→ iBA'
8	$ A'Bi	i($	
9	$ A'B	($	B→ CB'
10	$ A'B'C	($	C→ (
11	$ A'B'(	($	
12	$ A'B'	$	B'→ ε
13	$ A'	$	A'→ ε
14	$	$	OK

5.4 递归下降分析程序及其设计

递归下降分析方法是一种确定的自上而下分析方法。它的基本思想是给文法的每一个非终结符均设计一个相应的子程序。由于文法的产生式往往是递归的，因而这些子程序往往也是递归的。所以，这种分析方法又称为**递归子程序法**。

下面，在定义子程序时用到一个全局变量 ch，存放输入符号串的当前符号；还用到一个函数 READ(ch)，读输入符号串的下一个符号于 ch 中。

设 $a \in V_T$，P(a)代表语句

   if ch=a then READ(ch) else error

设 $\alpha = x_1 x_2 \cdots x_n$，$x_i \in (V_N \cup V_T)$ ($i = 1, 2, \cdots, n$)，P(α)代表复合语句

   begin P(x_1); P(x_2); $\cdots$; P(x_n) end

设 $U \in V_N$，产生式 $U \rightarrow \alpha_1 | \alpha_2 | \cdots | \alpha_m$，定义 P(U)：

  read(ch);
  if ch$\in$ FIRST(α_1) then P(α_1)
   else if ch$\in$ FIRST(α_2) then P(α_2)
    $\vdots$
   else if ch$\in$ FIRST(α_m) then P(α_m)
   else error

如果非终结符 U 有空产生式 $U \rightarrow \varepsilon$，则改写 P(U)为

  read(ch);
  if ch$\in$ FIRST(α_1) then P(α_1)
   else if ch$\in$ FIRST(α_2) then P(α_2)
    $\vdots$
   else if ch$\in$ FIRST(α_m) then P(α_m)
   else if ch$\in$ FOLLOW(U) then return
    else error

5.4.1 框图设计

例 5.9 设文法 $G_{28}[S]$：

  S$\rightarrow$ (A)|aAb
  A$\rightarrow$ eA'|dSA'
  A'$\rightarrow$ dA'|ε

此文法的递归下降程序框图设计如图 5.2 所示。

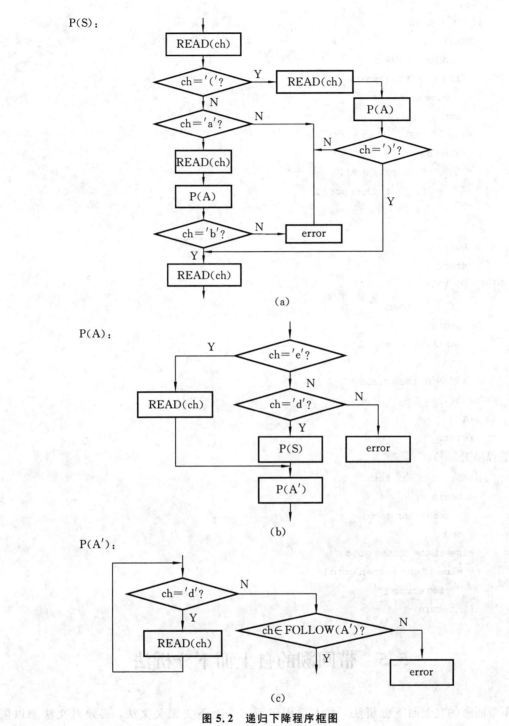

图 5.2 递归下降程序框图

5.4.2 程序设计

例 5.10 例 5.9 中的文法 $G_{28}[S]$：
子程序 P(S)：
    READ(ch)

```
            if ch='(' then
              begin
                READ(ch); P(A);
                if ch=')' then goto L
                  else error
              end
            else if ch≠'a' then error
              else begin
                    READ(ch); P(A);
                    if ch='b' then goto L
                      else error
                   end
        L: READ(ch);
           return
子程序 P(A)：
            if ch='e' then
              begin
                READ(ch); goto L
              end
            if ch≠'d' then error
            P(S);
        L: P(A');
           return
子程序 P(A')：
        L: if ch ='d' then
              begin
                read(ch); goto L
              end
            else if ch='b' then goto L'
              else if ch=')' then goto L'
                else error
        L': return
```

5.5 带回溯的自上而下分析法

不带回溯的自上而下分析法,并不适用于所有的上下文无关文法,必须对文法加以限制;带回溯的自上而下分析法,对上下文无关文法具有通用性,几乎没有限制,但速度慢是这种分析法的致命弱点。

5.5.1 文法在内存中的存放形式

带回溯的自上而下分析法,实际上就是穷举所有可能的推导,看是否能推导出待检查的

符号串。在穷举所有可能的推导过程中,其唯一的依据是文法的产生式。因此,一个文法若使用带回溯的自上而下分析法,则它的所有产生式都必须先保存在内存中,具体地说,是存放在一个一维数组中。在这个一维数组中,存放每一条产生式的左部和右部,并且在每一个产生式右部的尾符号之后放置一个符号"|",作为产生式右部的结束符;在一个非终结符的最后一个产生式右部的尾符号之后放置一个符号"$",作为这个非终结符的所有产生式右部的结束符。

例 5.11 设文法 $G_{29}[Z]$:

$Z \rightarrow E \sharp$,
$E \rightarrow TE+|TE-|T$
$T \rightarrow FT*|FT/|F$
$F \rightarrow (E)|i$

这是一个上下文无关文法。将这个文法的所有产生式,包括产生式的左部和右部按以下形式存于一个一维数组 GRAMMAR 之中:

ZE♯|$ETE+|TE−|T|$TFT*|FT/|F|$F(E)|i|$

其中,i(i = 1, 2, …)是数组 GRAMMAR 的下标,文法 G 的识别符 Z 存放在数组元素 GRAMMAR[1]中。

5.5.2 其他信息的存放

在带回溯的自上而下分析法中,需设置一个 S 栈来保存当前目标以及它的"双亲"、"孩子"和"兄长"等信息,一旦试探失败,则可进行回溯。S 栈的元素是一个五元组

(GOAL, i, FATHER, SON, BROTHER)

其中,GOAL 是目标,i 是目标的产生式右部的符号在数组 GRAMMAR 中的位置,FATHER、SON 和 BROTHER 分别是目标的双亲、第一个孩子和兄长。

5.5.3 带回溯的自上而下分析算法

算法包括 INIT(初始化)、TEST(检查)、LOOK(查看)、SUCC(成功)、FAIL(失败)和 ATRY(再试)六个部分。

INIT:
  P:=1;{P 指示当前结点}
  k:=1;{k 是栈 S 的栈顶指针}
  j:=1;{j 是输入符号串 INPUT 的下标}
  S[k]:=(Z, 0, 0, 0); {Z 是文法的识别符,作为当前目标,压入 S 栈中}
  goto TEST;{控制转到 TEST 部分}

TEST:
if GOAL in V_T then {若当前目标是终结符}
  if GOAL=INPUT[j] then {若当前目标与当前输入符号匹配}
   begin

```
            j:=j+1;goto SUCC   {读下一个输入符号,转 SUCC 部分}
        end
        else goto FAIL; {否则,转 FAIL 部分}
    i:=GOAL 的产生式右部第一个选择的首符号在数组 GRAMMAR 中的位置;
    goto LOOK;{若 GOAL 是非终结符,则找到它的产生式右部第一选择的首符号的位置,且转 LOOK
             部分}
LOOK:
    if GRAMMAR[i]='|' then   {若是产生式右部结束符}
        if FATHER≠0 then goto SUCC   {且有双亲,则转 SUCC 部分}
            else STOP   {若无双亲,即根结点,则分析成功,待查符号串是句子}
    if GRAMMAR[i]='$' then   {若是一个非终结符的所有产生式的右部结束符}
        if FATHER≠0 then goto FAIL   {且有双亲,则转 FAIL 部分}
            else STOP   {若无双亲,即根结点,则分析失败,待查符号串不是句子}
    k:=k+1;{S栈指针加 1}   {若 GRAMMAR[i]既不是"|",也不是"$"}
    S[k]:=(GRAMMAR[i], O, P, O, SON);{GRAMMAR[i]作为当前目标进栈,P 指示的原目标是
           当前目标的双亲,原目标的第一个孩子是当前目标的兄长}
    SON:= k;{当前目标是原目标的孩子}
    P:= k;{P 指示当前目标}
    goto TEST;
SUCC:
    P:=FATHER;{向双亲报告匹配成功,双亲作为当前目标}
    i:=i+1;goto LOOK;
FAIL:
    P:= FATHER;{向双亲报告匹配失败,双亲作为当前目标}
    SON:= S[SON].BRO;   {将原目标的兄长作为当前目标的孩子}
    k:= k-1;{与原目标脱离父子关系}
    goto ATRY;{再试探}
ATRY:
    if SON=0 then   {若没有兄长}
    begin
        while GRAMMAR[i] ≠'1' do   {则跳过当前产生式右部}
            i:=i+1;
    i:=i+1;  goto LOOK {取产生式右部另一个选择再查看}
    end;
    i:= i-1;{若有兄长}
    P:= SON;{兄长作为当前目标}
    if GOAL in V_N then
        goto ATRY;
    j:= j-1;
    goto FAIL;
```

例 5.12 对于例 5.11 中的文法 $G_{29}[Z]$,分析符号串"ii*i+#"是否是句子。文法和输入符号串的存放如表 5.3、表 5.4 所示。

表 5.3 数组 GRAMMAR

i	1	2	3	4	5	6	7	8	9	10	11	12	13	14	15	16	17	18	19
GRAMMAR[i]	Z	E	#	|	$	E	T	E	+	|	T	E	-	|	T	|	$	T	F
i	20	21	22	23	24	25	26	27	28	29	30	31	32	33	34	35	36	37	
GRAMMAR[j]	T	*	|	F	T	/	|	F	|	$	F	(	E	)	|	i	|	$	

表 5.4 输入符号串

i	1	2	3	4	5	6
INPUT[j]	i	i	*	i	+	#

分析过程如下。

① P:=1; k:=1; j:=1;
　　S[k]:=(Z,0,0,0,0)。

② Z 是非终结符,Z 的产生式右部第一个选择的首符号在数组中的位置为 2,所以 i:=2;
　　GRAMMAR[2]='E'
　　k:=2;
　　S[2]:=(E,0,1,0,0);
　　S[1].SON:=2;　{E 是 Z 的孩子}
　　P:=2;　{E 为当前目标}

如图 5.3 所示。

图 5.3　E 为当前目标

③ E 是非终结符,它的产生式右部第一选择的首符号在数组中的位置为 7,所以 i:=7;
　　GRAMMAR[7]='T'
　　k:=3;
　　S[3]:=(T,0,2,0,0);
　　S[2].SON:=3;　{T 是 E 的孩子}
　　P:=3;　{T 为当前目标}

如图 5.4 所示。

④ T 是非终结符,它的产生式右部第一选择的首符号在数组中的位置为 19,所以 i:=19;
　　GRAMMER[19]='F'
　　k:=4;
　　S[4]:=(F,0,3,0,0);
　　S[3].SON:=4;
　　P:=4;

如图 5.5 所示。

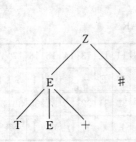
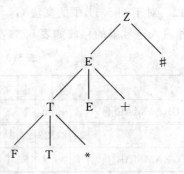

图 5.4　T 为当前目标　　　　　　图 5.5　F 为当前目标

⑤ F 是非终结符，它的产生式右部第一个选择的首符号在数组中的位置是 31，所以 i:= 31；

GRAMMER[31] = '('

k:= 5;

S[5]:= ((, 0, 4, 0, 0);

S[4].SON:= 5;　　P:= 5;

如图 5.6 所示。

⑥ (是一个终结符，但 INPUT[1]≠'('，匹配失败；

P:= 4;　{向双亲报告匹配失败，双亲作为当前目标}

k:= 4;　{退栈}

因为 (无兄长，

所以跳过 (所在产生式右部，

i:= 35;　{F 的产生式右部第 2 个选择的首符号在数组中的位置}

GRAMMAR[35] = 'i'

k:= 5;

S[5]:= (i, 0, 4, 0, 0);

S[4].SON:= 5;　　P:= 5;

如图 5.7 所示。

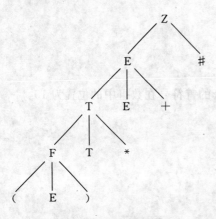
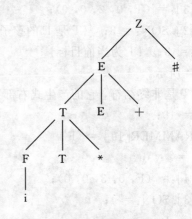

图 5.6　(为当前目标　　　　　　图 5.7　i 为当前目标

⑦ i 是一个终结符,且 INPUT[1] = 'i',则
　j: = 2; ｛读下一个输入符号｝
　P: = 4; ｛向双亲 F 报告匹配成功,双亲作为当前目标｝
　i: = 36;
　GRAMMAR[36] = '1', F 有双亲,
　P: = 3; ｛向双亲 T 报告匹配成功,T 作为当前目标｝
　S[3].i: = S[3].i + 1;
　S[3].i: = 19 + 1;
⑧ GRAMMAR[20] = 'T'
　k: = 6;
　S[6]: = (T, 0, 3, 0, 5);
　S[3].SON: = 6;
　P: = 6。

分析过程显然尚未结束,后面的步骤留给读者自己去完成。

5.6 小　　结

自上而下分析法的基本思想是从文法的识别符号出发,试图推导出输入符号串。自上而下分析法分为带回溯的分析法与不带回溯的分析法。带回溯的自上而下分析法,对上下文无关文法具有通用性,但速度慢,这是它的致命弱点。

不带回溯的自上而下分析法是一种确定的自上而下分析法。

LL(1)方法是一种确定的自上而下分析法,但只有 LL(1)文法才能使用 LL(1)分析法。

对于文法 G 的每一个产生式

$$U \rightarrow \alpha_1 | \alpha_2 | \cdots | \alpha_n$$

如果 SELECT(U→α_i)∩SELECT(U→α_j) = $\varnothing$(i≠j),则文法 G 是一个 LL(1)文法。

递归下降分析法也是一种确定的自上而下分析法。使用这种分析法的文法不能含有直接左递归产生式。

习　题　五

5.1　消除下列文法的左递归:

① G[A]:
　A→ Bx|Cz|W
　B→ Ab|Bc
　C→ Ax|By|Cp

② G[E]:
　E→ ET+|ET-|T
　T→ TF*|TF/F

　　　　F→ (E)|i
③ G[X]:
　　　　X→ Ya|Zb|c
　　　　Y→ Zd|Xe|f
　　　　Z→ Xc|Yf|a

5.2　设文法 G[E]:
　　　　E→ TE′
　　　　E′→ +E|ε
　　　　T→ FT′
　　　　T′→ T|ε
　　　　F→ PF′
　　　　F′→ *F|ε
　　　　P→ (E)|a|∧

① 构造该文法的递归下降分析程序；
② 求该文法的每一个非终结符的 FIRST 集合和 FOLLOW 集合；
③ 构造该文法的 LL(1)分析表，并判断此文法是否为 LL(1)文法。

5.3　设文法 G[〈语句〉]:
　　　　〈语句〉→〈变量〉:=〈表达式〉
　　　　　　　　|if〈表达式〉then〈语句〉
　　　　　　　　|if〈表达式〉then〈语句〉else〈语句〉
　　　　〈变量〉→ i|i (〈表达式〉)
　　　　〈表达式〉→〈项〉|〈表达式〉+〈项〉
　　　　〈项〉→〈因子〉|〈项〉*〈因子〉
　　　　〈因子〉→〈变量〉|(〈表达式〉)

试构造文法的递归下降分析程序。

5.4　设文法 G[S]:
　　　　S→ SbA|aA
　　　　B→ Sb
　　　　A→ Bc

① 将此文法改写为 LL(1)文法；
② 构造相应的 LL(1)分析表。

5.5　设文法 G[S]:
　　　　S→ aABbcd|ε
　　　　A→ ASd|ε
　　　　B→ SAh|eC|ε
　　　　C→ Sf|Cg|ε
　　　　D→ aBD|ε

① 求每一个非终结符的 FOLLOW 集合；

② 对每一个非终结符的产生式选择，构造 FIRST 集合；
③ 该文法是 LL(1) 文法吗？若是，则构造其分析表。

5.6 设文法 G[E]：

E→ Aa|Bb
A→ cA|eB
B→ bd

试画出其自上而下分析程序框图。

第6章 自下而上分析和优先分析方法

由第5章可知,自上而下分析法从文法的识别符出发,试图推导出输入符号串;自下而上分析法与自上而下分析法完全相反,它从输入符号串出发,试图归约到文法的识别符。本章具体介绍自下而上分析法中的简单优先分析法和算符优先分析法。

6.1 自下而上分析

自下而上分析法是一种"移进-归约"法。它用到一个符号栈 S,待检查符号串的符号逐个被"移进"S 栈,当栈顶符号串与某个产生式右部相匹配时,这个符号串被替换成("归约"为)该产生式左部非终结符。

例 6.1 文法 $G_{30}[A]$:

A→ aBb
B→ Bb|b

设待检查的符号串 α ="abbb"。先将 α 的第 1 个符号 a 移进 S 栈中,再将 α 的第 2 个符号 b 移进 S 栈中,此时,S 栈顶符号 b 与产生式 B→ b 的右部相匹配,因此 b 将被归约为该产生式左部符号 B。接下来又将 α 的第 3 个符号 b 移进 S 栈中,这时,S 栈顶符号串 Bb 与产生式 B→ Bb 的右部相匹配,因此 Bb 将被归约为 B。最后,再将 α 的第 4 个符号 b 移进栈 S 中,发现栈中符号串 aBb 与产生式 A→ aBb 的右部相匹配,所以它被归约为文法识别符 A。至此表明,终结符号串 α 是该文法的一个句子。

在上述"移进-归约"过程中,当 α 的第 3 个符号 b 被移进 S 栈中之后,S 栈中的符号串是"aBb",此时,符号串 Bb 与产生式 B→ Bb 的右部相匹配,而符号串 aBb 却与产生式 A→ aBb 的右部相匹配。这里存在两种选择。如果不是将符号串 Bb 归约为 B,而是将符号串 aBb 归约为 A,那么当 α 的第 4 个符号移进 S 栈中之后,S 栈中的符号串为 aAb,对这个符号串将无法进行归约。

由此可见,在"移进-归约"过程中,选择哪一个符号串进行归约是至关重要的。这个"可进行归约的符号串"在不同的自下而上分析方法中有不同的称呼,在简单优先分析方法中称为句柄,而在算符优先分析方法中称为素短语。

6.2 短语和句柄

定义 6.1 设 S 是文法 G 的识别符号,若

$S \Rightarrow *xUy, U \Rightarrow +\alpha$

则称子串 α 是句型 xαy 相对于非终结符 U 的**短语**。其中,$U \in V_N; x, y \in (V_N \cup V_T)^*$。如果

α 是 U 的一个直接推导，即
$$U \Rightarrow α$$
则称子串 α 是句型 xαy 相对于非终结符 U 的**直接短语**或**简单短语**。一个句型的最左直接短语，称为该句型的**句柄**。

例 6.2 设文法 $G_{31}[S]$：
$$S \rightarrow (T)|a|ε$$
$$T \rightarrow S|T,S$$

因为　　$S \overset{+}{\Rightarrow} (T,S), T \overset{+}{\Rightarrow} (a)$

所以 (a) 是句型 ((a),S) 相对于 T 的短语。再因为
$$S \overset{+}{\Rightarrow} ((T),S), T \Rightarrow T,S$$
所以 T,S 是句型 ((T),S),S) 相对于 T 的直接短语。

符号串 α＝(a,(T),(T,S)) 是该文法的一个句型，先找出它所有的直接短语。

因为　　$S \overset{+}{\Rightarrow} (T,(T),(T,S)), T \Rightarrow a$

所以 a 是句型 α 相对于 T 的直接短语。又因为
$$S \overset{+}{\Rightarrow} (a,S,(T,S)), S \Rightarrow (T)$$
所以 (T) 是句型 α 相对于 S 的直接短语。还有
$$S \overset{+}{\Rightarrow} (a,(T),(T)), T \Rightarrow T,S$$
所以 T,S 是句型 α 相对于 T 的直接短语。

由此可知，句型 α 共有 3 个直接短语，其中子串 a 是句型 α 的最左直接短语，因而它是句型 α 的句柄。

一个句型的短语、直接短语和句柄，实际上可以用其语法树的子树描述。一个句型，有一棵相应的语法树(无二义性)。该语法树的一棵子树的叶子结点(从左到右)组成的符号串便是这个句型关于子树根结点的一个短语。语法树的一棵简单子树(只有单层的子树)的叶子结点组成的符号串则是这个句型关于简单子树根结点的一个直接短语。语法树中最左边的简单子树叶子结点组成的符号串就是这个句型的句柄。

例 6.3 句型 α＝(a,(T),(T,S)) 的语法树如图 6.1 所示。它有 7 个分枝结点，分别以这 7 个分枝结点为根结点，得 7 棵子树。再分别由这 7 棵子树的叶子结点(从左到右)组成 7 个符号串，它们是句型 α 的 7 个短语。这 7 个短语是：

① (a,(T),(T,S))
② a,(T),(T,S)
③ a,(T)
④ (T,S)
⑤ a
⑥ (T)
⑦ T,S

句型 α 的语法树有 3 棵简单子树。由这 3 棵简单子树的叶子结点组成的符号串，则是句型 α 的 3 个直接短语：

① a　　② (T)　　③ T,S

句型 α 的语法树的最左简单子树的叶子结

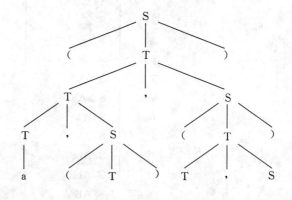

图 6.1　句型 α 的语法树

点 a 便是句型 α 的句柄。

6.3 移进-归约方法

一个移进-归约分析程序设置一个符号栈和一个输入缓冲区。当输入符号串为 α，分析开始时，栈和输入缓冲区的格局为：

  符号栈   输入符号串
   $ α$

在符号栈里先放置一个"$"号，输入符号串 α 之后跟着一个"$"号，作为输入符号串的结束符。

对 α 进行分析时，将 α 的符号从左到右逐个移进符号栈，一旦栈顶符号串与某一个产生式右部相匹配成为一个可归约符号串时，则将此符号串归约为一个非终结符，这个非终结符是该产生式左部符号。α 的符号继续逐个移进符号栈，当栈顶又形成一个可归约的符号串时，则又可将此符号串归约为某一个产生式左部非终结符。重复这个过程，如果最终出现如下格局：

  符号栈   输入符号串
  $Z $

符号栈里仅有"$"号与识别符号 Z，输入符号串 α 全部被符号栈吸收，只剩下"$"号，则分析成功，说明符号串 α 是文法的一个句子。如果得不到以上格局，则表明符号串 α 不是文法的句子，存在语法错误。

例 6.4 设文法 $G_{32}[Z]$：
  Z→ AB
  A→ aAb | ab
  B→ bB | c

对输入符号串 aabbbc 的分析过程如表 6.1 所示。

表 6.1 移进-归约分析过程

步骤	符号栈	输入符号串	操作
1	$	aabbbc $	
2	$ a	abbbc $	移进
3	$ aa	bbbc $	移进
4	$ aab	bbc $	移进
5	$ aA	bbc $	归约
6	$ aAb	bc $	移进
7	$ A	bc $	归约
8	$ Ab	c $	移进
9	$ Abc	$	移进
10	$ AbB	$	归约
11	$ AB	$	归约
12	$ Z	$	归约

6.4 有关文法的一些关系

6.4.1 关系

在集合 Σ_1 到 Σ_n 上的一个 n 元关系 R，是笛卡儿乘积 $\Sigma_1 \times \Sigma_2 \times \cdots \times \Sigma_n$ 的一个子集。或者换一说法，一个 n 元关系 R 可定义为一个有序的 n 元组集合，即设

$$x_1 \in \Sigma_1$$
$$x_2 \in \Sigma_2$$
$$\vdots$$
$$x_n \in \Sigma_n$$

$x_1, x_2, \cdots, x_n$ 满足关系 R，当且仅当有序 n 元组 $(x_1, x_2, \cdots, x_n) \in R$。

一般 n = 2，且 $\Sigma_1 = \Sigma_2$，不妨令 $\Sigma = \Sigma_1 = \Sigma_2$，二元关系定义如下：

集合 Σ 上的二元关系 R，是 Σ^2 的一个子集。或者说，x_1 与 x_2 ($x_1, x_2 \in \Sigma$) 满足二元关系 R，当且仅当有序偶对 $(x_1, x_2) \in R$。x_1 与 x_2 满足关系 R，记为 $x_1 R x_2$。

例 6.5 $\Sigma\{1, 2, 3, 4, 5, 6, 7, 8, 9, 10\}$

定义 Σ 上的二元关系

$$R = \{(x, y) | x, y \in \Sigma, x \text{ 是 } y \text{ 的因子}, 且 x \leqslant 5\}$$

显然，R = {(1, 1), (1, 2), (1, 3), (1, 4), (1, 5), (1, 6), (1, 7), (1, 8), (1, 9), (1, 10), (2, 2), (2, 4), (2, 6), (2, 8), (2, 10), (3, 3), (3, 6), (3, 9), (4, 4), (4, 8), (5, 5), (5, 10) }。

关系具有以下基本性质。

1. 自反性

设 R 是定义在集合 Σ 上的一个关系，如果对任何 $x \in \Sigma$，都有

$$xRx$$

则称关系 R 是自反的。如数学中的关系"$\leqslant$"是自反的，但关系"$<$"不是自反的。

2. 对称性

如果对任何 $x, y \in \Sigma$，xRy，都有 yRx，则称关系 R 是对称的。如数学中的关系"="是对称的。

3. 传递性

对任何 $x, y, z \in \Sigma$，如果能由 xRy 与 yRz 推得 xRz，则称关系 R 是传递的。如数学中的关系"$<$"是传递的。

与文法相关的一些关系如下。

1. 关系和

设 $x, y \in \Sigma$，R_1 与 R_2 是 Σ 上的两个关系，R_1 与 R_2 的关系和记为 $R_1 + R_2$，$x(R_1 + R_2)y$ 当

且仅当 xR_1y 或 xR_2y。关系"<"与关系"="的关系和为<+=，如 $3(<+=)5$，$9(<+=)9$。

2. 关系积

关系 R_1 与 R_2 的关系积记为 R_1R_2，xR_1R_2y 当且仅当存在一个 $w\in\Sigma$，使得 xR_1w 且 wR_2y。关系"<"与关系"<"的关系积为≪，如 $12\ll25$，因为在 12 与 25 之间的任意一个数都满足这种关系，如存在一个数 19，使得 $12<19$，且 $19<25$。

3. 传递闭包

关系 R 的传递闭包记为 R^+，设 $x,y\in\Sigma$，xR^+y 当且仅当存在一个 $n>0$，使得 xR^ny。其中，

$$R^1 = R$$
$$R^2 = RR$$
$$R^3 = R^2R = RR^2$$
$$\vdots$$
$$R^n = R^{n-1}R = RR^{n-1}$$

4. 自反传递闭包

关系 R 的自反传递闭包记为 R^*，$R^* = R^0+R^+$，其中，R^0 为恒等关系。设 $x,y\in\Sigma$；xR^0y 当且仅当 $x=y$。

6.4.2 布尔矩阵和关系

关系可以用集合定义，也可以用布尔矩阵表示。关系 R 的布尔矩阵记为 M_R，$M_R(x', y') = 1$，当且仅当 xRy，其中，x'、y' 分别表示 x、y 在矩阵 M 中的行号、列号。

例 6.6 在例 6.5 中，

$\Sigma = \{1, 2, 3, 4, 5, 6, 7, 8, 9, 10\}$

$R = \{(x, y) | x, y\in\Sigma, x$ 是 y 的因子，且 $x\leqslant5\}$

$$M_R = \begin{array}{c|cccccccccc} & 1 & 2 & 3 & 4 & 5 & 6 & 7 & 8 & 9 & 10 \\ \hline 1 & 1 & 1 & 1 & 1 & 1 & 1 & 1 & 1 & 1 & 1 \\ 2 & 0 & 1 & 0 & 1 & 0 & 1 & 0 & 1 & 0 & 1 \\ 3 & 0 & 0 & 1 & 0 & 0 & 1 & 0 & 0 & 1 & 0 \\ 4 & 0 & 0 & 0 & 1 & 0 & 0 & 0 & 1 & 0 & 0 \\ 5 & 0 & 0 & 0 & 0 & 1 & 0 & 0 & 0 & 0 & 1 \\ 6 & 0 & 0 & 0 & 0 & 0 & 0 & 0 & 0 & 0 & 0 \\ 7 & 0 & 0 & 0 & 0 & 0 & 0 & 0 & 0 & 0 & 0 \\ 8 & 0 & 0 & 0 & 0 & 0 & 0 & 0 & 0 & 0 & 0 \\ 9 & 0 & 0 & 0 & 0 & 0 & 0 & 0 & 0 & 0 & 0 \\ 10 & 0 & 0 & 0 & 0 & 0 & 0 & 0 & 0 & 0 & 0 \end{array}$$

关系常采用矩阵表示，其原因是矩阵便于运算。

定理 6.1 关系 R 的转置关系记为 R^T，则

$$M(R^T) = M(R)^T$$

即转置关系(R^T)的关系矩阵等于关系矩阵的转置矩阵。

定理 6.2 关系 R_1 与 R_2 的关系和(R_1+R_2)的关系矩阵，等于 R_1 的关系矩阵与 R_2 的关系矩阵之和，即 $M(R_1+R_2) = M(R_1) + M(R_2)$。

定理 6.3 关系 R_1 与 R_2 的关系积(R_1R_2)的关系矩阵，等于 R_1 的关系矩阵与 R_2 的关系矩阵之积，即 $M(R_1R_2) = M(R_1)M(R_2)$。

定理 6.4 关系 R 的传递闭包(R^+)的关系矩阵，等于 R 的关系矩阵的传递闭包，即 $M(R^+) = M(R)^+$。

6.4.3 Warshall 算法

Warshall 算法是用于求关系传递闭包的一种算法。以下是描述这个算法的 BASIC 程序：

```
10    for i = 1 to n
20    for j = 1 to n
30    if M(j, i) = 0 then 80
40    for k = 1 to n
50    if M(i, k) = 0 then 70
60    let M(j, k) = 1
70    next k
80    next j
90    next i
100   end
```

例 6.7 设布尔矩阵

$$M(R) = \begin{bmatrix} 0 & 1 & 1 & 0 & 0 \\ 1 & 0 & 1 & 0 & 1 \\ 0 & 1 & 0 & 0 & 1 \\ 0 & 0 & 0 & 0 & 0 \\ 1 & 0 & 0 & 1 & 0 \end{bmatrix}$$

下面将根据 Warshall 算法求 R^+ 的关系矩阵。

步骤 1 首先令 $M(R^+) = M(R)$，则

$$M(R^+) = \begin{bmatrix} 0 & 1 & 1 & 0 & 0 \\ 1 & 0 & 1 & 0 & 1 \\ 0 & 1 & 0 & 0 & 1 \\ 0 & 0 & 0 & 0 & 0 \\ 1 & 0 & 0 & 1 & 0 \end{bmatrix}$$

步骤 2 考察 $M(R^+)$ 的第 1 列，i = 1。因为
$M(2, 1) = 1, \quad M(1, 2) = 1$
所以令 $M(2, 2) = 1$
因为 $M(5, 1) = 1, \quad M(1, 2) = 1, \quad M(1, 3) = 1$
所以令 $M(5, 2) = 1, \quad M(5, 3) = 1$

则
$$M(R^+) = \begin{bmatrix} 0 & 1 & 1 & 0 & 0 \\ 1 & 1 & 1 & 0 & 1 \\ 0 & 1 & 0 & 0 & 1 \\ 0 & 0 & 0 & 0 & 0 \\ 1 & 1 & 1 & 1 & 0 \end{bmatrix}$$

步骤 3 考察 $M(R^+)$ 的第 2 列，$i = 2$。因为
$$M(1, 2) = 1, \quad M(2, 1) = 1$$
所以令 $M(1, 1) = 1$
因为 $M(3, 2) = 1, \quad M(2, 1) = 1, \quad M(2, 3) = 1$
所以令 $M(3, 1) = 1, \quad M(3, 3) = 1$
因为 $M(5, 2) = 1, \quad M(2, 5) = 1$
所以令 $M(5, 5) = 1$

则
$$M(R^+) = \begin{bmatrix} 1 & 1 & 1 & 0 & 0 \\ 1 & 1 & 1 & 0 & 1 \\ 1 & 1 & 1 & 0 & 1 \\ 0 & 0 & 0 & 0 & 0 \\ 1 & 1 & 1 & 1 & 1 \end{bmatrix}$$

步骤 4 考察 $M(R^+)$ 的第 3 列，$i = 3$。因为
$$M(1, 3) = 1, \quad M(3, 5) = 1$$
所以令 $M(1, 5) = 1$

则
$$M(R^+) = \begin{bmatrix} 1 & 1 & 1 & 0 & 1 \\ 1 & 1 & 1 & 0 & 1 \\ 1 & 1 & 1 & 0 & 1 \\ 0 & 0 & 0 & 0 & 0 \\ 1 & 1 & 1 & 1 & 1 \end{bmatrix}$$

步骤 5 考察 $M(R^+)$ 的第 4 列，$i = 4$。
虽然有 $M(5, 4) = 1$，但第 4 行元素全为零，所以不会对 $M(R^+)$ 产生影响。

步骤 6 考察 $M(R^+)$ 的第 5 列，$i = 5$。
因为第 5 行元素全为 1，所以 $M(R^+)$ 不会改变。

关系 R 的传递闭包 R^+ 的关系矩阵，最后结果是
$$M(R^+) = \begin{bmatrix} 1 & 1 & 1 & 0 & 1 \\ 1 & 1 & 1 & 0 & 1 \\ 1 & 1 & 1 & 0 & 1 \\ 0 & 0 & 0 & 0 & 0 \\ 1 & 1 & 1 & 1 & 1 \end{bmatrix}$$

6.4.4 关系 FIRST 与 LAST

关系 FIRST 与 LAST 是在简单优先分析法和算符优先分析法中要用到的两个重要关系。

① A FIRST B，当且仅当文法有如下产生式：
   A→ Bα
其中　　A∈V_N，B∈($V_N \cup V_T$)，α∈($V_N \cup V_T$)*

② A LAST B，当且仅当文法有如下产生式：
   A→ αB
其中　　A∈V_N，B∈($V_N \cup V_T$)，α∈($V_N \cup V_T$)*

例 6.8 设文法 $G_{33}[S]$：
  S→ (A)|a|b
  A→ B
  B→ S|ScB

FIRST=

	S	A	B	a	b	c	(	)
S	0	0	0	1	1	0	1	0
A	0	0	1	0	0	0	0	0
B	1	0	0	0	0	0	0	0
a	0	0	0	0	0	0	0	0
b	0	0	0	0	0	0	0	0
c	0	0	0	0	0	0	0	0
(	0	0	0	0	0	0	0	0
)	0	0	0	0	0	0	0	0

LAST=

	S	A	B	a	b	c	(	)
S	0	0	0	1	1	0	0	1
A	0	0	1	0	0	0	0	0
B	1	0	1	0	0	0	0	0
a	0	0	0	0	0	0	0	0
b	0	0	0	0	0	0	0	0
c	0	0	0	0	0	0	0	0
(	0	0	0	0	0	0	0	0
)	0	0	0	0	0	0	0	0

根据 Warshall 算法求得

$FIRST^+$=

	S	A	B	a	b	c	(	)
S	0	0	0	1	1	0	1	0
A	1	0	1	1	1	0	1	0
B	1	0	0	1	1	0	1	0
a	0	0	0	0	0	0	0	0
b	0	0	0	0	0	0	0	0
c	0	0	0	0	0	0	0	0
(	0	0	0	0	0	0	0	0
)	0	0	0	0	0	0	0	0

$$\text{LAST}^+ = \begin{array}{c|cccccccc} & S & A & B & a & b & c & (&) \\ \hline S & 0 & 0 & 0 & 1 & 1 & 0 & 0 & 1 \\ A & 1 & 0 & 1 & 1 & 1 & 0 & 0 & 1 \\ B & 1 & 0 & 1 & 1 & 1 & 0 & 0 & 1 \\ a & 0 & 0 & 0 & 0 & 0 & 0 & 0 & 0 \\ b & 0 & 0 & 0 & 0 & 0 & 0 & 0 & 0 \\ c & 0 & 0 & 0 & 0 & 0 & 0 & 0 & 0 \\ (& 0 & 0 & 0 & 0 & 0 & 0 & 0 & 0 \\ ) & 0 & 0 & 0 & 0 & 0 & 0 & 0 & 0 \end{array}$$

在简单优先关系和算符优先关系形式化构造方法中,需用到以下两个重要结论:

① $A \stackrel{+}{\Rightarrow} B\alpha$,当且仅当 $A\ \text{FIRST}^+\ B$,其中,

$A \in V_N$, $B \in (V_N \cup V_T)$, $\alpha \in (V_N \cup V_T)^*$

② $A \stackrel{+}{\Rightarrow} \alpha B$,当且仅当 $A\ \text{LAST}^+\ B$,其中,

$A \in V_N$, $B \in (V_N \cup V_T)$, $\alpha \in (V_N \cup V_T)^*$

6.5 简单优先分析方法

简单优先分析法是一种典型的自下而上分析方法。它对符号串进行语法分析的过程,实际上是一个归约的过程。在这个归约过程中,它根据文法符号之间的简单优先关系来寻找符号串中可进行归约的子串,此子串称为句柄。

6.5.1 优先关系

在简单优先分析方法中,定义三种简单优先关系。

① $L \doteq R$,当且仅当文法中有以下形式的产生式:

$U \rightarrow \alpha LR \beta$

其中 $L, R \in (V_N \cup V_T)$; $\alpha, \beta \in (V_N \cup V_T)^*$

② $L \lessdot R$,当且仅当文法中有以下形式的产生式:

$U \rightarrow \alpha LP \beta$

且 $P \stackrel{+}{\Rightarrow} R\gamma$

其中 $L, R \in (V_N \cup V_T)$; $P \in V_N$; $\alpha, \beta, \gamma \in (V_N \cup V_T)^*$

③ $L \gtrdot R$,当且仅当文法中有以下形式的产生式:

$U \rightarrow \alpha WP \beta$

且 $W \stackrel{+}{\Rightarrow} \delta L$, $P \stackrel{*}{\Rightarrow} R\gamma$

其中 $L, R \in (V_N \cup V_T)$; $W \in V_N$; $P \in (V_N \cup V_T)$; $\alpha, \beta, \delta, \gamma \in (V_N \cup V_T)^*$

例 6.9 设文法 $G_{34}[S]$:

$S \rightarrow (R) \mid a \mid \Lambda$

R→ T
T→ S, T|S

显然有　　($\doteq$ R, R$\doteq$), S$\doteq$, , ,$\doteq$T

因为　　S→ (R)

R $\Rightarrow$ T $\Rightarrow$ S $\Rightarrow$ (R), R $\stackrel{+}{\Rightarrow}$ a, R $\stackrel{+}{\Rightarrow}$ ∧

所以　　(<T, (<S, (< (, (<a, (<∧

所以　　T>), S>),)>), a>), ∧>)

6.5.2 简单优先关系的形式化构造方法

对于简单优先关系$\doteq$、关系 FIRST 以及关系 LAST，根据其定义，可由文法的产生式直接求得，再由 Warchall 算法可求得 FIRST$^+$ 与 LAST$^+$。下面的两个公式，则是由关系$\doteq$、FIRST$^+$ 与 LAST$^+$ 来求另外两个简单优先关系<与>。

公式 6.1 <≡($\doteq$)(FIRST$^+$)

证明

L < R ⇔ 存在一条产生式 U→αLPβ，且有 P $\stackrel{+}{\Rightarrow}$ Rγ
　　　　(P∈V_N,α, β, γ∈(V_N∪V_T)*)
⇔ L$\doteq$P 与 P FIRST$^+$ R
⇔ L($\doteq$)(FIRST$^+$) R

所以　　<≡($\doteq$)(FIRST$^+$)。

公式 6.2 >≡(LAST$^+$)^T($\doteq$)(FIRST*)

证明

L > R ⇔ 存在一条产生式 U→ αWPβ，且
W $\stackrel{+}{\Rightarrow}$ δL, P $\stackrel{*}{\Rightarrow}$ Rγ (W∈V_N, P∈(V_N∪V_T),α, β, δ,γ∈(V_N∪V_T)*)
⇔ W $\doteq$ P, W LAST$^+$ L, P FIRST* R
⇔ L(LAST$^+$)^T W, W $\doteq$ P, P FIRST* R
⇔ L(LAST$^+$)^T($\doteq$)(FIRST*) R

所以　　>≡(LAST$^+$)^T($\doteq$)(FIRST*)

例 6.10 运用公式 6.1 和公式 6.2 求例 6.9 中文法 G_{34}[S]的简单优先关系矩阵。先直接根据文法可得关系$\doteq$与 FIRST,即

$\doteq$ =

	R	S	T	a	∧	,	(	)
R	0	0	0	0	0	0	0	1
S	0	0	0	0	0	1	0	0
T	0	0	0	0	0	0	0	0
a	0	0	0	0	0	0	0	0
∧	0	0	0	0	0	0	0	0
,	0	0	1	0	0	0	0	0
(	1	0	0	0	0	0	0	0
)	0	0	0	0	0	0	0	0

$$\text{FIRST} = \begin{array}{c|cccccccc} & R & S & T & a & \wedge & , & (&) \\ \hline R & 0 & 0 & 1 & 0 & 0 & 0 & 0 & 0 \\ S & 0 & 0 & 0 & 1 & 1 & 0 & 1 & 0 \\ T & 0 & 0 & 0 & 0 & 0 & 0 & 0 & 0 \\ a & 0 & 0 & 0 & 0 & 0 & 0 & 0 & 0 \\ \wedge & 0 & 0 & 0 & 0 & 0 & 0 & 0 & 0 \\ , & 0 & 0 & 0 & 0 & 0 & 0 & 0 & 0 \\ (& 0 & 0 & 0 & 0 & 0 & 0 & 0 & 0 \\ ) & 0 & 0 & 0 & 0 & 0 & 0 & 0 & 0 \end{array}$$

再根据 Warchall 算法可求得 FIRST^+ 与 $\text{FIRST}*$，即

$$\text{FIRST}^+ = \begin{array}{c|cccccccc} & R & S & T & a & \wedge & , & (&) \\ \hline R & 0 & 1 & 1 & 1 & 1 & 0 & 1 & 0 \\ S & 0 & 0 & 0 & 1 & 1 & 0 & 1 & 0 \\ T & 0 & 1 & 0 & 1 & 1 & 0 & 1 & 0 \\ a & 0 & 0 & 0 & 0 & 0 & 0 & 0 & 0 \\ \wedge & 0 & 0 & 0 & 0 & 0 & 0 & 0 & 0 \\ , & 0 & 0 & 0 & 0 & 0 & 0 & 0 & 0 \\ (& 0 & 0 & 0 & 0 & 0 & 0 & 0 & 0 \\ ) & 0 & 0 & 0 & 0 & 0 & 0 & 0 & 0 \end{array}$$

$$\text{FIRST}^* = \begin{array}{c|cccccccc} & R & S & T & a & \wedge & , & (&) \\ \hline R & 1 & 1 & 1 & 1 & 1 & 0 & 1 & 0 \\ S & 0 & 1 & 0 & 1 & 1 & 0 & 1 & 0 \\ T & 0 & 1 & 1 & 1 & 1 & 0 & 1 & 0 \\ a & 0 & 0 & 0 & 1 & 0 & 0 & 0 & 0 \\ \wedge & 0 & 0 & 0 & 0 & 1 & 0 & 0 & 0 \\ , & 0 & 0 & 0 & 0 & 0 & 1 & 0 & 0 \\ (& 0 & 0 & 0 & 0 & 0 & 0 & 1 & 0 \\ ) & 0 & 0 & 0 & 0 & 0 & 0 & 0 & 1 \end{array}$$

关系 LAST 也可直接从文法得到，即

$$\text{LAST} = \begin{array}{c|cccccccc} & R & S & T & a & \wedge & , & (&) \\ \hline R & 0 & 0 & 1 & 0 & 0 & 0 & 0 & 0 \\ S & 0 & 0 & 0 & 1 & 1 & 0 & 0 & 1 \\ T & 0 & 1 & 1 & 0 & 0 & 0 & 0 & 0 \\ a & 0 & 0 & 0 & 0 & 0 & 0 & 0 & 0 \\ \wedge & 0 & 0 & 0 & 0 & 0 & 0 & 0 & 0 \\ , & 0 & 0 & 0 & 0 & 0 & 0 & 0 & 0 \\ (& 0 & 0 & 0 & 0 & 0 & 0 & 0 & 0 \\ ) & 0 & 0 & 0 & 0 & 0 & 0 & 0 & 0 \end{array}$$

同样再由 Warchall 算法求 $LAST^+$，即

$$LAST^+ = \begin{array}{c|cccccccc} & R & S & T & a & \land & , & (&) \\ \hline R & 0 & 1 & 1 & 1 & 1 & 0 & 0 & 1 \\ S & 0 & 0 & 0 & 1 & 1 & 0 & 0 & 1 \\ T & 0 & 1 & 1 & 1 & 1 & 0 & 0 & 1 \\ a & 0 & 0 & 0 & 0 & 0 & 0 & 0 & 0 \\ \land & 0 & 0 & 0 & 0 & 0 & 0 & 0 & 0 \\ , & 0 & 0 & 0 & 0 & 0 & 0 & 0 & 0 \\ (& 0 & 0 & 0 & 0 & 0 & 0 & 0 & 0 \\ ) & 0 & 0 & 0 & 0 & 0 & 0 & 0 & 0 \end{array}$$

$LAST^+$ 的转置矩阵为

$$(LAST^+)^T = \begin{array}{c|cccccccc} & R & S & T & a & \land & , & (&) \\ \hline R & 0 & 0 & 0 & 0 & 0 & 0 & 0 & 0 \\ S & 1 & 0 & 1 & 0 & 0 & 0 & 0 & 0 \\ T & 1 & 0 & 1 & 0 & 0 & 0 & 0 & 0 \\ a & 1 & 1 & 1 & 0 & 0 & 0 & 0 & 0 \\ \land & 1 & 1 & 1 & 0 & 0 & 0 & 0 & 0 \\ , & 0 & 0 & 0 & 0 & 0 & 0 & 0 & 0 \\ (& 0 & 0 & 0 & 0 & 0 & 0 & 0 & 0 \\ ) & 1 & 1 & 1 & 0 & 0 & 0 & 0 & 0 \end{array}$$

有了上面的准备工作，下面便可利用公式 6.1 和公式 6.2 来求关系 $<$ 和 $>$。先由公式 6.1 求关系 $<$，即

$$< = (\doteq)(FIRST^*)$$

$$= \begin{bmatrix} 0 & 0 & 0 & 0 & 0 & 0 & 0 & 1 \\ 0 & 0 & 0 & 0 & 0 & 1 & 0 & 0 \\ 0 & 0 & 0 & 0 & 0 & 0 & 0 & 0 \\ 0 & 0 & 0 & 0 & 0 & 0 & 0 & 0 \\ 0 & 0 & 1 & 0 & 0 & 0 & 0 & 0 \\ 1 & 0 & 0 & 0 & 0 & 0 & 0 & 0 \\ 0 & 0 & 0 & 0 & 0 & 0 & 0 & 0 \end{bmatrix} \begin{bmatrix} 0 & 1 & 1 & 1 & 1 & 0 & 1 & 0 \\ 0 & 0 & 0 & 1 & 1 & 0 & 1 & 0 \\ 0 & 1 & 0 & 1 & 1 & 0 & 1 & 0 \\ 0 & 0 & 0 & 0 & 0 & 0 & 0 & 0 \\ 0 & 0 & 0 & 0 & 0 & 0 & 0 & 0 \\ 0 & 0 & 0 & 0 & 0 & 0 & 0 & 0 \\ 0 & 0 & 0 & 0 & 0 & 0 & 0 & 0 \\ 0 & 0 & 0 & 0 & 0 & 0 & 0 & 0 \end{bmatrix}$$

$$= \begin{array}{c|cccccccc} & R & S & T & a & \land & , & (&) \\ \hline R & 0 & 0 & 0 & 0 & 0 & 0 & 0 & 0 \\ S & 0 & 0 & 0 & 0 & 0 & 0 & 0 & 0 \\ T & 0 & 0 & 0 & 0 & 0 & 0 & 0 & 0 \\ a & 0 & 0 & 0 & 0 & 0 & 0 & 0 & 0 \\ \land & 0 & 0 & 0 & 0 & 0 & 0 & 0 & 0 \\ , & 0 & 1 & 0 & 1 & 1 & 0 & 1 & 0 \\ (& 0 & 1 & 1 & 1 & 1 & 0 & 1 & 0 \\ ) & 0 & 0 & 0 & 0 & 0 & 0 & 0 & 0 \end{array}$$

再由公式 6.2 求关系 >，即

$$(\text{LAST}^+)^T (\doteq) = \begin{bmatrix} 0 & 0 & 0 & 0 & 0 & 0 & 0 & 0 \\ 1 & 0 & 1 & 0 & 0 & 0 & 0 & 0 \\ 1 & 0 & 1 & 0 & 0 & 0 & 0 & 0 \\ 1 & 1 & 1 & 0 & 0 & 0 & 0 & 0 \\ 1 & 1 & 1 & 0 & 0 & 0 & 0 & 0 \\ 0 & 0 & 0 & 0 & 0 & 0 & 0 & 0 \\ 0 & 0 & 0 & 0 & 0 & 0 & 0 & 0 \\ 1 & 1 & 1 & 0 & 0 & 0 & 0 & 0 \end{bmatrix} \begin{bmatrix} 0 & 0 & 0 & 0 & 0 & 0 & 0 & 1 \\ 0 & 0 & 0 & 0 & 1 & 0 & 0 & 0 \\ 0 & 0 & 0 & 0 & 0 & 0 & 0 & 0 \\ 0 & 0 & 0 & 0 & 0 & 0 & 0 & 0 \\ 0 & 0 & 0 & 0 & 0 & 0 & 0 & 0 \\ 0 & 0 & 0 & 1 & 0 & 0 & 0 & 0 \\ 1 & 0 & 0 & 0 & 0 & 0 & 0 & 0 \\ 0 & 0 & 0 & 0 & 0 & 0 & 0 & 0 \end{bmatrix}$$

$$= \begin{bmatrix} 0 & 0 & 0 & 0 & 0 & 0 & 0 \\ 0 & 0 & 0 & 0 & 0 & 0 & 1 \\ 0 & 0 & 0 & 0 & 0 & 0 & 1 \\ 0 & 0 & 0 & 0 & 1 & 0 & 1 \\ 0 & 0 & 0 & 0 & 1 & 0 & 1 \\ 0 & 0 & 0 & 0 & 0 & 0 & 0 \\ 0 & 0 & 0 & 0 & 0 & 0 & 0 \\ 0 & 0 & 0 & 0 & 1 & 0 & 1 \end{bmatrix}$$

$$> = (\text{LAST}^+)^T (\doteq) (\text{FIRST}^*)$$

$$= \begin{bmatrix} 0 & 0 & 0 & 0 & 0 & 0 & 0 \\ 0 & 0 & 0 & 0 & 0 & 0 & 1 \\ 0 & 0 & 0 & 0 & 0 & 0 & 1 \\ 0 & 0 & 0 & 0 & 1 & 0 & 1 \\ 0 & 0 & 0 & 0 & 1 & 0 & 1 \\ 0 & 0 & 0 & 0 & 0 & 0 & 0 \\ 0 & 0 & 0 & 0 & 0 & 0 & 0 \\ 0 & 0 & 0 & 0 & 1 & 0 & 1 \end{bmatrix} \begin{bmatrix} 1 & 1 & 1 & 1 & 1 & 0 & 1 & 0 \\ 0 & 1 & 0 & 1 & 1 & 0 & 1 & 0 \\ 0 & 1 & 1 & 1 & 1 & 0 & 1 & 0 \\ 0 & 0 & 0 & 1 & 0 & 0 & 0 & 0 \\ 0 & 0 & 0 & 0 & 1 & 0 & 0 & 0 \\ 0 & 0 & 0 & 0 & 0 & 1 & 0 & 0 \\ 0 & 0 & 0 & 0 & 0 & 0 & 1 & 0 \\ 0 & 0 & 0 & 0 & 0 & 0 & 0 & 1 \end{bmatrix}$$

	R	S	T	a	∧	,	(	)
R	0	0	0	0	0	0	0	0
S	0	0	0	0	0	0	0	1
T	0	0	0	0	0	0	0	1
= a	0	0	0	0	0	1	0	1
∧	0	0	0	0	0	1	0	1
,	0	0	0	0	0	0	0	0
(	0	0	0	0	0	0	0	0
)	0	0	0	0	0	1	0	1

最后，将简单优先关系 $\doteq$、< 和 > 的关系矩阵合并成一个关系矩阵，并在元素值为 1 的地方用相应的优先关系符替换，则可得文法 G 的简单优先关系矩阵（见图 6.2）。

	R	S	T	a	∧	,	(	)
R								≐
S					≐			⋗
T					⋗			⋗
a					⋗			⋗
∧						⋗		⋗
,		⋖	≐	⋖	⋖		⋖	
(	≐	⋖	⋖	⋖	⋖		⋖	
)					⋗			⋗

图 6.2 文法 G_{34} 的简单优先关系矩阵

6.5.3 简单优先文法及其分析算法

简单优先分析方法对使用它的文法是有限制的,只有简单优先文法才能使用简单优先分析法。

定义 6.2 满足以下条件的文法称为**简单优先文法**：
① 字母表中任意两个符号之间至多存在一种简单优先关系；
② 文法的任意两条产生式都没有相同的右部。

6.5.2 节中的文法 $G_{34}[S]$,显然是一个简单优先文法。

在介绍了简单优先关系和优先文法之后,便可讨论简单优先分析方法中另一个重要概念——句柄。简单优先文法的句型 $S_1S_2\cdots S_n$ 有唯一的一个句柄,它是满足以下条件

$$S_{i-1} \lessdot S_i, S_i \doteq S_{i+1}, \cdots, S_{j-1} \doteq S_j, S_j \gtrdot S_{j+1}$$

的最左子串 $S_iS_{i+1}\cdots S_j$。

例 6.11 有例 6.9 中的文法 $G_{34}[S]$。

$S \overset{+}{\Rightarrow} ((R),a)$,符号串 $((R),a)$ 是文法的一个句型。由该文法的简单优先关系矩阵可知

$$(\lessdot (, (\doteq R, R \doteq),) \gtrdot)$$

所以子串 (R) 是符号串 $((R),a)$ 的句柄。

图 6.3 是简单优先分析算法框图。在算法中,用到一个符号栈 S,栈顶指针为 i,输入符号串存放在字符数组 TR 中,j 是下标。令 $\$ \lessdot TR[j], S[i] \gtrdot \$$。在寻找句型的句柄时,总是先找到句柄的尾符号,然后再向前搜索其首符号。如果 $S[i] \gtrdot TR[j]$,则此 $S[i]$ 为句柄尾符号,句柄尾符号找到之后,再往前比较两个相邻符号,如果 $S[k-1] \lessdot S[k]$,则此 $S[k]$ 便是句柄之首符号。无论是比较 $S[i]$ 与 $TR[j]$,还是比较 $S[k-1]$ 与 $S[k]$,它们的依据都是文法的简单优先关系矩阵。找到了句柄,就可用它去查文法的产生式表,如果有某一个产生式的右部和句柄匹配,则用该产生式的左部符号(一个非终结符)去替换符号栈中的这个句柄。最后,如果 $S[i]$ 为文法识别符号,而 $TR[j]$ 为"$\$$"号,则表示输入符号串是文法的一个句子,算法终止;否则,输入符号串不是文法的一个句子。

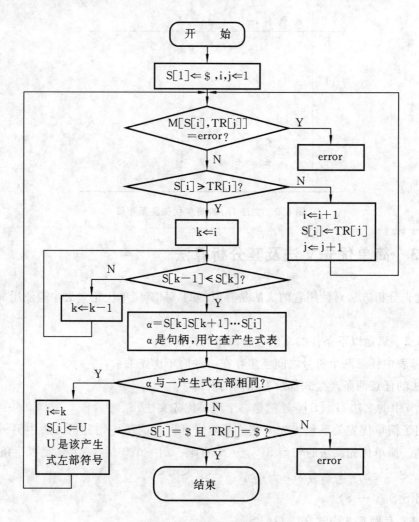

图 6.3 简单优先分析算法框图

例 6.12 运用简单优先分析算法对终结符号串 α = ((a),a) 进行检查,表 6.2 所示的是其分析过程,由此表可知符号串 α 是文法 G_{34} 的一个句子。

表 6.2 符号串((a),a)的分析过程

步骤	符号栈 S	关系	输入串 TR	产生式
1	$	<	((a),a) $	
2	$ (	<	(a),a) $	
3	$ ((	<	a),a) $	
4	$ ((a	>	),a) $	S→a
5	$ ((S	>	),a) $	T→S
6	$ ((T	>	),a) $	R→T
7	$ ((R	≐	),a) $	
8	$ ((R)	>	,a) $	S→(R)
9	$ (S	≐	,a) $	
10	$ (S,	<	a) $	
11	$ (S,a	>	) $	S→a

续表

步骤	符号栈 S	关系	输入串 TR	产生式
12	$ (S , S	$\gtrdot$	) $	T→ S
13	$ (S , T	$\gtrdot$	) $	T→ S , T
14	$ (T	$\gtrdot$	) $	R→ T
15	$ (R	$\doteq$	) $	
16	$ (R)	$\gtrdot$	$	S→ (R)
17	$ S	OK	$	

6.5.4 简单优先分析方法的局限性

简单优先分析方法是有局限性的，它只能适用于简单优先文法。一般程序设计语言都不能使用简单优先分析方法，因为关于程序设计语言的文法一般都不是简单优先文法，即使是关于表达式的文法也不是简单优先文法。如果要使用简单优先分析方法，就必须修改相应语言的文法，使之成为简单优先文法。

例 6.13 设文法 $G_{35}[E]$：

$$E \rightarrow E + T | T$$
$$T \rightarrow T * F | F$$
$$F \rightarrow (E) | i$$

因为 $E \rightarrow E + T$
所以 $+ \doteq T$
但 $T \Rightarrow T * F$
所以 $+ \lessdot T$

在符号 + 与 T 之间便存在两种简单优先关系，此关于简单算术表达式的文法不是一个简单优先文法，因此不能使用简单优先分析法。当然，此文法也可修改成简单优先文法。

如果有产生式 $U \rightarrow U\alpha$，$V \rightarrow \beta A U \gamma$（其中，$U, V \in V_N$；$A \in (V_N \cup V_T)$；$\alpha, \beta, \gamma \in (V_N \cup V_T)^*$），则

$$A \doteq U \text{ 与 } A \lessdot U$$

符号 A 与 U 之间存在两种简单优先关系。此时，可将产生式 $V \rightarrow \beta A U \gamma$ 改写成两条产生式

$$V \rightarrow \beta A W \gamma, W \rightarrow U \quad (W \in V_N)$$

这样，符号 A 与 U 被分离在两个不同层次上，因而不可能存在两种以上的简单优先关系。按照此方法，可将上述文法改写成

文法 $G_{36}[E]$：

$$E \rightarrow E'$$
$$E' \rightarrow E' + T' | T'$$
$$T' \rightarrow T$$
$$T \rightarrow T * F | F$$
$$F \rightarrow (E) | i$$

6.6 算符优先分析方法

算符优先分析方法是根据算符(广义终结符)之间的优先关系来设计的一种自下而上的语法分析方法。

6.6.1 算符优先文法

先介绍终结符之间存在的三种优先关系。设 $a, b \in V_T$；$U, V, W \in V_N$：

① $a \doteq b$，当且仅当文法中包含有形如 $U \to \cdots ab \cdots$ 或 $U \to \cdots aVb \cdots$ 的产生式；

② $a \lessdot b$，当且仅当文法中包含有形如 $U \to \cdots aV \cdots$ 的产生式，其中，$V \overset{+}{\Rightarrow} b \cdots$ 或 $V \overset{+}{\Rightarrow} Wb \cdots$；

③ $a \gtrdot b$，当且仅当文法中包含有形如 $U \to \cdots Vb \cdots$ 的产生式，其中，$V \overset{+}{\Rightarrow} \cdots a$ 或 $V \overset{+}{\Rightarrow} \cdots aW$。

例 6.14 有例 6.13 中的文法 $G_{35}[E]$：

$E \to E + T | T$
$T \to T * F | F$
$F \to (E) | i$

显然，有 $(\doteq)$。由 $E \to E + T, T \Rightarrow T * F$，知 $+ \lessdot *$。由 $T \to T * F, T \overset{+}{\Rightarrow} i$，知 $i \gtrdot *$。

定义 6.3 产生式右部不包含两个相邻非终结符的文法称为**算符文法**，或 **OG 文法**。

定义 6.4 一个算符文法，如任意两个终结符之间至多存在一种算符优先关系，则称此算符文法是一个**算符优先文法**或 **OPG 文法**。

6.6.2 OPG 优先关系的构造

1. 由定义构造算符优先关系

先定义如下两个集合：

$$FIRSTVT(U) = \{b | U \overset{+}{\Rightarrow} b \cdots, 或 U \overset{+}{\Rightarrow} Vb \cdots, V \in V_N\}$$

$$LASTVT(U) = \{a | U \overset{+}{\Rightarrow} \cdots a, 或 U \overset{+}{\Rightarrow} \cdots aV, V \in V_N\}$$

① 算符优先关系 "$\doteq$" 可直接检查产生式，若有形如 $U \to \cdots ab \cdots$ 或 $U \to \cdots aVb \cdots$ ($V \in V_N$) 的产生式，则 $(a, b) \in \doteq$。

② 算符优先关系 "$\lessdot$" 若有形如 $U \to \cdots aV \cdots$ 的产生式，$b \in FIRSTVT(V)$，则 $(a, b) \in \lessdot$。

③ 算符优先关系 "$\gtrdot$"，若有形如 $U \to \cdots Vb \cdots$ 的产生式，$a \in LASTVT(V)$，则 $(a, b) \in \gtrdot$。

例 6.15 文法 $G_{35}[E]$ 中终结符之间的算符优先关系如下：

① $(\doteq)$，因为有产生式 $F \to (E)$；

② 因为 $E \to \cdots + T$，$FIRSTVT(T) = \{*, (, i\}$，

  $E \to \cdots * F$，$FIRSTVT(F) = \{(, i\}$，

  $F \to (E \cdots$，$FIRSTVT(E) = \{+, *, (, i\}$，

所以　　　　$\lessdot$ = {(+, *), (+, (), (+, i), (*, (), (*, i), ((, +),
　　　　　　((, *), ((, (), ((, i)};

③ 因为 E → E + ⋯, LASTVT(E) = {+, *,), i},
　　　F → ⋯ E),
　　　T → T * ⋯, LASTVT(T) = {*,), i},

所以 $\gtrdot$ = {(+, +), (*, +), (), +), (i, +), (+,)), (*,)), (),)), (i,
　　　　)), (*, *), (), *), (i, *)}。

将文法的终结符之间存在的所有算符优先关系汇集在一起，便得到文法的算符优先关系矩阵（见图 6.4）。

	+	*	i	(	)
+	$\gtrdot$	$\lessdot$	$\lessdot$	$\lessdot$	$\gtrdot$
*	$\gtrdot$	$\gtrdot$	$\lessdot$	$\lessdot$	$\gtrdot$
i	$\gtrdot$	$\gtrdot$			$\gtrdot$
(	$\lessdot$	$\lessdot$	$\lessdot$	$\lessdot$	$\doteq$
)	$\gtrdot$	$\gtrdot$			$\gtrdot$

图 6.4　文法 $G_{35}[E]$ 的算符优先关系矩阵

文法 $G_{35}[E]$ 显然是一个算符文法。由它的算符优先关系矩阵可知，它的任意两个终结符之间至多只存在一种算符优先关系，所以，它是一个 OPG 文法。

2. 由直观方法构造算符优先关系

这种方法就是根据运算符的优先级以及左（右）结合原则，来构造算符优先关系。

① 如果运算符 w_1 的优先级高于运算符 w_2，则令 $w_1 \gtrdot w_2$ 或 $w_2 \lessdot w_1$。如运算符 * 的优先级高于运算符 +，所以，* $\gtrdot$ + 或 + $\lessdot$ *。

② 如果 w_1 与 w_2 是同级的两个运算符，而且遵循左结合原则，则令 $w_1 \gtrdot w_2$。如果遵循右结合原则，则令 $w_1 \lessdot w_2$。如 + $\gtrdot$ +，− $\gtrdot$ +，↑ $\lessdot$ ↑。

③ 运算符 w 与其他终结符之间的关系
w $\lessdot$ i, i $\gtrdot$ w, w $\lessdot$ (, ($\lessdot$ w, w $\gtrdot$),) $\gtrdot$ w, i $\gtrdot$), ($\lessdot$ i, ($\lessdot$ (,) $\gtrdot$)
体现了括号内的运算优先，内层括号优先于外层括号，i 优先于 w。

3. 由已知关系构造算符优先关系

对于算符文法先定义如下两个关系：
① U FIRSTTERM b，当且仅当文法中存在形如 U → b⋯ 或 U → Vb⋯ 的产生式；
② U LASTTERM a，当且仅当文法中存在形如 U → ⋯a 或 U → ⋯aV 的产生式。
算符优先关系 "$\lessdot$" 与 "$\gtrdot$" 可用如下已知关系来构造：
① $\lessdot$ ≡ ($\doteq$)(FIRST*)(FIRSTTERM);
② $\gtrdot$ ≡ ((LAST*)(LASTTERM))^T ($\doteq$)。
证明从略。

例 6.16　对于文法 $G_{35}[E]$，有
　　　$\doteq$ = {(E, +), (+, T), (T, *), (*, F), ((, E), (E,))}

FIRSTTERM = {(E, +), (T, *), (F, ( ), (F, i)}
FIRST* = {(E, E), (E, T), (E, F), (E, ( ), (E, i), (T, T), (T, F), (T, ( ), (T, i), (F, ( ), (F, i), (F, F), (+, +), (*, *), ((, ( ), ( ),)), (i, i)}
⋖ = (=̇) (FIRST*) (FIRSTTERM)
= {((, +), (+, *), ((, *), (+, ( ), (+, i), (*, ( ), (*, i), ((, ( ), ((, i)}

6.6.3 素短语及句型的分析

素短语是算符优先分析方法中要涉及的一个十分重要的概念。

定义 6.5 素短语是至少包含一个终结符的短语，但它不能包含其他素短语。

例如，文法 G[E]，其句型 T＋i＊(F＋i) 的语法树如图 6.5 所示。句型 T＋i＊(F＋i) 的短语有 T＋i＊(F＋i)，T，i＊(F＋i)，第 1 个 i，(F＋i)，F，第 2 个 i。该句型的素短语有两个，即第 1 个 i 与第 2 个 i。

由算符文法的定义，算符文法的句型可写成以下形式：

$$[V_1]a_1[V_2]a_2 \cdots [V_n]a_n[V_{n+1}]$$

其中，$a_i \in V_T(i=1,2,\cdots,n)$，$V_i \in V_N(i=1,2,\cdots,n+1)$，$V_i$ 为可选项。

定理 6.5 一个算符优先文法的句型的最左素短语是该句型中满足下列条件的最左子串 $[V_i]a_i \cdots [V_j]a_j[V_{j+1}]$：

$$a_{i-1} \lessdot a_i, a_i \doteq a_{i+1}, \cdots, a_{j-1} \doteq a_j, a_j \gtrdot a_{j+1}$$

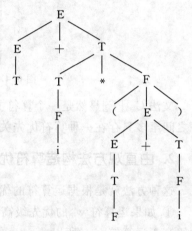

图 6.5 T＋i＊(F＋i) 的语法树

6.6.4 算符优先分析算法

算符优先分析算法是自下而上的语法分析方法，是对当前句型不断寻找最左素短语进行归约的过程。寻找最左素短语时，先找到最左素短语的末尾终结符，然后再向前搜索最左素短语的首终结符。

图 6.6 是对算符优先分析算法的描述，其中，S 是一个符号栈，数组 TR 中存放着输入符号串，放在输入符号串末尾的符号"$"作为输入符号串的结束符。在算法开始处，将"$"号压入 S 栈对其初始化；规定此"$"号与输入流中的终结符 b 有以下关系：

$$\$ \lessdot b$$

而 S 栈中的终结符 a 与输入流末尾的"$"号满足

$$a \gtrdot \$$$

将 S 栈的栈顶或次栈顶元素与输入流当前符号比较，有

$$S[i] \gtrdot TR[k]?$$

如果 $S[i] \gtrdot TR[k]$，则 S[i] 是当前句型的最左素短语的尾终结符，把它存入 P 中，即

$$P \Leftarrow S[i]$$

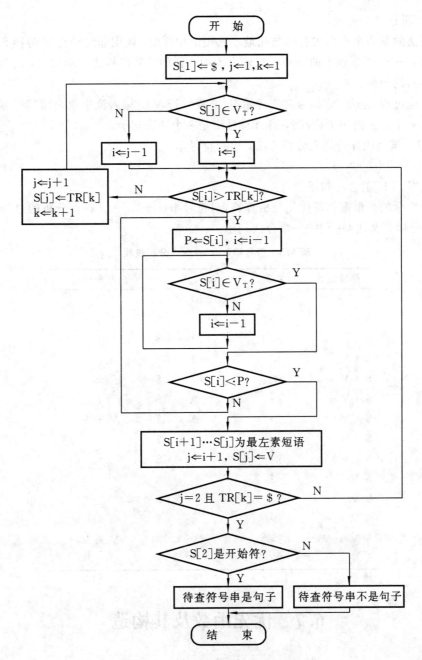

图 6.6 算符优先分析算法流程图

否则把 TR[k]压入 S 栈,即

$$S[j] \Leftarrow TR[k]$$

找到了当前句型的最左素短语的尾终结符之后,将在 S 栈中从此尾终结符处往前搜索最左素短语的首终结符,比较

$$S[i] \gtrdot P?$$

S[i]、P 是当前句型中一前一后两个相邻(至多相隔一个非终结符)的终结符。如果 S[i] $\gtrdot$ P 不成立,则继续往前比较句型中的两个相邻的终结符;如果 S[i] $\gtrdot$ P 成立,则当前的 P 是最左素短语的首终结符。至此,便可找到最左素短语

S[i+1] … S[j]

如果文法的某一个产生式右部与此最左素短语相匹配，则用非终结符 V 替换 S 栈中的符号串 S[i+1] … S[j]；S 栈中的符号串与输入流中余留的符号串构造一个句型，此句型正是前一句型直接归约所得。

重复上述过程，直至 S[2] 为文法开始符(非终结符 V)，输入流中仅余留"$"号，表明待查符号串是一个合法的句子；否则，待查符号串是一个非法句子。

例 6.17　试运用算符优先分析方法，检查符号串

$$(i+i) * i$$

是否为文法 $G_{35}[E]$ 的合法句子。

表 6.3 所示的是根据算符优先分析算符，对符号串 $(i+i) * i$ 进行分析的过程。由此表可知，该符号串是文法 G[E] 的一个合法句子。

表 6.3　符号串 (i+i) * i 分析过程

符号栈 S	关系	输入流	最左素短语
$	$\lessdot$	(i+i) * i $	
$ (	$\lessdot$	i+i) * i $	
$ (i	$\gtrdot$	+i) * i $	i
$ (V	$\lessdot$	+i) * i $	
$ (V +	$\lessdot$	i) * i $	
$ (V + i	$\gtrdot$	) * i $	i
$ (V + V	$\gtrdot$	) * i $	V + V
$ (V	$\doteq$	) * i $	
$ (V)	$\gtrdot$	* i $	(V)
$ V	$\lessdot$	* i $	
$ V *	$\lessdot$	i $	
$ V * i	$\gtrdot$	$	i
$ V * V	$\gtrdot$	$	V * V
$ V	OK	$	

6.7　优先函数及其构造

在简单优先分析法中，优先关系矩阵需占用大量的存储空间。如果用优先函数来取代优先关系矩阵，则可大大节省存储空间。

6.7.1　优先函数

定义 6.6　设 M 是简单优先文法 G 的简单优先关系矩阵，符号 L 与 R 只存在一种简单优先关系，如果以文法字母表作为定义域的函数 f 和 g 满足以下条件：

① 若 $L \doteq R$，则 $f(L) = g(R)$；

② 若 $L \gtrdot R$，则 $f(L) > g(R)$；

③ 若 L ⋖ R，则 f(L)< g(R)

那么，f 和 g 称为对于文法 G 的优先关系矩阵 M 的**优先函数**。

例 6.18 有例 6.9 中的文法 $G_{34}[S]$，其简单优先关系矩阵如图 6.2 所示。该文法的简单优先关系矩阵的优先函数如表 6.4 所示。

表 6.4 优先函数 f 和 g

	R	S	T	a	∧	,	(	)
f	1	2	2	3	3	2	1	3
g	1	3	2	3	3	3	3	1

6.7.2 Bell 方法

Bell 方法是利用有向图来构造优先函数的一种方法。

设文法的字母表 $V = \{A_1, A_2, \cdots, A_n\}$，则其优先函数构造步骤如下。

① 作一个具有 2n 个结点的有向图。2n 个结点通常分为上下两排，上排结点标记分别为 $f_1, f_2, \cdots, f_n$，下排结点标记分别为 $g_1, g_2, \cdots, g_n$。如果 $A_i ⋗ A_j$，则从结点 f_i 到结点 g_j 作一条弧；如果 $A_i ⋖ A_j$，则从结点 g_j 到结点 f_i 作一条弧；如果 $A_i \doteq A_j$，则既从结点 f_i 到结点 g_j 作一条弧，又从结点 g_j 到结点 f_i 作一条弧。

② 给有向图中的每一个结点赋一个数值，这个值等于该结点所能到达的结点（包括该结点自身）的个数。函数 $f(A_i)$ 等于结点 f_i 的值，函数 $g(A_i)$ 等于结点 g_i 的值。

③ 检查函数 $f(A_i)$ 和 $g(A_i)$（$i = 1, 2, \cdots, n$）是否与文法的优先关系矩阵一致，即是否符合优先函数定义。如果一致，则函数 $f(A_i)$ 和 $g(A_i)$ 便是优先函数；否则，它们就不是优先函数。

例 6.19 有例 6.9 中的文法 $G_{34}[S]$，按照 Bell 方法，作一个有向图，其中包括 16 个结点，如图 6.7 所示。有向图的结点分上下两行，每行 8 个结点。在上一行，与 8 个符号 R、S、T、a、∧、,、(、) 相对应的结点标记为 f_R、f_S、f_T、f_a、$f_∧$、$f_,$、$f_($、$f_)$；下一行 8 个结点标记分别是 g_R、g_S、g_T、g_a、$g_∧$、$g_,$、$g_($、$g_)$。再根据文法的优先关系矩阵（见图 6.2）在有向图的结点间作弧。如 S⋗)，则从结点 f_S 到结点 $g_)$ 作一条弧；如 ⋖a，则从结点 g_a 到结点 $f_($ 作一条弧；如 S$\doteq$,，则既从结点 f_S 到结点 $g_,$ 作一条弧，也从结点 $g_,$ 到结点 f_S 作一条弧。最后，统计每个结点所能到达的结点（包括它自身）的个数。结点 f_R、f_S、f_T、f_a、$f_∧$、$f_,$、$f_($、$f_)$ 所能到达的结点的个数分别是 5、4、3、5、5、4、2、5，这些数值分别作为函数 f(R)、f(S)、f(T)、f(a)、f(∧)、f(,)、f(()、

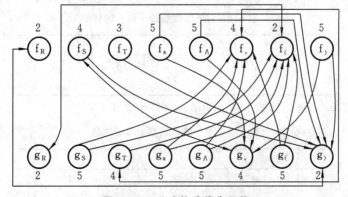

图 6.7 Bell 法构造优先函数

f( )）的函数值。结点 g_R、g_S、g_T、g_a、$g_\wedge$、g,、$g_($、$g_)$ 所能到达的结点个数分别是 2、5、4、5、5、4、5、2，将这些数值分别作为函数 g(R)、g(S)、g(T)、g(a)、g($\wedge$)、g(,)、g(( )、g( )) 的函数值。经检查，这些函数都可作为优先函数（见表 6.5），因为它们符合优先函数定义。

表 6.5 Bell 优先函数

	R	S	T	a	$\wedge$	,	(	)
f	2	4	3	5	5	4	2	5
g	2	5	4	5	5	4	5	2

6.7.3 Floyd 方法

Floyd 方法是构造优先函数的另一种方法，又称为逐次加 1 法。优先函数构造步骤如下：
① 对文法的所有符号 $A\in(V_N\cup V_T)$，令 f(A) = g(A) = 1；
② 对于 A ⋖ B，如果 f(A)≤g(B)，则令 g(B) = f(A) + 1；
③ 对于 A ⋗ B，如果 f(A)≥g(B)，则令 f(A) = g(B) + 1；
④ 对于 A ≐ B，如果 f(A)≠g(B)，则令 f(A) = g(B) = max(f(A), g(B))；
⑤ 重复步骤②~④，直到 f 和 g 都符合优先函数定义为止，否则不存在与文法的优先关系矩阵相对应的优先函数。

例 6.20 有例 6.9 中的文法 $G_{34}[S]$，先令文法所有符号的 f 函数值和 g 函数值均为 1，如表 6.6 所示。

表 6.6 f 与 g 置 1

	R	S	T	a	$\wedge$	,	(	)
f	1	1	1	1	1	1	1	1
g	1	1	1	1	1	1	1	1

对于文法符号间的优先关系⋖，修改函数 f 和 g 的值，结果如表 6.7 所示。

表 6.7 按⋖修改函数 f 和 g 的值

	R	S	T	a	$\wedge$	,	(	)
f	1	1	1	1	1	1	1	1
g	1	2	2	2	2	1	2	1

对于优先关系⋗，修改函数 f 和 g 的值，结果如表 6.8 所示。

表 6.8 按⋗修改函数 f 和 g 的值

	R	S	T	a	$\wedge$	,	(	)
f	1	2	2	2	2	1	1	2
g	1	2	2	2	2	1	2	1

对于优先关系≐，修改函数 f 和 g 的值，结果如表 6.9 所示。

表 6.9 按≐修改函数 f 和 g 的值

	R	S	T	a	$\wedge$	,	(	)
f	1	2	2	2	2	1	2	2
g	1	2	2	2	2	1	2	1

再继续根据优先关系矩阵,对函数 f 和 g 的值进行修改,最后结果如表 6.10 所示,此时的函数 f 和 g 便是优先函数。

表 6.10　函数 f 和 g 修改的最后结果

	R	S	T	a	∧	,	(	)
f	1	2	2	3	3	2	1	3
g	1	3	2	3	3	2	3	1

6.7.4　两种方法的比较

在介绍了 Bell 和 Floyd 两种方法之后,自然会对这两种方法作一个比较。

Floyd 方法是一个迭代的过程,需要多次重复其算法的步骤②~④,而 Bell 方法不是一个迭代过程,在确定的步数之内便可完成优先函数的构造。但是,按 Bell 方法作有向图,如果结点比较多,那么,按优先关系矩阵在结点之间连接弧之后,有向图会变得十分复杂,以致在计算每个结点所能达到的结点个数时会感到十分困难。

6.7.5　运用优先函数进行分析

有了优先函数之后,就可以用优先文法的优先函数表去取代它的优先关系矩阵。一个优先文法的优先函数表显然远比它的优先关系矩阵所占用的存储空间少。采用优先函数不仅节省了大量的存储空间,而且在优先分析过程中,不需要去比较符号间的优先关系,只要比较符号的优先函数就可以了。

例 6.21　运用例 6.9 中的文法 $G_{34}[S]$ 的优先函数表(见表 6.10),对符号串 α =((a),a)进行语法分析,分析过程如表 6.11 所示。在分析过程中,规定

$$f(\$) < g(x)$$
$$f(x) > g(\$)$$

其中,$x \in (V_N \cup V_T)$。

说明:表 6.11 与表 6.2 都是对符号串 α=((a),a)进行语法分析,分析过程几乎相同,不同之处只是后者比较符号之间的优先关系,而前者比较符号的优先函数。

表 6.11　运用优先函数对((a),a)的分析过程

步骤	符号栈 S	优先函数比较	输入符号串	产生式
1	$	f($)<g(( )	((a),a)$	
2	$(	f(()<g(( )	(a),a)$	
3	$((	f(()<g(a)	a),a)$	
4	$((a	f(a)>g())	),a)$	S→a
5	$((S	f(S)>g())	),a)$	T→S
6	$((T	f(T)>g())	),a)$	R→T
7	$((R	f(R)=g())	),a)$	
8	$((R)	f(R)>g(,)	,a)$	S→(R)
9	$(S	f(S)=g(,)	,a)$	
10	$(S,	f(,)<g(a)	a)$	
11	$(S,a	f(a)>g())	)$	S→a

续表

步骤	符号栈 S	优先函数比较	输入符号串	产生式
12	$ (S, S	f (S)＞g ( ))	) $	T→ S
13	$ (S, T	f (T)＞g ( ))	) $	T→ S, T
14	$ (T	f (T)＞g ( ))	) $	R→ T
15	$ (R	f (R) = g ( ))	) $	
16	$ (R)	f ( ))＞g ($)	$	S→ (R)
17	$ S	OK	$	

6.8 两种优先分析方法的比较

简单优先分析法和算符优先分析法存在不少相似之处。

① 两种方法都是自下而上语法分析法。它们对一个符号串进行分析的过程，实际上是对这个符号串进行归约的过程。在归约的每一步，它们都要寻找句型的一个可归约子串。这个可归约子串，在简单优先分析法中称为句柄，而在算符优先分析法中则称为最左素短语。当这个可归约子串确定之后，都要去查文法的产生式表，看是否有一个产生式的右部和这个可归约子串匹配，如果有，那么就用一个非终结符去替换可归约子串。在简单优先分析方法中，它是用那个相匹配的产生式的左部符号去替换可归约子串。但在算符优先分析方法中，它不管是哪一个产生式的右部和可归约子串相匹配，都用统一的一个非终结符去替换可归约子串。

② 两种方法都引入优先关系，并创建了优先关系矩阵。优先关系以及优先关系矩阵是确定句型的可归约子串的根据。在两种方法中，关于句型的可归约子串的条件，从形式上看几乎完全相同。但是，简单优先分析法中所定义的优先关系是指文法任意两个符号之间存在的简单优先关系，而算符优先分析法中，优先关系是指文法两个终结符之间存在的算符优先关系。因此，如果它们包含的符号个数相同，则简单优先关系矩阵比算符优先关系矩阵占用的存储空间要多。

③ 由于算符优先方法只在终结符之间建立优先关系，在归约过程中，它不对**单产生式**进行归约，因而比简单优先分析法功效更高。

6.9 小 结

自下而上分析法的基本思想是从输入符号串出发，试图归约到文法的识别符号。

简单优先分析法是一种自下而上分析法。此分析法只适用于简单优先文法。在此文法中，定义了三种简单优先关系$\doteq$、$\lessdot$与$\gtrdot$，以及它们的计算公式

$$\lessdot \equiv (\doteq)(FIRST^+)$$
$$\gtrdot \equiv (LAST^+)^T (\doteq)(FIRST^*)$$

简单优先文法的任意两个符号之间至多存在一种简单优先关系，且文法的任意两条产生式都没有相同的右部。

简单优先文法的句型 $S_1S_2\cdots S_n$ 存在唯一的句柄,是满足以下条件

$$S_{i-1} \lessdot S_i,\ S_i \doteq S_{i+1},\ \cdots,\ S_{j-1} \doteq S_j,\ S_j \gtrdot S_{j+1}$$

的最左子串 $S_iS_{i+1}\cdots S_j$。

算符优先分析法也是一种自下而上分析法,它只适用于算符优先文法。此文法定义了三种算符优先关系 $\doteq$、$\lessdot$ 与 $\gtrdot$,以及计算它们的公式

$$\lessdot \equiv (\doteq)(\text{FIRST}*)(\text{FIRSTTERM})$$
$$\gtrdot \equiv ((\text{LAST}*)(\text{LASTTERM}))^T(\doteq)$$

对于一个算符文法,如果其任意两个终结符之间至多存在一种算符优先关系,则称此算符文法是一个算符优先文法。

一个算符优先文法的句型的最左素短语是该句型中满足以下条件的最左子串 $[V_i]a_i\cdots[V_j]a_j[V_{j+1}]$:

$$a_{i-1} \lessdot a_i,\ a_i \doteq a_{i+1},\ \cdots,\ a_{j-1} \doteq a_j,\ a_j \gtrdot a_{j+1}$$

如果用优先函数取代优先关系矩阵,则可大量节省存储空间。构造优先函数有 Bell 方法和 Floyd 方法。

习 题 六

6.1 根据图 6.8 所示语法树,写出其包含的全部简单优先关系。

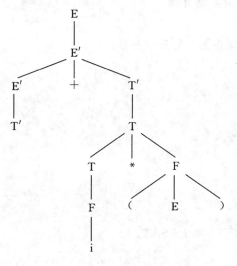

图 6.8 语法树包含的优先关系

6.2 设文法 G[Z]:

  Z → bMb

  M → (L | a

  L → M a)

① 试构造其简单优先关系矩阵;

② 识别符号串 b((aa)a)b 是否是合法的句子,并写出其语法分析过程。

6.3 设文法 G[S]:

S→ ABc|bc
A→ b
B→ aS|S|a

其简单优先关系矩阵为

	S	A	B	a	b	c
S						⋗
A	⋖	⋖	≐	⋖	⋖	
B						≐
a	≐	⋖			⋖	⋗
b	⋗	⋗	⋗	⋗	⋗	≐
c						⋗

试构造其优先函数。

6.4 举出具有下列特性的关系实例：
① 自反且传递的，但不是对称的；
② 对称且传递的，但不是自反的；
③ 自反且对称的，但不是传递的；
④ 等价的。

6.5 设 R_1 与 R_2 是定义在集合 Σ 上的两个关系，试证明
$$(R_1 R_2)^T = R_2^T R_1^T$$

6.6 试证明关系乘法满足结合律
$$P(QR) = (PQ)R$$

其中，P、Q 和 R 是定义在集合 Σ 上的三个关系。

6.7 设文法 G[S]：
S→ E
E→ T|EAT
T→ F|TMF
F→ P|F↑P
P→ i|(E)
M→ * | /
A→ + | /

计算 FIRST、LAST 与 $FIRST^+$ 和 $LASA^+$。

6.8 设文法 G[E]：
E→ E + T|E−T|T
T→ T * F|T / F|F
F→ F↑P|P
P→ (E)|i

(1) 求以下句型的短语和素短语：
① E − T / F + i； ② E + T/ F−F↑i；
③ T * (F − i) + F； ④ (i + i) * i − i。

(2) 构造此文法的算符优先关系矩阵。

第7章 自下而上的 LR(k) 分析方法

我们可以大致地说，LR(k)分析程序是这样一种分析程序：它总是按从左至右方式扫描输入串，并按自下而上方式进行规范归约。在这种分析过程中，它至多只向前查看 k 个输入符号就能确定当前的动作是移进还是归约；若动作为归约，则它还能唯一地选中一个产生式去归约当前已识别出的句柄（这里称为活前缀）。若该输入串是给定文法的一个句子，则它总可以把这个输入串归约到文法的开始符号；否则报错，指明它不是该文法的一个句子。

一般说来，大多数用上下文无关文法描述的程序语言都可用 LR(k) 分析程序予以识别，它比同类的一些分析程序（如"移进-归约"分析程序以及优先分析程序）功能更强、更有效。此外，还可用自动方式构造一个 LR(k) 分析程序的核心部分——分析表。

与 LL(k) 分析程序类似，一个 LR(k) 分析程序主要由两部分组成，即一个总控程序和一个分析表。一般说来，所有 LR 分析程序的总控程序基本上是大同小异的，只是分析表各不相同。分析表的构造方法有四种：第一种称为 **LR(0)分析表构造法**，构造的 LR(0) 分析表虽然功能很弱，但它的构造原理和方法却是其他分析表构造法的基础；第二种称为**简单 LR（或 SLR）分析表构造法**，这是一种比较容易实现的方法，但 SLR 分析表的功能不太强，而且对某些文法可能根本就构造不出相应的 SLR 分析表；第三种称为**规范 LR 分析表构造法**，相比之下，用此法构造的分析表功能最强，而且适合于多种文法，但实现代价比较高；第四种称为**向前LR(LALR)分析表构造法**，这种方法构造的分析表的功能介于 SLR 分析表和规范 LR 分析表之间，适用于绝大多数程序语言的文法，而且可以设法有效地实现它。

本章主要介绍上述四种分析表的构造算法及相关知识。

7.1 LR(k)文法和LR(k)分析程序

给定文法 G，S 是其开始符号。考虑该文法中一个终结符串 w 的一个规范推导

$$S \Rightarrow w_1 \Rightarrow w_2 \Rightarrow \cdots \Rightarrow w$$

假定 $uAv \Rightarrow uxv$

是上述推导中的一个推导步。$A \rightarrow x$ 是用于该推导步的产生式；uxv 或是 w_i 之一或是 w 本身；u 和 $v \in (V_N \cup V_T)^*$。

对每一个这样的推导和推导步，如果仅通过扫描 ux 和（至多）查看 v 中开始的 k 个符号就能唯一确定选用产生式 $A \rightarrow x$，我们就称 G 为 **LR(k)文法**。

注意：由于 A 是 uAv 中最右非终结符，所以 v 必是一个终结符串。

当我们讨论分析表构造时，还将从另一角度给出 LR(k) 文法的定义。

LR 分析程序是一个确定的下推自动机（见图7.1），它由一个输入串、一个下推栈和一个带有分析表的总控程序组成。它从左至右扫描输入串，每次读一个输入符号。下推栈中存有形如 $s_0 x_1 s_1 x_2 \cdots x_m s_m$ 的符号串，其中，每个 x_i 是一个文法符号（终结符或非终结符），每个 s_i

是一个状态，状态 s_m 位于栈顶。在任何时候，栈顶状态都概括了栈中自它往下的几乎所有的信息，这些信息是用来指导和帮助进行"移进-归约"决策的。LR 分析程序的每一动作都能由栈顶状态和当前输入符号(串)所唯一确定。

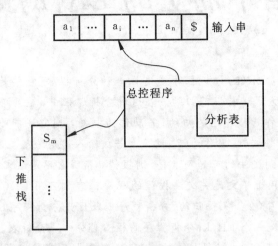

图 7.1　LR 分析程序

LR 分析程序的分析表由两部分组成：**分析动作表**（ACTION 表）和 **goto 函数表**（GOTO 表），它们都是用二维数组表示的。ACTION 表的元素 ACTION$[s_m, a_i]$ 规定了当前状态 s_m 面临输入符号 a_i 时所应采取的分析动作。GOTO 表的元素 GOTO$[s_i, x_j]$ 则规定了当状态 s_i 面临文法符号 x_j 时所应到达的下一状态。它实际上是以文法的终结符和非终结符作为其输入符号的一个确定有穷自动机的转换表。ACTION 表的每个元素 ACTION$[s_j, a_i]$ 所规定的动作是下述四种动作之一：

① 移进 s；
② 归约 A→β；
③ 接收；
④ 错误处理。

LR 分析程序的一个构形由两部分组成：栈中符号串和尚待扫描的输入串

$$(s_0 x_1 s_1 x_2 s_2 \cdots x_m s_m, a_i a_{i+1} \cdots a_n \$)$$

分析程序的工作过程，就是从一种构形到另一种构形的转换过程。分析程序的下一次移动是由栈顶状态 s_m 和当前输入符号 a_i 去查看 ACTION 表并执行 ACTION$[s_m, a_i]$ 规定的动作所唯一确定的。这些动作是前述四种动作之一，具体说来，如下所示。

① 若 ACTION$[s_m, a_i]$＝移进 s，则分析程序执行一个移进动作，进入构形

$$(s_0 x_1 s_1 x_2 s_2 \cdots x_m s_m a_i s, a_{i+1} \cdots a_n \$)$$

在这种情况下，分析程序已将输入符号 a_i 和下一状态 s＝GOTO$[s_m, a_i]$ 移进栈，a_{i+1} 变成新的当前输入符号(s 变为栈顶状态)。

② 若 ACTION$[s_m, a_i]$＝归约 A→β，则分析程序执行一个归约动作(按产生式 A→β 进行归约)，进入构形

$$(s_0 x_1 s_1 x_2 s_2 \cdots x_{m-r} s_{m-r} A s, a_i a_{i+1} \cdots a_n \$)$$

其中，s＝GOTO$[s_{m-r}, A]$，r 是产生式 A→β 右部 β 的长度。在这种情况下，分析程序首先从栈中逐出 2r 个符号(r 个状态和 r 个文法符号)，使得 s_{m-r} 成为一个"暂时"的栈顶状态，它

再查看 GOTO[s_{m-r}, A]得到下一状态 s，然后将产生式左部符号 A 和状态 s 下推进栈，s 变为栈顶状态。在归约动作中，对输入串不作任何改变，而且栈中被逐出的 r 个文法符号 $x_{m-r+1}\cdots x_m=\beta$。换言之，执行"归约 A→β"动作意味着此时已呈现于栈顶的文法符号串 $x_{m-r+1}\cdots x_m$ 与产生式 A→β 的右部 β 匹配，而这个符号串就是相对于 A 的句柄，应将它归约到 A。

③ 若 ACTION[s_m, a_i]＝接收，则表示分析工作已经正常完成，应停止分析程序的工作。

④ 若 ACTION[s_m, a_i]＝ERROR，则表示分析程序已发现输入串有错，需进行出错处理，这通常导致分析程序非正常终止。在给出具体分析表时，常用空白表示 ERROR。

LR 分析程序的总控算法是非常简单的。最初 LR 分析程序处于初始构形

$$(s_0, a_1a_2\cdots a_n \$)$$

其中，s_0 是初始状态，$a_1a_2\cdots a_n$ 是尚待识别的输入串（假定输入串用符号"$"终止）。然后分析程序的任何一次移动都是根据栈顶状态 s_m 和当前输入符号 a_i 去查看 ACTION 表并执行 ACTION[s_m, a_i]规定的动作，直至执行到"接收"动作（表示分析成功）或 ERROR 动作（表示分析失败）。几乎所有的 LR 分析程序的总控程序都是按此方式工作的，各 LR 分析程序的差别则在于它的分析表中的信息不尽相同。

例如，表 7.1 给出了文法(7.1)的一个 LR 分析表：

1　E→E+T
2　E→T
3　T→T*F   (7.1)
4　T→F
5　F→(E)
6　F→id

表 7.1　文法(7.1)的 SLR(1)分析表

状态	ACTION						GOTO		
	id	+	*	(	)	$	E	T	F
0	s_5			s_4			1	2	3
1		s_6				接收			
2		r_2	s_7		r_2	r_2			
3		r_4	r_4		r_4	r_4			
4	s_5			s_4			8	2	3
5		r_6	r_6		r_6	r_6			
6	s_5			s_4				9	3
7	s_5			s_4					10
8		s_6			s_{11}				
9		r_1	s_7		r_1	r_1			
10		r_3	r_3		r_3	r_3			
11		r_5	r_5		r_5	r_5			

其中，s_i 表示把（下一）状态 i 和当前输入符号移进栈；

r_j 表示用文法中第 j 个产生式进行归约；

ACTION 表中的空白元素表示 ERROR。

此外还应**注意**：在 GOTO 表中，只给了与非终结符相关的信息，该表中所有与终结符相关的信息都合并在 ACTION 表中。

例如，给定输入串 id*id+id，利用表 7.1 可得该 LR 分析程序的识别过程（即其构形的变化过程）如表 7.2 所示。显然 id*id+id 可被该 LR 分析程序所接收。

表 7.2 LR 分析程序识别 id*id+id 的工作过程

栈内容	尚待扫描的输入串
0	id*id+id $
0id5	*id+id $
0F3	*id+id $
0T2	*id+id $
0T2*7	id+id $
0T2*7id5	+id $
0T2*7F10	+id $
0T2	+id $
0E1	+id $
0E1+6	id $
0E1+6id5	$
0E1+6F3	$
0E1+6T9	$
0E1	$

对于任意给定的文法，如果能够为它构造一张分析表，使得表中的每个元素都是唯一确定的，则称该文法为 **LR 文法**。在有些情况下，一个 LR 分析程序需要向前查看 k 个输入符号才能决定采取什么"移进-归约"决策。一般说来，如果一个文法能用一个每步至多需要向前查看 k 个输入符号的 LR 分析程序进行分析，则称该文法为 **LR(k) 文法**。但在实际应用中，特别是对于大多数程序语言的文法，k=0 或 k=1 就足够了。因此，下面将主要讨论 k≤1 的情况，而且集中讨论几种不同分析表的构造方法。

7.2 LR(0) 分析表的构造

LR 分析方法严格地执行最左归约，即每次归约都是真正的句柄。

LR 分析方法的基本原理是：把每个句柄（某个产生式的右部）的识别过程划分为若干状态，每个状态从左至右识别句柄中的一个符号，若干个状态就可识别句柄左端的一部分符号。识别了句柄的这一部分就相当于识别了当前规范句型的左起部分——规范句型的活前缀。因而，对句柄的识别就变成了对规范句型活前缀的识别。LR 分析程序利用有穷自动机去识别给定文法的所有规范句型的活前缀。

LR(0) 分析程序主要依据 LR(0) 分析表进行工作。所谓 LR(0) **分析程序**，即 LR(k) 中 k

=0的特殊情况,亦即在分析的每一步,仅根据当前的栈顶状态就能确定应执行何种分析动作,而无须向前查看任何输入符号。

为了构造LR(0)分析表,要用到下述几个重要概念和函数。

7.2.1 规范句型的活前缀

一个符号串的前缀是指该串的任意首部,包括ε。例如,符号串(x+y)的前缀是ε,(,(x,(x+,(x+y 以及(x+y)。所谓**活前缀**(Viable Prefix)是指规范句型的一个前缀,它不包含该句型的句柄右边的任何符号。之所以称为活前缀,是因为在它右边添加一些终结符号之后总可以构成一个规范句型。因此,在某一时刻,只要输入串已扫描过的部分能构成一个活前缀,就可断言所扫描过的这一部分没有错误。

7.2.2 LR(0)项目

此外,还需要用到文法的LR(0)**项目**(简称项目)的概念。文法 G 的LR(0)项目定义为:文法 G 的每个产生式右部的某个位置添加一个"·"。例如,产生式 A→xyz 包含四个项目:

$$A \to \cdot xyz$$
$$A \to x \cdot yz$$
$$A \to xy \cdot z$$
$$A \to xyz \cdot$$

而空产生式 A→ε 只含一个项目 A→·。

直观地说,一个项目指明了在分析过程的某一时刻,已经看到的一个产生式的多少。例如:上面的第一个项目指明,希望看到可从 xyz 推出的符号串;第二个项目则指明,已经看到了能从 x 推出的符号串,但希望进一步看到可从 yz 推出的符号串。我们常常把项目括在方括号中,例如,上述第一个项目可以写成[A→·xyz]。

可以按一定规则将这些项目组合成一些状态,这些状态实际上就是将要构造的 LR 分析表的状态。这些项目也可看做某个 DFA 的状态集(每个项目是它的一个状态),这个 DFA 用于识别该文法所有规范句型的活前缀。

7.2.3 文法 G 的拓广文法

给定文法 G,S 是其开始符号,可以这样来构造一个与 S 相关的文法 G′:它包含整个 G,而且外加一个新产生式 S′→S。其中,S′是 G′的开始状态,称 G′为 G 的**拓广文法**。这个新的产生式用来指明,当 LR 分析程序用它来进行归约时,整个分析工作即告正常结束。换言之,如果把它写做项目形式 S′→S·,则可将它看做唯一的"接收"项目。

7.2.4 CLOSURE(I)函数

下面定义 CLOSURE(I)函数。

如果 I 是文法 G 的任一项目集,那么,定义和构造 I 的闭包——CLOSURE(I)的规则如下：

① 属于 I 的任何项目也属于 CLOSURE(I)；

② 若 A→α·Bβ 属于 CLOSURE(I) 且 B→γ 是文法中的一个产生式，则关于产生式 B 的任何形如 B→·γ 的项目也都应加到 CLOSURE(I)（若它们不在 CLOSURE(I)中的话）；

③ 重复上述步骤，直到 CLOSURE(I)不再增大为止。

直观地说，CLOSURE(I)中的项目 A→α·Bβ 是指，在分析过程的某一时刻，希望看到可从 Bβ 推出的符号串；若 B→γ 是一个产生式，那么在同一时刻，我们当然也希望看到可从 γ 推出的符号串。因此，也把 B→·γ 加到 CLOSURE(I)。

例如，考虑拓广文法：

$$E'\to E$$
$$E\to E+T\ |\ T$$
$$T\to T*F\ |\ F \quad\quad (7.1)'$$
$$F\to (E)\ |\ id$$

假定 I={[E'→·E]}，那么 CLOSURE(I)则包含下面的项目：

$$E'\to\cdot E$$
$$E\to\cdot E+T$$
$$E\to\cdot T$$
$$T\to\cdot T*F$$
$$T\to\cdot F$$
$$F\to\cdot (E)$$
$$F\to\cdot id$$

计算 CLOSURE 的过程如下。

```
procedure   CLOSURE(I);
begin
  repeat
    for   I中每个形如 A→α·Bβ 的项目及 G 中每个形如 B→γ 的产生式 do
          if B→·γ 不属于 I then 将 B→·γ 加到 I；
  until  I 不再增大；
  return  I；
end；
```

7.2.5 goto(I, X)函数

在构造分析表中常用到的第二个函数是 goto 函数。下面将会看到，它实际上是一个状态转换函数。goto(I, X)中的第一个参数 I 是一个项目集，第二个参数 X 是任一文法符号。goto(I, X)函数的定义如下：

goto(I, X)=CLOSURE({所有形如[A→αX·β]的项目（[A→α·Xβ]∈I})直观地说，如果 I 是对某个活前缀 γ 有效的项目集，那么，goto(I, X)则是对活前缀 γX 有效的项目集。

例如，如果 I={[E'→E·]，[E→E·+T]}，那么 goto(I, +)则由下面的项目组成：

$E \rightarrow E+ \cdot T$
$T \rightarrow \cdot T*F$
$T \rightarrow \cdot F$
$F \rightarrow \cdot (E)$
$F \rightarrow \cdot id$

也就是说,应先考察 I 中"+"紧随在"·"右边的那些项目。显然,$E' \rightarrow E \cdot$ 不是这样的项目,但 $E \rightarrow E \cdot +T$ 是的。将"·"右移一个位置得到{$E \rightarrow E+ \cdot T$}),然后再计算这个集合的闭包 CLOSURE({[$E \rightarrow E+ \cdot T$]})。

7.2.6 LR(0)项目集规范族

利用 CLOSURE 和 goto 函数就能构造出一个拓广文法 G' 的 LR(0)项目集规范族 C,即在 CLOSURE 和 goto 函数作用下所得到的文法 G' 的 LR(0)项目集的全体。其构造算法如下:

```
procedure ITEMS(G');
begin
  C:={CLOSURE({S'→·S})};
  repeat
    for C中每个项目集 I 和 I 中每个紧接"·"后的不同文法符号 X do
      if goto(I, X)非空且不属于 C then
        将 goto(I, X)加到 C
  until C不再增大;
end;
```

最终得到的 C 就是拓广文法 G' 的 LR(0)**项目集规范族**。

例如,利用上述算法构造的文法$(7.1)'$的 LR(0)项目集规范族如下(它含 12 个项目集: $I_0, I_1, \cdots, I_{11}$):

$I_0: E' \rightarrow \cdot E$ $I_4: F \rightarrow (\cdot E)$
     $E \rightarrow \cdot E+T$ $E \rightarrow \cdot E+T$
     $E \rightarrow \cdot T$ $E \rightarrow \cdot T$
     $T \rightarrow \cdot T*F$ $T \rightarrow \cdot T*F$
     $T \rightarrow \cdot F$ $T \rightarrow \cdot F$
     $F \rightarrow \cdot (E)$ $F \rightarrow \cdot (E)$
     $F \rightarrow \cdot id$ $F \rightarrow \cdot id$
$I_1: E' \rightarrow E \cdot$ $I_5: F \rightarrow id \cdot$
     $E \rightarrow E \cdot +T$
$I_2: E \rightarrow T \cdot$ $I_6: E \rightarrow E+ \cdot T$
     $T \rightarrow T \cdot *F$ $T \rightarrow \cdot T*F$
          $T \rightarrow \cdot F$
$I_3: T \rightarrow F \cdot$
     $F \rightarrow \cdot (E)$ $E \rightarrow E \cdot +T$
     $F \rightarrow \cdot id$

$I_7: T \rightarrow T * \cdot F$
$\quad F \rightarrow \cdot (E)$
$\quad F \rightarrow \cdot id$
$I_8: F \rightarrow (E \cdot)$

$I_9: E \rightarrow E + T \cdot$
$\quad T \rightarrow T \cdot * F$
$I_{10}: T \rightarrow T * F \cdot$
$I_{11}: F \rightarrow (E)$

如果把这个项目集族的每个项目集看做一个状态，那么，关于这个项目集族的 goto 函数就可看做如图 7.2 所示的一个 DFA M。

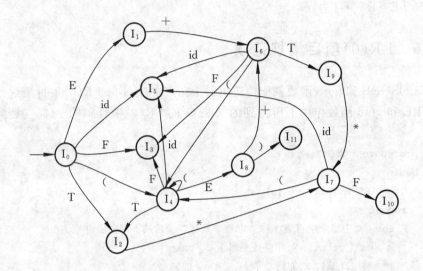

图 7.2　DFA M

如果令集合 I_0 为该 DFA M 的初态(同时也是终态)，其余的项目集为终态，那么图 7.2 所示的 DFA M 恰好识别文法(7.1)′的所有活前缀。这并非巧合，事实上，对于任一文法 G，关于该文法的 LR(0)项目集规范族的 goto 函数定义了一个确定有穷自动机，它识别 G 的全部活前缀。

如前所述，我们将根据这个识别文法活前缀的 DFA 构造 LR 分析程序。为此，有必要研究这个 DFA 的每个项目集(状态)中的项目的不同作用及其与活前缀的关系。

7.2.7　有效项目

一个项目$[A \rightarrow x \cdot y]$称为对某个活前缀 ux 是有效的(Valid)，当且仅当存在某个规范推导

$$S \stackrel{*}{\Rightarrow} uAv \Rightarrow uxyv$$

其中，xy 是规范句型 uxyv 的句柄，v 是一个终结符号串。

注意：对某个活前缀是有效的一个项目(简称有效项目)中的圆点"·"，意味着对应产生式中的"·"所在处就是这个活前缀的终止点。

项目 $A \rightarrow x \cdot y$ 对活前缀 ux 有效这种情况告诉我们，当发现 ux 已呈现在栈顶时，是应该进行归约还是进行移进。实际上，若 $y \neq \varepsilon$，则说明位于栈顶的符号串尚未形成句柄，因此，应进行移进；若 $y = \varepsilon$，则说明应把 x 归约为 A，即选用产生式 $A \rightarrow x$ 把位于栈顶的活前缀 ux

变成 uA。

一般说来，同一项目可能对多个活前缀是有效的，也可能对同一活前缀存在多个有效项目，它们有时会告诉我们做各不相同、相互冲突的动作。这些冲突有时可通过向前查看一个或多个输入符号来解决（本章的后面几节将讨论这方面的问题），但并非所有的冲突都可以通过这种方式解决。例如，对于非 LR 文法，其中的有些冲突是难以用这种方式解决的。

对于每个活前缀，很容易计算它的有效项目集。事实上，一个活前缀 w 的有效项目集正是从 7.2.6 节的 DFA 的初态出发，经由标记为 w 的路径所到达的那个项目集。例如，w＝E＋T∗ 是文法(7.1)′的一个活前缀。根据图 7.2 中所示的 DFA M，从其初态 I_0 出发，经由 w＝E＋T∗ 的路径（即从 I_0 经"E"连线到 I_1，从 I_1 经"＋"连线到 I_6，从 I_6 经"T"连线到 I_9，从 I_9 经"∗"连线到 I_7）所到达的项目集 I_7：

    T→T∗·F
    F→·(E)
    F→·id

就是活前缀"E＋T∗"的有效项目集。也就是说，在分析过程中的任一时刻，栈中的活前缀 $x_{m-r}x_{m-r+1}\cdots x_m$ 的有效项目集就是栈顶状态 S_m 所代表的那个项目集，而栈顶状态概括了栈中所有有用的信息。

为什么说图 7.2 中所示的项目集 I_7 对活前缀 E＋T∗ 是有效的呢？为回答这个问题，可考虑以下三个规范推导：

① E′⇒E
    ⇒E＋T
    ⇒E＋T∗F
    ⇒E＋T∗id
    ⇒E＋T∗F∗id

② E′⇒E
    ⇒E＋T
    ⇒E＋T∗F
    ⇒E＋T∗(E)

③ E′⇒E
    ⇒E＋T
    ⇒E＋T∗F
    ⇒E＋T∗id

第一个推导表明 T→T∗·F 的有效性；第二个推导表明 F→·(E)的有效性；而第三个推导则表明了 F→·id 的有效性。而且可以证明，对活前缀"E＋T∗"不存在任何其他的有效项目。

综上所述，当构造一个拓广文法 G′ 的项目集规范族 C 时，其中的项目集可看做一个有穷状态自动机 M 的状态，M 识别文法 G′ 的所有活前缀。C 上的 goto 函数可看做 M 的**状态转换函数**。

7.2.8 举例

例如，考虑文法 G(S)：
$$S \rightarrow A|B$$
$$A \rightarrow aAb|c \quad\quad\quad (7.1)$$
$$B \rightarrow aBb|d$$

其拓广文法 G'(S) 为

0 S'→S
1 S→A
2 S→B
3 A→aAb
4 A→c
5 B→aBb
6 B→d

文法 G'(S') 的基本 LR(0) 项目集为

1 S'→·S   10 A→c·
2 S'→S·   11 S→·B
3 S→·A   12 S→B·
4 S→A·   13 B→·aBb
5 A→·aAb   14 B→a·Bb
6 A→a·Ab   15 B→aB·b
7 A→aA·b   16 B→aBb·
8 A→aAb·   17 B→·d
9 A→·c   18 B→d·

其中，项目 S'→·S 称为**初始项目**，S'→S· 称为**接收项目**，表示最后一次归约。"·"在右部最后位置上的项目，如 4、8、10、12、16、18 及 2 称为**归约项目**，它表明右部符号串已全部出现在栈的顶部，可以进行归约。对于形如 A→α·xβ，x∈∑、α、β 可空的项目，如 5、7、9、13、15、17 称为**移进项目**。而形如 A→α·xβ，x∈N 的项目，如 1、3、6、11、14 称为**待约项目**，即我们期待从剩余的输入串中进行归约从而得到 x。事实上，不同的 LR(0) 项目反映了分析过程中栈顶部的不同状况，也即分析程序识别活前缀的情况。

下面利用 7.2.6 节中算法来构造文法 G'(S') 的 LR(0) 项目集规范族。

设 I_0 = CLOSURE({S'→·S})

得 I_0：S'→·S
S→·A
A→·aAb
A→·c
S→·B
B→·aBb
B→·d

通过考察 I_0 中每个项目中"·"后的第一个符号 X，可知：
$$X=\{S, A, B, a, c, d\}$$
利用 $goto(I_0, X)$，可求得 I_0 的后继项目集如下：
$$I_1=goto(I_0, S)=CLOSURE(\{S'\to S\cdot\})，因而得$$
$I_1: S'\to S\cdot$

$I_2: S\to A\cdot$

$I_3: S\to B\cdot$

$I_4=goto(I_0, a)=CLOSURE(\{A\to a\cdot Ab, B\to a\cdot Bb\})$

因而得

$I_4: A\to a\cdot Ab$

　　　$A\to\cdot aAb$

　　　$A\to\cdot c$

　　　$B\to a\cdot Bb$

　　　$B\to\cdot aBb$

　　　$B\to\cdot d$

$I_5: A\to c\cdot$

$I_6: B\to d\cdot$

至此，已求出了 I_0 的全部后继项目集 $I_1, I_2, \cdots, I_6$。容易看出，I_1、I_2、I_3、I_5、I_6 诸项目集中的项目均无后继项目，因而，它们也都没有后继项目集。对于 I_4，其后继项目集可通过 $goto(I_4, X)$ 求出，这里 $X=\{A, B, a, c, d\}$，于是

$I_7=goto(I_4, A)=CLOSURE(\{A\to aA\cdot b\})$

因而　　$I_7: A\to aA\cdot b$

$I_9=goto(I_4, B)=CLOSURE(\{B\to aB\cdot b\})$

因而　　$I_9: B\to aB\cdot b$

而且　　$goto(I_4, a)=I_4$

　　　　$goto(I_4, c)=I_5$

　　　　$goto(I_4, d)=I_6$

最后求得 I_7, I_9 的后继项目集分别为

$I_8=goto(I_7, b)=CLOSURE(\{A\to aAb\cdot\})$

因而　　$I_8: A\to aAb\cdot$

$I_{10}=goto(I_9, b)=CLOSURE(\{B\to aBb\cdot\})$

因而　　$I_{10}: B\to aBb\cdot$

由于 I_8、I_{10} 已无后继项目集，至此，已求出文法 $G'(S')$ 的项目集规范族 $C=\{I_0, I_1, \cdots, I_{10}\}$。

若把 $I_0, I_1, \cdots, I_{10}$ 分别看做一个状态，那么，至此，我们已经根据函数 $goto(I, X)$ 构造出了识别文法 $G'(S')$ 的全部活前缀的 DFA（见图 7.3）。

在这个 DFA 中，每一状态都是终态，I_0 既是终态也是初态。把从初态 I_0 出发，到达某一状态（终态）所经过的全部有向弧上的标记符号依次连接起来，就得到该 DFA 在到达该状态时，所识别出的某一规范句型的一个活前缀。例如，该 DFA 从 I_0 出发到达状态 I_9 时，它所识别的活前缀是 aa^*B；从 I_0 出发到达状态 I_1 时，它所识别的活前缀是 S；从 I_0 出发到达自身时，它所识别的活前缀是 ε。

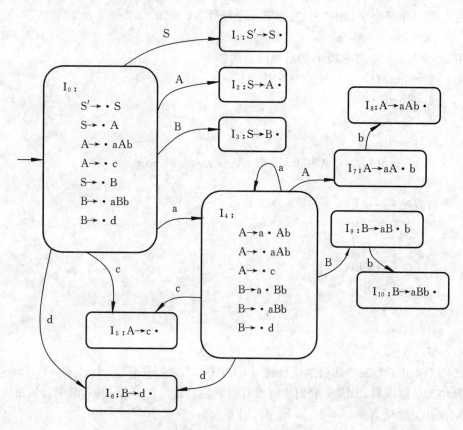

图 7.3 文法(7.1)*的 DFA

7.2.9 LR(0)文法

如果文法 G' 的项目集规范族的每个项目集中不存在下述任何冲突项目：
① 移进项目和归约项目并存；
② 多个归约项目并存，

则称文法 G' 为 LR(0)**文法**。仅当一个文法是 LR(0)文法时，才能构造出它的不含冲突动作的 LR(0)分析表。

7.2.10 构造 LR(0)分析表的算法

设一文法 G' 的项目集规范族 $C=\{I_0, I_1, \cdots, I_n\}$，令其中每个项目集 I_i 的下标作为分析程序的状态，令包含项目 $S' \to \cdot S$ 的项目集 I_k 的下标 k 为分析程序的初态，则构造 LR(0)分析表的步骤如下：

① 若项目 $A \to \alpha \cdot x\beta \in I_i$ 且 $goto(I_i, x)=I_j$，$x \in \Sigma$，则置 ACTION[i, x]=S_j，即"将状态 j、符号 x 移进栈"；若 $x \in N$，则仅置 GOTO[i, x]=j。

② 若项目 $A \to \alpha \cdot \in I_i$，对于任何输入符号 $a \in (\Sigma \cup \{\$\})$，则置 ACTION[i, a]=$r_j$，即"用第 j 条产生式 $A \to \alpha$ 进行归约"（这里假定 $A \to \alpha$ 是 G' 中的第 j 条产生式）。

③ 若项目 $S' \to S \cdot \in I_k$，则置 ACTION[k，$]＝"接收"。

④ 分析表中凡不能用规则①～③填入信息的元素均置上 ERROR(用空白表示)。

例如，对于文法(7.1)* 的拓广文法 $G'(S')$，利用该构造方法得到的 LR(0)分析表如表7.3所示。

表 7.3 文法(7.1)* 的 LR(0)分析表

状态 \ 符号	ACTION					GOTO		
	a	b	c	d	$	S	A	B
0	s_4		s_5	s_6		1	2	3
1					接收			
2	r_1	r_1	r_1	r_1	r_1			
3	r_2	r_2	r_2	r_2	r_2			
4	s_4		s_5	s_6			7	9
5	r_4	r_4	r_4	r_4	r_4			
6	r_6	r_6	r_6	r_6	r_6			
7		s_8						
8	r_3	r_3	r_3	r_3	r_3			
9		s_{10}						
10	r_5	r_5	r_5	r_5	r_5			

注意：其中已将 GOTO 表中有关终结符号的各列并入 ACTION 表中的相应各列之中。不难看出，所给文法(7.1)* 是一个 LR(0)文法(其中每个表项都不含多重定义)。

7.3 SLR 分析表的构造

前面所述的 LR(0)文法是一类很简单的文法，对这类文法构造出的识别活前缀的 DFA 的每个状态(每个项目集)都不含冲突项目。但是，即使是定义简单算术表达式的文法(例如，文法(7.1)′)，也不是 LR(0)文法，因为在最终构造出的项目集规范族 C 中的 I_1、I_2 和 I_9 中存在"移进-归约"冲突项目，所构造的 LR(0)分析表必定含多重定义的表项，所以不能用 LR(0)分析方法分析该文法定义的符号串。

然而，许多冲突动作都可通过考察有关非终结符的 FOLLOW 集而得到解决，即通过向前查看一个输入符号来协助解决冲突。例如，假定一个 LR(0)项目集规范族中含有这样一个项目集 I_i：$\{A \to \alpha \cdot b\beta, B \to \alpha \cdot , C \to \alpha \cdot \}$，其中，第一个项目是移进项目，第二、第三个项目是不同的归约项目，显然，这三个项目告诉我们应采取的动作各不相同、相互冲突：

第一个项目指出应把下一输入符号 b 移进栈；

第二个项目指出应把栈顶部的 α 归约到 B；

第三个项目指出应把栈顶部的 α 归约到 C。

解决冲突的一种简单办法是：分析所有含有 B 或 C 的句型，考察句型中可能直接跟在 B 或 C 之后的终结符号，即考察集合 FOLLOW(B) 和 FOLLOW(C)，若这两个集合不相交，而且它们也不包含 b，那么，当状态 I_i 面临任何输入符号 a 时，可采取以下的"移进-归约"决策：

① 若 a＝b，则移进；

② 若 a∈FOLLOW(B)，则用产生式 B→α 进行归约；

③ 若 a∈FOLLOW(C)，则用产生式 C→α 进行归约；

④ 其他则报错。

一般，设 LR(0)项目集规范族的某个项目集 I 中含有 i 个移进项目

$$A_1 \to \alpha \cdot a_1\beta_1$$
$$A_2 \to \alpha \cdot a_2\beta_2$$
$$\vdots$$
$$A_i \to \alpha \cdot a_i\beta_i$$

和 j 个归约项目

$$B_1 \to \alpha \cdot$$
$$B_2 \to \alpha \cdot$$
$$\vdots$$
$$B_j \to \alpha \cdot$$

若已知集合

$$\{a_1, a_2, \cdots, a_i\}, FOLLOW(B_1), \cdots, FOLLOW(B_j)$$

两两不相交，且没有两个 FOLLOW 集含有 $，则 I 中的冲突动作可通过查看当前输入符号 a 属于上述 j+1 个集合中的哪一个集合而获得解决，即

① 若 a∈{$a_1,a_2,\cdots,a_i$}，则移进 a；

② 若 a∈FOLLOW(B_k)，k=1,2,…,j，则用产生式 $B_k \to \alpha$ 进行归约；

③ 其他则报错。

这种解决冲突动作的办法称为 SLR(1)解决办法，是由 F. DeRemer 于 1971 年提出的。

例如，文法(7.1)′的项目集规范族中的 I_2 中的冲突动作可用 SLR(1)方法解决如下：

$$I_2: E \to T \cdot, T \to T \cdot * F$$

因为与归约项目左部相关的 FOLLOW(E)={ $，+，)}，而移进项目的"·"后仅为 *，所以

当状态 I_2 面临输入符号+、)或 $ 时，应使用产生式 E→T 进行归约；

当状态 I_2 面临输入符号 * 时，应移进 *；

当状态 I_2 面临其他符号时，则应报错。

项目集 I_1、I_9 中的冲突动作亦可按类似方式解决。

根据以上分析，只需将前节构造 LR(0)分析表算法中的步骤②改为"若归约项目 A→α·∈I_i，对任何输入符号 a(或 $)∈FOLLOW(A)，则置 ACTION[i,a]=r_k，即'用第 k 条产生式 A→α 进行归约'，这里，假定 A→α 为文法的第 k 条产生式"；其余基本不变就可得到如下关于构造 SLR(1)分析表的算法。

算法 7.1　构造 SLR(1)分析表。

输入　拓广文法 G′的项目集规范族 C。

输出　如果可能，由函数 ACTION 和 GOTO 组成的 SLR 分析表。

方法　假定 C={$I_0, I_1, \cdots, I_n$}，令其中的每个项目集 I_i 的下标 i 为分析程序的一个状态，再按如下步骤构造函数 ACTION 和 GOTO：

① 若项目[A→α·aβ]∈I_i 而且 goto(I_i, a)=I_j，a 为终结符，则置 ACTION[i,a]= "移进 j"（即把状态 j 和终结符 a 移进栈），简记为 s_j；

② 若项目[A→α·]∈I_i，则对所有 a(或$)∈FOLLOW(A)，置 ACTION[i,a]= "归约 A→α"（即用产生式 A→α 进行归约），简记为 r_k，这里假定 k 为产生式 A→α 的编号；

③ 若项目[S'→S·]∈I_i，则置 ACTION[i,$]= "接收"；

④ 若 goto(I_i,A)=I_j，则置 GOTO[i,A]=j（其中 A 为非终结符）；

⑤ 分析表中凡没有由步骤①～④所定义的表项都置上 ERROR（用空白表示）；

⑥ 令包含项目[S'→·S]的项目集 I_i 的下标为分析程序的初始状态 i。

由算法 7.1 构造出来的分析表，若它的每个表项不含多重定义，则称它为 G 的 **SLR 分析表**。利用 SLR 分析表的分析程序称为 SLR **分析程序**，能构造出 SLR 分析表的文法 G 称为 SLR(1)**文法**，其中的数字"1"意指在分析过程中至多只需要向前查看一个符号。

例如，构造文法(7.1)'的 SLR 分析表。这个文法的项目集规范族 C={I_0, I_1, …, I_{11}}（见 7.2.6 节），它的识别活前缀的 DFA 如图 7.2 所示。下面分别考虑各个项目集。先看 I_0：

E'→·E
E→·E+T
E→·T
T→·T*F
T→·F
F→·(E)
F→·id

显然，由于项目[F→·(E)]∈I_0 且 goto(I_0, ( )=I_4，因此，ACTION[0, (]=s_4；类似地，由于项目[F→·id]∈I_0 且 goto(I_0, id)=I_5，所以，ACTION[0, id]=s_5。

再考虑 I_1：

E'→E·
E→E·+T

其中，项目[E'→E·]导致 ACTION[1, $]= "接收"；项目[E→E·+T]∈$I_1$ 且 goto(I_1, +)=I_6，所以 ACTION[1, +]=s_6。

接着考虑 I_2：

E→T·
T→T·*F

由于 FOLLOW(E)={+,), $}，第一个项目[E→T·]使得 ACTION[2, +]=ACTION[2,)]=ACTION[2, $]= "归约 E→T"。第二个项目则使得 ACTION[2, *]=s_7。

按此方法继续下去，就能构造出该文法的 ACTION 表和 GOTO 表，如表 7.1 所示。

注意：GOTO 表中仅给出了 GOTO[S, A]（其中 S 为状态，A 为非终结符）之值，而对于终结符 a，GOTO[S, a]之值已并入相应的 ACTION 表项中。

每个 SLR(1)文法是无二义性的，但的确存在一些无二义性的文法，它们却不是 SLR(1)的。例如，考虑下面的文法：

1 S→L=R
2 S→R
3 L→*R   (7.2)
4 L→id
5 R→L

该文法的项目集规范族如下：

$I_0: S' \to \cdot S$ $R \to \cdot L$
$\quad\quad S \to \cdot L = R$ $L \to \cdot *R$
$\quad\quad S \to \cdot R$ $L \to \cdot id$
$\quad\quad L \to \cdot *R$ $I_5: L \to id \cdot$
$\quad\quad L \to \cdot id$
$\quad\quad R \to \cdot L$ $I_6: S \to L = \cdot R$
$I_1: S' \to S \cdot$ $R \to \cdot L$
$I_2: S \to L \cdot = R$ $L \to \cdot *R$
$\quad\quad R \to L \cdot$ $L \to \cdot id$
                                         $I_7: L \to *R \cdot$
$I_3: S \to R \cdot$ $I_8: R \to L \cdot$

$I_4: L \to * \cdot R$ $I_9: S \to L = R \cdot$

考虑项目集 I_2，其中的第一个项目使得 ACTION[2，=]=s_6。由于FOLLOW(R)包含"="（因为 $S \Rightarrow L = R \Rightarrow *R = R$），因此，第二个项目使得ACTION[2，=]="归约 R→L"。因此，表项 ACTION[2，=]是多重定义的。也就是说，状态 2 面临输入符号"="时，存在"移进-归约"冲突。

文法(7.2)无二义性的。之所以产生这种冲突，是由于 SLR 分析表未包含足够多的信息，以便在状态 2 面临输入符号"="时帮助作出移进或归约决策。下面两节将介绍功能更强一些的 LR 分析表，以尽可能解决这种冲突。

7.4 规范 LR(1) 分析表的构造

在 SLR 分析表构造法中，如果项目集 I_i 包含项目[A→α·]，而且下一输入符号 a∈FOLLOW(A)，那么，在状态 i 面临输入符号 a 时，可选用"归约 A→α"动作。但是，在有些情况下，当状态 i 呈现于栈顶时，栈里的符号串组成的活前缀 βα 未必允许把 α 归约为 A，因为可能根本就不存在一个形如"βAα"的规范句型。因此，在这种情况下，选用"归约 A→α"不一定合适。

例如，考虑文法(7.2)，在状态 2，有项目[R→L·]，它对应于上面的[A→α·]，而上面的 a 对应于"="（=∈FOLLOW(R)）。因此，SLR 分析程序在状态 2 面临输入符号"="时，选用"用 R→L 产生式进行归约"的动作（**注意**：状态 2 中也有项目[S→L·=R]，因此，当状态 2 呈现于栈顶且面临输入符号"="时也可选用"移进"动作）。但该文法根本不含有形如"R=…"的规范句型。因此，在这种情况下，不能用产生式 R→L 对形成于栈顶的活前缀 L 进行归约。

可以让每个状态附带更多的信息，以帮助 LR 分析程序解决上述的动作冲突（这里为"移进-归约"冲突），并尽可能排除上述用 A→α 所进行的不合适的归约。必要时可对状态进行分裂，以便 LR 的每个状态都能恰好指明，当那些终结符号（输入符号）紧跟在句柄 α 之后时，才允许选用产生式 A→α 将 α 归约到 A。

为此，需要重新定义项目，使得每个项目包含两部分，第一部分就是原来的项目本身，第二部分由一个终结符号（可能为 $ ）组成。重新定义后的项目称为 LR(1) **项目**，其一般形式为

$$[A\to\alpha\cdot\beta, a]$$

其中，$A\to\alpha\beta$ 是文法中的一个产生式，a 是一个终结符或定界符 $ ；数字 1 指第二部分的长度（若长度为 k，即第二部分由 k 个终结符号组成（包括 $ ），则可得到 LR(k) 项目）。第二部分也称项目的**向前看符号**。向前看符号对于 $\beta\neq\varepsilon$ 的项目 $[A\to\alpha\cdot\beta, a]$ 是无意义的，但对于 $\beta=\varepsilon$ 的项目 $[A\to\alpha, a]$，其作用在于，当相应的状态呈现于栈顶且下一个输入符号为 a 时，才可选用产生式 $A\to\alpha$，将栈顶的 α 归约到 A。

形式上说 LR(1) 项目 $[A\to\alpha\cdot\beta, a]$ 对活前缀 γ 是有效的，如果存在规范推导

$$S\stackrel{*}{\Rightarrow}\delta Aw\Rightarrow\delta\alpha\beta w$$

其中，$\gamma=\delta\alpha$；a 是 w 的第一个符号，或 w 为 ε 而 a 是 $ 。

例如，文法

$$S\to BB$$
$$B\to aB\,|\,b$$

它有一个规范推导

$$S\stackrel{*}{\Rightarrow} aaBab\Rightarrow aaaBab$$

通过在上面的定义中分别令

$$\delta=aa, A=B, w=ab, \alpha=a, \beta=B$$

可得知项目 $[B\to a\cdot B, a]$ 对活前缀 $\gamma=aaa$ 是有效的。

再看它的另一个规范推导

$$S\stackrel{*}{\Rightarrow} BaB\Rightarrow BaaB$$

根据这个推导，可以看出项目 $[B\to a\cdot B, \$]$ 对活前缀 Baa 是有效的。

构造有效的 LR(1) 项目集族的方法与构造 LR(0) 项目集规范族的方法类似，也需要用到 CLOSURE 和 goto 函数。

为了便于理解此处的 CLOSURE 定义，考虑对某个活前缀 γ 是有效的项目集中的某项目 $[A\to\alpha\cdot B\beta, a]$，显然，存在一个规范推导

$$S\stackrel{*}{\Rightarrow}\delta Aax\Rightarrow\delta\alpha B\beta ax$$

其中，$\gamma=\delta\alpha$。假定 βax 推出终结符串 by，那么，对每个形如 $B\to\eta$ 的产生式，有规范推导

$$S\stackrel{*}{\Rightarrow}\gamma Bby\Rightarrow\gamma\eta by$$

这就是说，项目 $[B\to\cdot\eta, b]$ 对 γ 也是有效的。

注意：b 可能是从 β 推出的第一个终结符，或者在推导 $\beta ax\stackrel{*}{\Rightarrow} by$ 中，由 β 推出 ε，因此 b 就是 a。

将这两种可能性归纳起来，我们说 b 可以是 FIRST(βax) 中的任何终结符。

注意：x 不可能包含 by 的第一个终结符，因此 FIRST(βax)=FIRST(βa)。

给定项目集 I，X 是一个文法符号，计算 I 的闭包 CLOSURE(I) 的算法是：

```
procedure CLOSURE(I);
  begin   I 中的项目都属于 CLOSURE(I);
    repeat
```

```
            for I 中每个形如[A→A·Bβ, a]的项目, G'中每个形如 B→γ 的产生式及每个终结符 b∈
                FIRST(βa)
              do if[B→·γ,b]不属于 I  then 将[B→·γ,b]加到 I;
       until I 不再增大;
       return I;
    end;
```

计算过程 goto 的算法为：
```
procedure goto (I, X)
    begin
        J={任何形如[A→αX·β, a]的项目|[A→α·Xβ, a∈I]};
        return CLOSURE (J);
    end;
```

文法 G'的 LR(1)项目集规范族 C 的构造算法是：
```
begin
    C:={CLOSURE ({[S'→·S, $]})};
    repeat
        for C 中每个项目集 I 和 G'中每个文法符号 X
          do if goto(I, X)非空且不属于 C then 将 goto(I, X)加到 C
    until C 不再增大;
end
```

例如，考虑构造文法(7.3)的 LR(1)项目集规范族：

$$
\begin{aligned}
&0 \quad S'{\to}S \\
&1 \quad S{\to}CC \\
&2 \quad C{\to}cC \\
&3 \quad C{\to}d
\end{aligned}
\tag{7.3}
$$

从计算 CLOSURE({[S'→·S, $]})开始。为了便于与计算过程对照，让项目[S'→·S, $]去匹配过程 CLOSURE 中的项目[A→α·Bβ, a]，即令 A=S', α=ε, B=S, β=ε, a=$。过程 CLOSURE 告诉我们，对每个形如 B→γ 的产生式及终结符 b∈FIRST(βa)，应加入项目 [B→·γ, b]。在该文法中，B→γ 必是 S→CC，而且由于 β=ε, a=$，所以 b 只能是$。因此，加入项目[S→·CC, $]。

继续计算闭包，即继续加入所有形如[C→·γ, b]的项目，其中，b∈FIRST(C$)。也就是说，又让[S→·CC, $]去匹配[A→α·Bβ, a]，便有 A=S, α=ε, B=C, β=C 且 a=$。由于由 C 不可能推出 ε，所以，FIRST(C$)=FIRST(C)。因为 FIRST(C)包含终结符 c 和 d，所以应加入项目[C→·cC, c], [C→·cC, d], [C→·d, c]和[C→·d, d]。至此，已不再存在"·"的右边直接紧随一非终结符的项目。因此，完成了文法(7.3)的第一个 LR(1)项目集的构造，这个初始项目集是：

$$
\begin{aligned}
I_0: &\ S'\to\cdot S, \$ \\
     &\ S\to\cdot CC, \$ \\
     &\ C\to\cdot cC, c/d \\
     &\ C\to\cdot d, c/d
\end{aligned}
$$

注意：这里已用表示法 $[C \rightarrow \cdot c, C, c/d]$ 作为两个项目 $[C \rightarrow \cdot cC, c]$ 和 $[C \rightarrow \cdot cC, d]$ 的简写形式。

为了得到文法(7.3)的其他项目集，需要针对项目集 I_0 中的不同文法符号 X，计算 goto (I_0, X)。先看 X=S，显然，能得到 $\{[S' \rightarrow S \cdot, \$]\}$。对于仅由这个项目组成的集合，已不可能再计算它的 CLOSURE，因为此时"·"已在最右端。因此，获得第二个项目集

$\quad\quad I_1: S' \rightarrow S \cdot, \$$

对于 X=C，通过计算 goto(I_0, C) 中的 J 便得到 $\{[S \rightarrow C \cdot C, \$]\}$，再通过计算它的 CLOSURE，得到下一个项目集

$\quad\quad I_2: S \rightarrow C \cdot C, \$$
$\quad\quad\quad C \rightarrow \cdot cC, \$$
$\quad\quad\quad C \rightarrow \cdot d, \$$

再看 X=c，通过计算 goto(I_0, c) 中的 J 便求得 $\{[C \rightarrow c \cdot C, c/d]\}$，再通过计算它的 CLOSURE 就得到

$\quad\quad I_3: C \rightarrow c \cdot C, c/d$
$\quad\quad\quad C \rightarrow \cdot cC, c/d$
$\quad\quad\quad C \rightarrow \cdot d, c/d$

最后，考虑 X=d，有

$\quad\quad I_4: C \rightarrow d \cdot, c/d$

至此，已经完成了有关项目集 I_0 中的 goto 计算。不难看出，从 I_1 中已无法产生出新的项目集，但从 I_2 和 I_3 还可得到新的项目集。不妨考虑 I_2，看从它还可构造出哪些新的项目集，为此需计算 goto(I_2, X)。对于 I_2，X 分别为 C、c 和 d。对于 X=C，得到

$\quad\quad I_5: S \rightarrow CC \cdot, \$$

对于 X=c，通过计算 CLOSURE$(\{[C \rightarrow c \cdot C, \$]\})$，产生

$\quad\quad I_6: C \rightarrow c \cdot C, \$$
$\quad\quad\quad C \rightarrow \cdot cC, \$$
$\quad\quad\quad C \rightarrow \cdot d, \$$

注意：I_3 和 I_6 的不同之处仅在于其项目中的第二个部分不一样。经常可以看到，一个文法的 LR(1) 项目集族中的某些项目集，与包含在它们之中的项目的第一部分完全相同，仅第二部分略有差别的情况。如果为同一文法构造规范 LR(0) 项目集族，显然不会出现这种现象，因为在这种构造法中，根本就没有考虑向前看符号。在此，由于加上了向前看符号才使它们分为不同的项目集。当讨论 LALR 分析法时，将会特别注意这一点。

下面继续考虑 I_2 中的 goto 计算。对于 goto(I_2, d) 容易得到

$\quad\quad I_7: C \rightarrow d \cdot, \$$

注意：对于 I_3，不难看出计算 goto(I_3, c) 和 goto(I_3, d) 的结果分别是 I_3 和 I_4。计算 goto(I_3, C) 的结果是

$\quad\quad I_8: C \rightarrow cC \cdot, c/d$

I_4 和 I_5 无须计算 goto 函数，而计算 goto(I_6, c) 和 goto(I_6, d) 之结果分别是 I_6 和 I_7。计算 goto(I_6, C) 得到

$\quad\quad I_9: C \rightarrow cC \cdot, \$$

至此，没有项目集会产生新的 goto 值。因此，项目集族 C 不会再增长，构造过程终止。构造出的 LR(1)项目集规范族 C 和 goto 函数如图 7.4 所示。

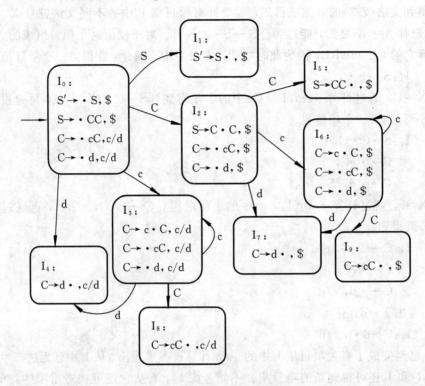

图 7.4　文法(7.3)的 LR(1)项目集规范族和 goto 函数

利用文法的 LR(1)项目集规范族 C 和 goto 函数，便可用下面的算法构造规范 LR 分析表。

算法 7.2　构造规范 LR 分析表。

输入　文法 G 的拓广文法 G′。

输出　如果可能，由 ACTION 表和 GOTO 表组成的规范 LR 分析表。

方法　令文法 G′ 的 LR(1)项目集族 C＝{I_0,I_1,…,I_n}。令其中的每个项目集 I_i 的下标 i 为分析程序的一个状态。再按如下步骤构造 ACTION 表和 GOTO 表。

① 若[A→α・aβ, b]∈I_i 而且 goto(I_i, a)＝I_j，a 为终结符，则置 ACTION[i,a]＝"移进 j"，简记为 s_j；若 goto(I_i, A)＝I_j，则置 GOTO[i, A]＝j，(A∈V_N)。

② 若[A＝α・, a]∈I_i，则置 ACTION[i, a]＝"归约 A→α"，简记为 r_k，这里假定 k 为产生式 A→α 的编号。

③ 若[S′→S・, $]∈$I_i$，则置 ACTION[i, $]＝"接收"。

④ 分析表中凡没有由步骤①～③所定义的表项都置上 ERROR(用空白表示)。

⑤ 令包含项目[S′→・S, $]的项目集 I_i 的下标 i 为分析程序的初始状态。

如果按上述算法构造的分析表不含多重定义的表项(即无动作冲突出现)，则称该表为**规范 LR(1)分析表**。利用规范 LR(1)分析表的分析程序称为**规范 LR(1)分析程序**。能构造出规范 LR(1)分析表的文法称为 LR(1)**文法**。

例如，文法(7.3)的规范 LR(1)分析表如表 7.4 所示。

表 7.4 文法(7.3)的规范 LR(1)分析表

状态	ACTION			GOTO	
	c	d	$	S	C
0	s_3	s_4		1	2
1			接收		
2	s_6	s_7			5
3	s_3	s_4			8
4	r_3	r_3			
5			r_1		
6	s_6	s_7			9
7			r_3		
8	r_2	r_2			
9			r_2		

每一个 SLR(1)文法是一个 LR(1)文法,但是,一个 SLR 文法的规范 LR 分析程序比其 SLR 分析程序含有更多的状态。例如,文法(7.3)也是一个 SLR(1)文法,它的 SLR 分析程序只有 7 个状态,但它的规范 LR 分析程序却有 10 个状态。

7.5 LALR 分析表的构造

本节介绍另一种分析程序构造法——LALR(向前看 LR)技术。这种方法是介于规范 LR 分析程序构造法和 SLR 分析程序构造法之间的一种方法。用这种方法构造的 LALR 分析表要比规范 LR 分析表小得多,当然能力也差一点。但它却能处理一些 SLR 分析程序难以处理的情况(例如,文法(7.2)的情况),而且 LALR 文法也能描述大多数常用高级程序语言的语法结构。

对于同一文法,SLR 分析表和 LALR 分析表的状态数总是相同的。对于类似于 ALGOL 一类的高级语言,处理它的 LALR 分析程序一般要设置上百个状态,若用规范 LR 分析表则可能要上千个状态。因此,构造 SLR 或 LALR 分析表比构造规范 LR 分析表要经济得多。

考虑文法(7.3),其 LR(1)项目集规范族如图 7.4 所示,其中的项目集 I_3 与 I_6、I_4 与 I_7 以及 I_8 与 I_9 除了向前看符号外,它们是两两相同的。下面讨论这样一些项目集的作用,先讨论 I_4 和 I_7。**注意**:文法(7.3)产生的语言是正规集 c^*dc^*d。假定规范 LR 分析程序正在分析输入串 cc⋯cdcc⋯cd$,分析程序把第一组 c 和第一个 d 移进栈后到达状态 4(I_4),只要下一个输入符号是 c 和 d,分析程序就选用产生式 C→d,将栈顶的 d 归约到 C。状态 4 的作用在于,若第一个 d 后紧跟$(而不是 c 或 d),它就及时地予以报错。

分析程序在读入第二个 d 后到达状态 7(I_7),若状态 7 面临的输入符号不是$(而是 c 或 d),它就予以报错;只有当它面临$时,分析程序才选用产生式 C→d 将栈顶的 d 归约到 C。

现在,我们将 I_4 和 I_7 合并成 I_{47},它只含一个项目[C→d·, c/d/$],并把从 I_0、I_2、I_3 和 I_6 导向 I_4 或 I_7 的连线都改为导向 I_{47}。状态 I_{47} 的作用是,当它面临的输入符号无论是 c、d 还是$,分析程序都选用产生式 C→d 进行归约。经如此修改的分析程序行为与原来分析程序的行为类似,只是可能延迟报错的时间,但决不会放过错误。事实上,在输入下一符号之前错误仍将被查出来。

某些LR(1)项目集称为**同心**,如果除了向前看符号外,这些项目集是相同的。例如,图7.4中所示的I_4和I_7就是同心项目集,它们的心是{C→d·}。类似的还有I_3和I_6、I_8和I_9。一个**心**就是一个LR(0)项目集。我们将试图把所有同心的项目集合并成一个项目集。

因为goto(I, X)的心只依赖于I的心,因此,LR(1)项目集合并后的goto可通过goto(I, X)自身的合并而获得。所以,在合并项目集时,不必同时考虑对转换函数的修改,但要修改ACTION函数,以反映各个被合并的项目集的动作。

假定有一个LR(1)文法,它的LR(1)项目集不存在动作冲突,但经合并同心项目集后,就可能产生动作冲突。然而,这种动作冲突决不会是"移进-归约"冲突,因为,如果存在这种冲突,则意味着:在某个合并后的项目集中,对某个向前看符号a,有一项目[A→α·, a]要求采取归约动作,同时又有一项[B→β·aγ, b]要求移进a。这就是说,在合并前,必有某个c,使得项目[B→β·aγ, c]和项目[A→α·, a]同处于某一项目集中,但是,这一点只能说明原来的LR(1)项目集业已存在"移进-归约"冲突,与假设不符。因此,合并后的同心集不含"移进-归约"冲突。

但是,合并后的同心项目集可能产生"归约-归约"冲突。例如,考虑文法:

$S'→S$
$S→aAd|bBd|aBe|bAe|$
$A→c$
$B→c$

它只产生四个串acd、ace、bcd和bce。通过构造它的LR(1)项目集族,将得知它是不含动作冲突的,因而它是一个LR(1)文法。而且不难得知,在它的项目集族中,项目集{[A→c·, d], [B→c·, e]}对活前缀ac是有效的,项目集{[A→c·, e], [B→c·, d]}对活前缀bc是有效的。这两个项目集都不含动作冲突,而且同心。经合并后,得到

$A→c·, d/e$
$B→c·, d/e$

显然,其中含有"归约-归约"冲突。因为,在相应状态面临输入符号d或e时,分析程序不知道是用A→c还是用B→c进行归约。

下面将给出构造LALR分析表的通用算法。其基本做法是:首先构造LR(1)项目集族,如果其中不存在冲突动作,就合并其中的同心项目集;如果合并后的集族不存在"归约-归约"冲突,则按这个合并后的集族构造分析表。

算法7.3 构造LALR分析表。

输入 文法G的拓广文法G'。

输出 LALR分析表的ACTION表和GOTO表。

算法

(1) 构造LR(1)项目集族$C=\{I_0, I_1, \cdots, I_n\}$。

(2) 合并C中的同心集,记合并后的项目集族为$C'=\{J_0, J_1, \cdots, J_m\}$,令其中的每个项目集$J_i$的下标i为分析程序的一个状态。

(3) 根据C'构造ACTION表。

① 若[A→α·aβ, b]∈J_i,且goto(J_i, a)=J_j,a为终结符,那么置ACTION[i, α]="移进j"简记为s_j;

② 若$[A \to \alpha \cdot , a] \in J_i$，则置 ACTION$[i, a]=$"归约 $A \to \alpha$"，简记为 r_k，这里假定 k 为产生式 $A \to \alpha$ 的编号；

③ 若$[S' \to S \cdot , \$] \in J_i$，则置 ACTION$[i, \$]=$"接收"。

(4) 构造 GOTO 表。

假定 J 是由 $I_1, I_2, \cdots, I_m$ 合并后的新项目集，其中，每个 I_i 都是一个 LR(1)项目集，由于 $I_1, I_2, \cdots, I_m$ 同心，因此 goto(I_1, X), goto$(I_2, X), \cdots$, goto (I_m, X)也同心。令 K 是由与这些 goto 同心的所有项目集合并后的项目集，那么，goto$(J, X)=K$。于是若 goto$[J_i, A]=J_j$，则置 GOTO$[i, A]=j$。

(5) 凡没有由上述步骤所定义的表项都置上 ERROR(用空白表示)。

(6) 令包含项目$[S' \to \cdot S, \$]$的项目集 J_i 的下标 i 为分析程序的初态。

若用该算法构造的分析表无多重定义的表项(即无冲突动作)，则称它为 LALR **分析表**。利用 LALR 分析表的 LR 分析程序称为 LALR **分析程序**。能构造出 LALR 分析表的文法称为 LALR **文法**。

例如，考虑文法：

    0 $S' \to S$
    1 $S \to CC$
    2 $C \to cC$
    3 $C \to d$

它的 LR(1)项目集族和 goto 函数如图 7.4 所示。现在，来合并它的同心项目集，即将 I_3 和 I_6 合并成 I_{36}：

    $C \to c \cdot C$, c/d/ \$
    $C \to \cdot cC$, c/d/ \$
    $C \to \cdot d$, c/d/ \$

I_4 和 I_7 合并成 I_{47}：

    $C \to d \cdot$, c/d/ \$

I_8 和 I_9 合并成 I_{89}：

    $C \to cC \cdot$, c/d/ \$

合并后的项目集族和 goto 函数如图 7.5 所示。根据合并后的项目集族和 goto 函数构造的 LALR 分析表如表 7.5 所示。

表 7.5 文法(7.3)的 LALR 分析表

状态	ACTION			GOTO	
	c	d	\$	S	C
0	s_{36}	s_{47}		1	2
1			接收		
2	s_{36}	s_{47}			5
36	s_{36}	s_{47}			89
47	r_3	r_3	r_3		
5			r_1		
89	r_2	r_2	r_2		

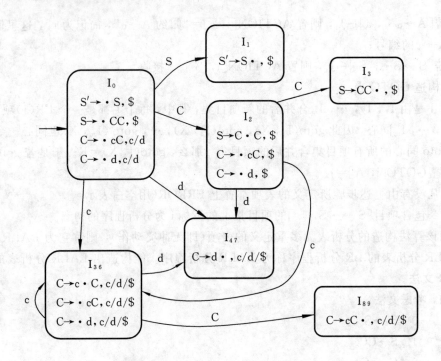

图 7.5 合并同心集后文法(7.3)的项目集族和 goto 函数

现在来看看图 7.5 所示的那些 goto 函数是如何计算的。先考虑 $goto(I_{36}, C)$。在原来的 LR(1) 项目集族中，$goto(I_3, C)=I_8$。由于 I_8 现在已是 I_{89} 的一部分，因此，置 $goto(I_{36}, C)=I_{89}$。再看 $goto(I_2, c)$，在原来的 LR(1) 项目集族中，$goto(I_2, c)=I_6$，所以，在表 7.4 中，状态 2 面临输入符号 c 的表项填的是 s_6。现在 I_6 是 I_{36} 的一部分，因此，$goto(I_2, c)=I_{36}$。所以，在表 7.5 中，状态 2 面临输入符号 c 的表项填为 s_{36}。其余的可作类似分析。

7.6 无二义性规则的使用

LR 文法是无二义性的，但对于一些二义性文法也可构造其 LR 分析程序，只要加进足够的无二义性规则就行。所谓**无二义性规则**是指为消除由于二义性而引起的冲突动作的规则。这些冲突一般是不能由前述的方法(例如,多向前查看几个输入符号)解决的。

下面给出一些最简单的无二义性规则：

① 遇到"移进-归约"冲突时，采用移进的方法，这实际上是给较长的产生式以较高的优先权；

② 遇到"归约-归约"冲突时，优先使用列在前面的产生式进行归约，即列在文法中较前面的产生式具有较高的优先权。

例如，考虑文法：

    0 $S' \rightarrow S$
    1 $S \rightarrow iSeS$
    2 $S \rightarrow iS$
    3 $S \rightarrow a$

(7.4)

它就是大多数程序语言中"if—then—else"或"if—then"语句的一种抽象。显然，它是一个二义性文法。它的 LR(0) 项目集规范族如图 7.6 所示，可以看出，其中的 I_4 存在"移进-归约"冲突。利用规则 1，根据图 7.6 所示的项目集规范族构造出的 LR 分析表如表 7.6 所示。将规则 1 应用于此，就是在状态 4 面临输入符号 e 时，让分析程序采取"移进"动作，这意味着让 else 与它前面最近的 then 相匹配。这也是现今大多数高级程序语言中的一种共同约定。

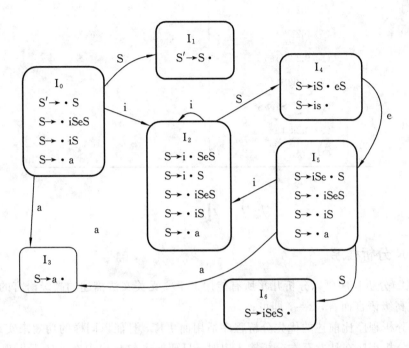

图 7.6 文法 (7.4) 的 LR(0) 项目集规范族

表 7.6 文法 (7.4) 的 LR 分析表

状态	ACTION				GOTO
	i	e	a	$	S
0	s_2		s_3		1
1				接收	
2	s_2		s_3		4
3		r_3		r_3	
4		s_5		r_2	
5	s_2		s_3		6
6		r_1		r_1	

例如，利用这个分析程序分析输入串 iiaea 的过程如表 7.7 所示。**注意**：在第 5 行，状态 4 面临输入符号 e 时采取的是移进动作；但在第 9 行，状态 4 面临 $ 时选用"归约 S→iS"动作。此处 FOLLOW(S) = {e, $}。

表 7.7 iiaea 的分析过程

栈内容	尚待扫描的输入串
(1) 0	iiaea $
(2) 0i2	iaea $
(3) 0i2i2	aea $
(4) 0i2i2a3	ea $
(5) 0i2i2S4	ea $
(6) 0i2i2S4e5	a $
(7) 0i2i2S4e5a3	$
(8) 0i2i2S4e5S6	$
(9) 0i2iS4	$
(10) 0S1	$

7.7 小　　结

1. LR 分析程序

① LR(k)分析程序可以分析几乎所有能用上下文无关文法描述的高级语言的结构，而且对于大多数高级语言而言，k=1 即可；

② LR 分析程序比前述的优先分析程序适用面更广，且能以同样的功效来实现；

③ LR 分析程序在从左至右分析输入串时，只要输入符号串中有一错误出现，就能及时发现；

④ 为一个典型的高级语言构造一个 LR 分析程序的工作量常常大得难以用手工实现，因此，得借助自动方法来构造。

2. LR 分析表的自动构造

如前所述，一个 LR 分析程序主要由总控程序和分析表组成，对于不同的文法，总控程序是基本相同的，只是分析表不同。一个 LR 分析程序的自动构造就是指它的分析表的自动构造。

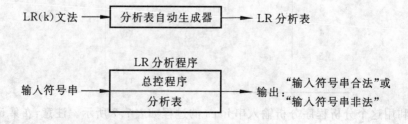

为了自动构造分析表，需先设计一个"分析表自动生成器"。

设计"分析表自动生成器"并不困难，可按前述的过程进行，主要是：

① 构造 LR(0) 或 LR(1) 项目集规范族；
② 构造识别活前缀的有穷自动机。
关键是选用什么样的数据结构把它们表示到计算机中。

Unix 环境中的 YACC 程序接收 LALR(1) 文法，并采用 LALR 分析方法自动生成相应的分析表。当在构造分析表过程中发现存在动作冲突时，它还要求用户提供关于优先级及结合性等附加信息，以便对每个状态作出正确的选择。YACC 解决冲突的基本思路是：对每个产生式和每个终结符赋一个优先级，若在扫描输入符号 a 时，不能确定是按 "A→α 归约" 还是执行"移进"动作，就比较 A→α 与终结符 a 的优先级，若前者高，就用 A→α 归约；否则，就执行移进动作（移进 a）。此外，YACC 还允许指明某终结符是具有左结合性还是右结合性等（参见第 14 章）。

3. 文法间的关系

文法间的关系如图 7.7 所示。其中，OPG 可以是二义性的，因而它不是任何一类 LR 文法。LL(1) 文法集略小于 LALR(1) 文法集。

LR 文法的形式要求不很严格，因而容易给出各种语言的 LR 文法。相比之下，给出一种语言的 LL(1) 文法则需精心思考，但构造 LR 分析表比构造 LL(1) 分析表要复杂得多。

简单优先文法的优先关系矩阵的大小约为 $|V_T \cup V_N|^2$（这里，$|V_T \cup V_N|$ 表示终结符号和非终结符号的个数，下同）。算符优先文法的优先关系矩阵的大小约为 $|V_T|^2$。若采用优先函数，则分别下降为 $2|V_T \cup V_N|$ 和 $2|V_T|$。LL(1) 分析表的大小约为 $|V_T| \times |V_N|$，比 SPG 的优先关系矩阵要小一些；LR 分析表的大小一般大于"状态个数"与 $|V_T|$ 的乘积，而"状态个数"一般大于文法中的 $|V_N|$。

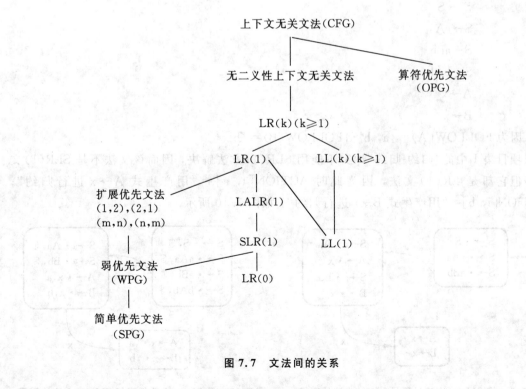

图 7.7 文法间的关系

4. LR 文法举例

例 7.1 二义性文法不是 LR(0) 文法。

  S→iCtSeS
  S→iCtS

由于在同一项目集 I_i 中存在"移进-归约"冲突,所以它不是 LR(0) 文法,如图 7.8 所示。

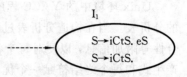

图 7.8 二义性文法的例子

例 7.2 是 SLR(1) 文法但不是 LR(0) 文法的例子:

  S′→S
  S→aAa
  S→aBb
  A→x
  B→x

由于在同一项目集 I_i 中存在"归约-归约"冲突,所以它不是 LR(0) 文法。但这种冲突可用 SLR(1) 方法解决如下:

  因为　　FOLLOW(A)={a}∩FOLLOW(B)={b}=∅
  所以　　ACTION[i,a]="用产生式 A→x 进行归约"
  　　　　ACTION[i,b]="用产生式 B→x 进行归约"

因而该文法是 SLR(1) 文法,如图 7.9 所示。

例 7.3 是 LR(1) 文法但不是 SLR(1) 文法的例子:

  S′→S
  S→aAa
  S→aBb
  S→bAb
  A→x
  B→x

因为 FOLLOW(A)={a,b}∩FOLLOW(B)={b}≠∅

所以项目集 I_i 中的"归约-归约"冲突不能用 SLR(1) 方法解决,因而该文法不是 SLR(1) 文法。但它却是 LR(1) 文法,因为此时 ACTION[i,a]="用产生式 A→x 进行归约";ACTION[i,b]="用产生式 B→x 进行归约",如图 7.10 所示。

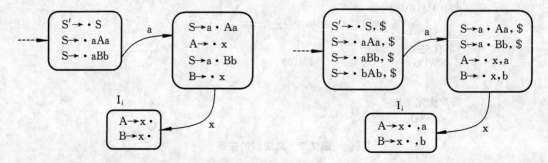

图 7.9　是 SLR(1) 文法但不是 LR(0) 文法的例子　　图 7.10　是 LR(1) 文法但不是 SLR(1) 文法的例子

例 7.4 是 LR(1) 文法但不是 LALR(1) 文法的例子：

$S' \to S$
$S \to aAa$
$S \to aBb$
$S \to bAb$
$S \to bBa$
$A \to x$
$B \to x$

显然，它是 LR(1) 文法，如图 7.11 所示，因为在项目集 I_i 中，可得

ACTION[i, a]="用产生式 $A \to x$ 进行归约"

ACTION[i, b]="用产生式 $B \to x$ 进行归约"

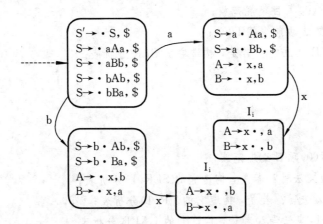

图 7.11 是 LR(1) 文法但不是 LALR(1) 文法的例子（一）

在项目集 I_j 中，可得

ACTION[j, b]="用产生式 $A \to x$ 进行归约"

ACTION[j, a]="用产生式 $B \to x$ 进行归约"

然而，合并同心集 I_i、I_j 后得 I_k。

这样，在合并同心集后的项目集 I_k 中出现"归约-归约"冲突，因而该文法不是 LALR(1) 文法，如图 7.12 所示。

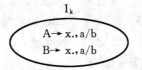

图 7.12 是 LR(1) 文法但不是 LALR(1) 文法的例子（二）

5. 有关 LR 文法的几个结论

下面仅给出与 LR 分析有关的几个结论，有兴趣的读者可自行证明它。

① LR(k) 文法是无二义性的，而且满足

$LR(0) \subset SLR(1) \subset LALR(1) \subset LR(1)$

此外，对所有的 k 都有

$LR(k) \subset LR(k+1)$

② 给定文法 G 和某个固定的 k，G 是否是 LR(k) 文法的问题是可判定的。

③ 给定文法 G，是否存在一个 k 使得 G 是一个 LR(k)文法的问题是不可判定的。

习 题 七

7.1 给定文法：
  S→(A)
  A→ABB
  A→B
  B→b
  B→c

① 构造它的基本 LR(0)项目集；
② 构造它的 LR(0)项目集规范族；
③ 构造识别该文法活前缀的 DFA；
④ 该文法是 SLR 文法吗？若是，构造它的 SLR 分析表。

7.2 给定文法：
  E→EE+
  E→EE*
  E→a

① 构造它的 LR(0)项目集规范族；
② 它是 SLR(1)文法吗？若是，构造它的 SLR(1)分析表；
③ 它是 LR(1)文法吗？若是，构造它的 LR(1)分析表；
④ 它是 LALR(1)文法吗？若是，构造它的 LALR 分析表。

7.3 给出一个非 LR(0)文法。

7.4 给出一个 SLR(1)文法，但它不是 LR(0)文法，构造它的 SLR 分析表。

7.5 给出一个 LR(1)文法，但它不是 LALR(1)文法，构造它的规范 LR(1)分析表。

7.6 给定二义性文法：
① E→E+E
② E→E*E
③ E→(E)
④ E→id

用所述的无二义性规则和(或)另加一些无二义性规则，例如，给算符 *、+ 施加某种结合规则。

① 构造它的 LR(0)项目集规范族及识别活前缀的 DFA；
② 构造它的 LR 分析表。

第8章 语法制导翻译法

任何编译程序都可看做这样一种翻译程序:它将用某种源语言写的程序(源程序)转换成等价的用某种目标语言写的程序(目标程序),其中的目标程序可以是某种中间语言程序,例如,汇编语言程序、四元式形式的程序,等等;而且,无论是源程序还是目标程序都可看做某种形式的符号串。

语法制导翻译的基本思想是很简单的,就是先给文法中的每个产生式添加一个成分,这个成分常称为**语义动作**或**翻译子程序**,在执行语法分析的同时,执行相应产生式的语义动作。这些语义动作不仅指明了该产生式所生成的符号串的意义,而且还根据这种意义规定了对应的加工动作。这些加工动作包括查填各类表格、改变编译程序的某些变量之值、打印各种错误信息,以及生成中间语言程序等。一旦某个产生式选用之后,接着就执行相应的语义动作,完成预定的翻译工作。

所谓**语法制导翻译法**,就是在语法分析的过程中,依从分析的过程,根据每个产生式添加的语义动作进行翻译的方法。

本章介绍语法制导翻译法的基本原理及其在中间代码生成中的应用。

8.1 一般原理和树变换

8.1.1 一般原理

直观地说,**语法制导翻译法**(SDTS)由一个源语言、一个目标语言和一组翻译规则组成,这组规则可将任何源语言符号串翻译成对应的目标语言串。SDTS的翻译规则是文法中的产生式再添加上语义动作。

作为一个概念模型,SDTS提供了一个极好的框架以理解翻译程序的某些基本原理。因此,我们首先给出SDTS的定义并讨论它的特性,然后,再介绍实现它的方法。

SDTS也是一个CFG,其形式定义如下:

SDTS是一个五元组 $T=(V_T, V_N, \Delta, R, S)$。其中,$V_T$ 是一个有穷的输入字母表,包含源语言中的符号;V_N 是一个有穷的非终结符号集合;Δ 是一个有穷的输出字母表,包含出现在翻译串或输出串中的那些符号;R是形如 A→w,y 的规则的有穷集合(这种规则的定义见后);$S \in V_N$ 是一个开始符号,其含义和用法如同CFG中的开始符号。

R中的规则形如

$$A \to w, y \qquad A \in V_N$$

w是由终结符和(或)非终结符组成的串;y则是由N和(或)Δ中的符号组成的串。

注意:出现在w和y中的非终结符必须是一一对应的。串w称为**规则的源成分**;串y称为**规则的翻译成分**。R中的规则有时也称为**翻译规则**。

T 的基础源文法是一个 CFG：(V_N, V_T, P, S)。其中，P 是形如 A→w（即 T 中源成分）的产生式的集合，A→w, y 是 T 中 R 的一个规则。也就是说，从 T 中去掉输出字母表 Δ，再从 T 的规则中移走翻译成分，就可得到 T 的基础源文法。类似地，也可以定义 T 的基础目标文法，即从 T 中去掉输入字母表 V_T 并从 T 的规则中移去源成分。

例如，考虑 SDTS $T_1 = (\{a, b, c, +, -, [,]\}, \{E, T, A\}, \{ADD, SUB, NEG, x, y, z\}, R, E)$，其中 R 由下列翻译规则组成：

①   E→E+T, T E ADD
②   E→E-T, E T SUB
③   E→-T, T NEG
④   E→T, T
⑤   T→[E], E
⑥   T→A, A
⑦   A→a, x
⑧   A→b, y
⑨   A→c, z

T_1 的基础源文法是

    E→E+ T|E- T|- T|T
    T→[E]|A
    A→a|b|c

而 T_1 的基础目标文法则是

    E→T E ADD|E T SUB|T NEG|T
    T→E|A
    A→x|y|z

一个**翻译模式**是一个形如 (u, v) 的串对，其中，u 是 SDTS 基础源文法的一个句型，而 v 称为与其对应的翻译，它是由 N 和 Σ 中元素组成的串。

翻译模式的定义如下。

① (S, S) 是一个翻译模式，且这两个 S 是相关的（S 是 SDTS 的开始符号）。

② (aAb, a'Ab') 是一个翻译模式，且两个 A 是相关的；此外，若 A→g, g' 是 R 中的一条规则，那么 (agb, a'g'b') 也是一个翻译模式。规则中 g 和 g' 的非终结符之间的相关性也必须带进这种翻译模式之中。

表示法

$$(aAb, a'Ab') \Rightarrow (agb, a'g'b')$$

表示一种翻译模式到另一种翻译模式的变换。

不难看出，一个翻译模式的第一部分恰好是 SDTS 中基础源文法（是一个 CFG）的一个句型；第二部分是其对应的翻译，即基础目标文法的一个句型。

由一个 SDTS T 所定义的翻译是下述对偶集：

$$\{(x, y) | (S, S) \Rightarrow (x, y), x \in V_T^*, y \in \Delta^*\}$$

显然，它类似于 CFG 中"语言"的定义。

例如，考虑输入串

    -[a+ c]-b

它是可从 SDTS T_1 的基础源文法推出的，即

$$E \Rightarrow E-T \Rightarrow -T-T \Rightarrow -[E]-T \Rightarrow -[E+T]-T$$
$$\Rightarrow -[T+T]-T \Rightarrow -[A+T]-T$$
$$\Rightarrow -[a+T]-T \overset{+}{\Rightarrow} -[a+c]-b$$

这个串的语法树如图 8.1 所示。

这个串的翻译过程如下：

$$(E, E) \Rightarrow (E-T, E\ T\ SUB) \Rightarrow (-T_1-T_2, T_1\ NEG\ T_2\ SUB)$$
$$\Rightarrow (-[E]\ -T, E\ NEG\ T\ SUB)$$
$$\Rightarrow (-[E+T_1]-T_2, T_1\ E\ ADD\ NEG\ T_2\ SUB)$$
$$\overset{+}{\Rightarrow} (-[A+T_1]-T_2, T_1\ A\ ADD\ NEG\ T_2\ SUB)$$
$$\Rightarrow (-[a+T_1]-T_2, T_1\ x\ ADD\ NEG\ T_2\ SUB)$$
$$\overset{+}{\Rightarrow} (-[a+c]\ -T, z\ x\ ADD\ NEG\ T\ SUB)$$
$$\overset{+}{\Rightarrow} (-[a+c]\ -b, z\ x\ ADD\ NEG\ y\ SUB)$$

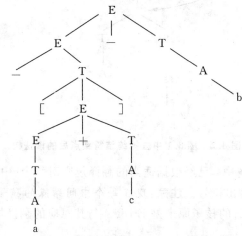

图 8.1 －[a＋c]－b 的语法树

为清楚起见，上述翻译模式中的某些非终结符写出了下标，以指明输入（源）串和输出（目标）串中所出现的非终结符之间的相关性。因此，出现在第二个翻译模式中的两个 T 是分别用 T_1 和 T_2 来区分的。

因此，输入串－[a＋c]－b 所对应的翻译是

z x ADD NEG y SUB

事实上，已有了将一个（中缀）表示形式的算术表达式翻译成与其对应的后缀表达式的翻译器。而且，通过该 SDTS 中最后的三条规则（A→a, x|b, y|c, z），引进了某些词法操作以使这个翻译过程清晰化。当然，在一个实际的编译程序中，标识符的集合是由某个终结符（例如 id）代表的，而且是通过词法分析程序识别和形成的。

8.1.2 树变换

语法制导的翻译过程也可用语法树来说明。图 8.1 给出了根据 T_1 的基础源文法推导输入串－[a＋c]－b 的语法树。它的翻译也可看做从一棵树到另一棵树的变换，其变换过程如下：

① 从中剪掉终结符结点；
② 根据适当的翻译规则，重排每个中间结点的孩子；
③ 添加对应于输出符号集 Δ 中的终结符结点。

例如，图 8.2 给出了去掉图 8.1 中终结符结点之后的语法树。在这种情形下，两个本来不同的产生式由于去掉了终结符可能会变得完全相同。例如，产生式

$$E \to -T \text{ 和 } E \to T$$

就属这种情况。因此，我们给图 8.2 中的每个产生式标上了它的编号。

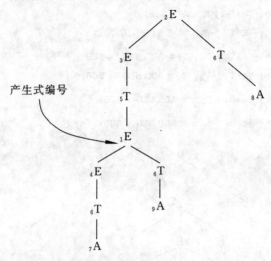

图 8.2　图 8.1 中去掉终结符结点后的语法树

在图 8.3 所示的语法树中，已经根据适当的翻译规则对每个(中间)结点的孩子进行了重排，而且已经加进了终结输出符号。**注意**：现在每个中间结点的孩子恰好是某个(翻译)规则的翻译成分。例如，结点 E_1 的孩子原来是 $E+T$。与其对应的翻译规则是

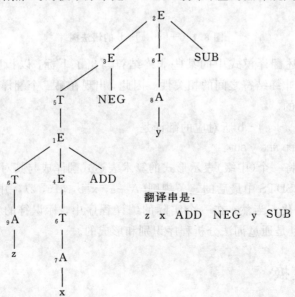

图 8.3　在图 8.2 中加上适当的翻译成分并重排结点后的语法树

$$E \to E+ T, \ T \ E \ ADD$$

因此,这个结点的孩子变成

$$T \ E \ ADD$$

由于翻译成分(T E ADD)的作用,串 z 在翻译中首先出现,尽管它对应的源符号 c 在源串中排行第二。

现在,可以按从左至右次序扫描图 8.3 中所示的完整翻译树的末结点,得到翻译串

$$z \quad x \quad ADD \ NEG \quad y \quad SUB$$

显然,这个结果翻译串与这种翻译所执行的次序无关。因此,一个自下而上(最右推导)或自上而下(最左推导)的翻译将产生相同的翻译串。

8.2 简单 SDTS 和自上而下翻译器

如果在每一规则的翻译成分中,非终结符出现的次序与它们在源成分中出现的次序相同,则称一个 SDTS 是**简单的**(simple);但是,如果

$$A \to A_1 + A_2, \ A_2 \ A_1 \ ADD$$

是 SDTS T 的一个规则,那么,该 SDTS T 就**不是简单的**。

显然,利用简单的 SDTS 进行翻译不需要重排语法树的结点,只要去掉源成分中的终结符(结点),并插入相应的翻译成分中的终结符即可。

一个用于自上而下翻译过程中的**简单** SDTS 的意义可用下述定理表述。

定理 8.1 如果 $T=(V_N, V_T, \Delta, R, S)$ 是其基础源文法为 LL(k)的简单 SDTS,那么,存在一个自上而下的确定的下推翻译器 PDT(push-down translator),它接收 T 的输入语言中的任何符号串并产生对应的输出串。PDT P 的定义如下:

P 的一个构形是一个四元组(q, x, y, z),其中,q 是它的有穷控制器的状态,x 是尚待扫描的输入串,y 是下推栈,z 是此时被打印出的输出符号串。于是,在某次移动中,便有

$$(q, ax, Yy', z) \vdash (r, x, gy', zz')$$

其中,存在一条翻译器规则

$$\delta(q, a, Y) \text{包含} (r, g, z')$$

换言之,在状态 q 面临输入符号 a 且栈顶符号为 Y 时,P 才允许移动到状态 r,这一移动的结果是,输入符号 a 被去掉,栈顶符号 Y 被 g 所替换,而且串 z' 已作为输出串打印出。

称 w 是关于 x 的输出,如果对于某个状态 q 和栈符号串 u,存在

$$(q_0, x, Z_0, \varepsilon) \vdash^* (q, \varepsilon, u, w)$$

其中,q_0 是初态;Z_0 是栈的初始内容;ε 为空串。若 $u=\varepsilon$,则称 P 停止于空栈;若 q 是某个终态,则称 P 停止于终态。

如果 P 满足下述两个条件,则称 P 是**确定的**:

① 对所有的状态 q,输入串 a 和栈符号 Z,$\delta(q, a, Z)$至多只包含一个元素。

② 若$\delta(q, \varepsilon, Z)$非空,则不存在符号 $a(a \neq \varepsilon)$使得$\delta(q, a, Z)$非空,即对于某个状态和栈符号,在空移动和非空移动之间不应存在冲突。

给定 SDTS T,其中,T 的基础源文法是 LL(1),我们可以描述一个 PDT P 的构造,使

这个 P：

①接收 T 的基础源文法中每一个串；

②恰好打印出 T 中与每个这种串对应的翻译串。

典型的自上而下 LL(1)识别器有两类移动。

① 应用移动　位于栈顶的非终结符 A 被符号串 w 所替换，其中，A→w 是文法中的一个产生式。利用栈顶非终结符 A 和下一输入符号去查看对应的 LL(1)分析表，可使这种操作确定化。

② 匹配移动　栈顶的终结符号 a 与下一输入符号匹配。经过该操作之后，去掉了栈顶符号并使读头前进到下一位置。匹配失败即说明输入串有语法错。

通过上面的分析，现定义 PDT P 的操作如下。

① 在一应用移动中，非终结符 A 已位于栈顶，借助分析表，就知道选用产生式 A→w 来进行归约。现假定 R 中的翻译规则是

$$A \to w, \quad z$$

其中，$w = a_0 B_1 a_1 B_2 a_2 \cdots B_k a_k$，而 $z = b_0 B_1 b_1 B_2 b_2 \cdots B_k b_k$。这里，$B_i$ 是非终结符，a_i 是输入符号串(或空)，b_i 是输出符号串(或空)，且 $k \geq 0$(**注意**：这个翻译规则是简单的)。

假定输入和输出符号是可区分的，那么，在一次应用移动中，位于栈顶的 A 就由下面的复合串

$$b_0 a_0 B_1 b_1 a_1 B_2 \cdots B_k b_k a_k$$

所替代，而 b_0 变成栈顶符号。

② 若栈顶符号是输出字母表 Δ 的一个元素，则从栈中逐出它，并将它作为输出符号打印出。

③ 若栈顶符号是输入字母表 V_T 的一个元素，则它应与下一个输入符号匹配(否则,为语法错)。从栈中逐出它，并使读头前进一位置(即扫描下一输入符号)。

例如，考虑简单的 SDTS：

$$S \to 1S2S, \quad xS \ yS \ z \tag{8.1}$$
$$S \to 0, \quad w$$

注意：此时，不必用下标来区分 S，因为这个 SDTS 是简单的。它的基本源文法显然是 LL(1)。以一个输入串为例，假定输入串为 1102020，可以定义与(8.1)对应的 PDT 如下。

(1) 若栈顶为 S，并且

① 如果输入符号为 1，则从栈中逐出 S，并将 x1Sy2Sz 下推进栈(x 位于栈顶)；

② 如果输入符号为 0，则从栈中逐出 S，并将 w0 下推进栈(w 位于栈顶)。

(2) 若栈顶符号 t∈{x, y, z, w}，则从栈中逐出 t，并输出 t。

(3) 若栈顶符号 t∈{0, 1, 2}，则让 t 继续与下一输入符号匹配。

在翻译过程中，可以根据情况选用上述规则直至该 PDT 停止或发现语法错误。

例如，这个 PDT 翻译输入串 1102020 的过程如表 8.1 所示。

表 8.1　PDT 翻译输入串 1102020 的过程

操 作	尚待扫描的输入串	输 出	栈
最初	1102020		S
1a	1102020		x1Sy2Sz
2	1102020	x	1Sy2Sz
3	102020		Sy2Sz

续表

操 作	尚待扫描的输入串	输 出	栈
1a	102020		x1Sy2Szy2Sz
2	102020	x	1Sy2Szy2Sz
3	02020		Sy2Szy2Sz
1b	02020		w0y2Szy2Sz
2	02020	w	0y2Szy2Sz
3	2020		y2Szy2Sz
2	2020	y	2Szy2Sz
3	020		Szy2Sz
1b	020		w0zy2Sz
2	020	w	0zy2Sz
3	20		zy2Sz
2	20	zy	2Sz
3	0		Sz
1b	0		w0z
2	0	w	0z
3	ε		z
2	ε	z	ε

因此输出串是 xxwy wzy wz。**注意**：在这种情况下，该 PDT 停止于空栈。

如果 SDTS 的基础源文法是二义性的，那么就不存在确定的 PDT。若 SDTS 的基础源文法是 LL(1)，那么，它的 PDT 是确定的，而且对每一个可接收的输入串恰好存在一个翻译。

虽然我们只是讨论了符号串到符号串的翻译器，但如果在输出串中再添加一些语义操作，例如，查填符号表、修改编译程序的变量，等等，就可能构造一个实用的翻译程序。

8.3 简单后缀 SDTS 和自下而上翻译器

如果一个 SDTS 是简单的，而且它的每个翻译规则都有下述形式：

$$A \to a_0 B_1 a_1 B_2 a_2 \cdots B_k a_k, \ B_1 B_2 \cdots B_k w$$

也就是说，除了最右边的 w 之外，(输出)终结符不可能出现在翻译成分之中，那么，称这个 SDTS 为**简单后缀**的(simple post fix)。一个简单后缀的 SDTS 的意义可用下述定理表述。

定理 8.2 对其基础源文法为 LR(k) 的每一简单后缀的 SDTS，存在一确定的 LR(k) PDT：

①它接收从该基础源文法可推导出的每一句子；
②它将这种句子的翻译作为输出。

通过在 LR(k) 分析程序的归约动作中加入下述操作，很容易将一个 LR(k) 分析程序改造成一个后缀翻译器。

如果选定产生式 i 进行归约，则在执行归约操作之后，再打印出与产生式 i 相关的翻译成分中的终结符部分。

给定一简单后缀的 SDTS，建议读者构造一个对应的自下而上的翻译器 PDT。

8.3.1 后缀翻译

有算术表达式，考虑其 R 部分由下述翻译规则组成的 SDTS：

E→E+T, E T ADD
E→T, T
T→T*F, T F MPY
T→F, F
F→A, A LOAD
F→(E), E
A→Aa, a
A→a, a

该 SDTS 显然是简单后缀的。表达式

aa*(aaa+a)

的翻译是

aa LOAD aaa LOAD a LOAD ADD MPY

其中，操作符 LOAD 操作在它前面的标识符上。如果希望 LOAD 操作在它后面的标识符上，可用下面两条规则替代 F→A, A LOAD：

F→L A, L A
L→ε, LOAD

这样修改后的文法仍然是 LR(1)。产生式 L→ε 的归约操作可通过向前查看后面标识符的一个符号所确定。于是，表达式 aa*(aaa+a)的翻译是

LOAD aa LOAD aaa LOAD a ADD MPY

8.3.2 IF-THEN-ELSE 控制语句

考虑高级语言中的条件语句

S→ if E then S else S

其中，E 是表达式；S 是一语句。对于这种形式的输入串，简单后缀翻译器先生成关于 E 的计值代码，然后翻译那两个语句。但这样一种语句要求在 E 和第一个 S 之间产生一个条件分支指令，在两个语句之间产生一个无条件分支指令。如何来产生这些指令呢？

解决办法之一是将原来的单一产生式拆成三个产生式：

S→T else S
T→ I then S
I→ if E

这三个产生式合起来与原来的那个产生式等价。经这样变形后，可以构造一个简单的后缀 SDTS：

S→T else S, T S; LOC L2;
T→I then S, I S; UJP L2; LOC L1;
I→if E, E; EJP L1;

其中，UJP L2 意指"无条件地转向语句标号 L2"；FJP L1 意指"若栈顶表达式为假，则转向 L1，否则继续往下。在任何情况都要删去栈顶符号"。此外，LOC L1 意指在本指令所在处设施标号 L1。

因此，语句

```
if  a  then  S1  else  S2
```

将被翻译成

```
LOAD a;
FJP L1;
S1;
UJP L2;
LOC L1;
S2;
LOC L2;
```

另一种解决办法是引进含"then"和"else"关键字的产生式：

```
S→if  E  H  S  L  S,  E  H  S  L  S; LOC L2;
H→then,          ; FJP L1;
L→else,          ; UJP L2;  LOC L1;
```

这些附加的产生式的作用在于，在分析该语句的过程中，能在适当的位置插入所需要的翻译串。

当然，也可以使用空产生式来实现同样的目的：

```
S→if  E  then  H  S  else  L  S,  E  H  S  L  S;  LOC L2;
H→ε,          ; FJP L1;
L→ε,          ; UJP L2; LOC. L1;
```

这三种解决办法产生同样的效果。

8.3.3 函数调用

考虑函数调用的情况，假定有关的基础源文法是

```
F→A(L)
L→L; E
L→E
A→Aa
A→a
```

注意：这里实参表列由分号隔开的若干个 E 组成。为了便于讨论，假定过程调用符 call 出现在该过程的实参代码之后，这也是许多编译程序翻译过程调用的方法之一。但是，在语法定义中，过程的名字是首先出现的，然后才是过程的参数。因此，如果允许 call 和过程名都出现在实在参数代码之后，就需要一个非简单的翻译器。

但是，下面的简单后缀的 SDTS 可用来产生过程的后缀调用形式：

```
F→A(L), A L; CALL
L→L; E, L E
```

L→E, E
A→Aa, Aa
A→a, a

那么，函数调用

aa(a; a+ aaa)

将翻译成

aa; LOAD a; LOAD a; LOAD aaa; ADD; CALL

而且 CALL 将操作在第一个标识符 aa 上。

8.4 抽象语法树的构造

抽象语法树 AST(abstract-syntax tree)是某个语言结构的一种简洁的树形表示形式，它只需包含该结构尚须转换或归约的信息。一般说来，任何语法结构(例如，表达式、控制结构和说明)都可以用 AST 表示。

AST 也可作为一个多遍编译程序的中间语言结构。采用 AST 表示法有助于代码的产生和优化。

考虑文法 G_0：

E→E+ T
E→T
T→T * F
T→F
F→(E)
F→a

利用该文法构造的每个简单表达式的语法树都比较大。例如，如图 8.4 所示的简单表达式 $a*(a+a)$ 的语法树有 7 个末结点和 11 个中间结点，但所给表达式本身却只有两个运算符和三个操作数。为什么差别如此之大呢？

差别来自文法的形式，每步推导都可反映在一个树结点之中，但其中的许多推导步仅仅是为了指明运算符的优先级以及括号内操作优先等。

可按如下方式将这棵语法树简化成一个 AST。

① 去掉与单非产生式(即右部为单一非终结符的产生式，如 E→T、T→F 等)相关的子树，并上提相关分支上的终结符结点(如 a)。特别是如果第一棵语法子树也对应于某个单非产生式，则去掉根结点及其连线，因为它们只是为了延续树的构造，在最后结果中并无作用。经此步处理后的结果如图 8.5 所示。

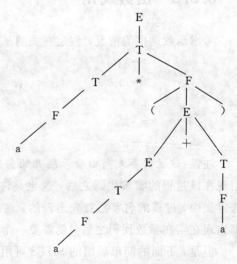

图 8.4 $a*(a+a)$ 的语法树

② 对于直接包含运算符的多个子树（如图 8.5 中所示的 T 和 E 子树），上提运算符并让它取代其父结点，如图 8.6 所示。经此步简化后的树仍然指明了必须先做加法后做乘法。因为语法树的构造过程事实上已经隐含了运算符的优先级别。

③ 去掉括号，并上提运算符（此时为"+"），让它取代其结点。最后得到的语法树便是一个 AST，如图 8.7 所示。

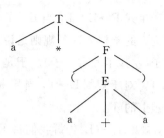

图 8.5 图 8.4 中的树去掉单非产生式后的情况

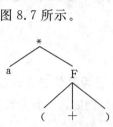

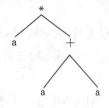

图 8.6 图 8.5 中的树上提运算符后的情况

图 8.7 表达式 a * (a+a) 的抽象语法树

这棵树也是下述表达式的抽象语法树：

    a * ((a)+a)
    a * (a+(a))
    (a * (a+a))

注意：AST 并不是一种规范形式，它并没有指明运算符的交换律和结合律。例如，a * b+c、c+b * a、c+a * b 等表达式在数学上是等价的，但可生成不同的 AST。

只要稍微改变一下 SDTS 的实现方式，就可不必生成一个完整的语法树而直接构造一个 AST。文法和 AST 的对应关系如表 8.2 所示。

表 8.2 根据文法 G_0 及其分析程序直接产生一个 AST

文法中的产生式		AST 的成分
E→E+T	⇒	+ E T
E→T	⇒	T
T→T * F	⇒	* T F
T→F	⇒	F
F→(E)	⇒	E
F→a	⇒	a

8.4.1 自下而上构造 AST

对于一个自下而上分析程序，表 8.2 所示的规则可按如下含义理解：

考虑产生式 E→E+T，当 E+T 作为句柄出现在栈顶时，已存在两棵子树 E 和 T，但并无以"+"为根的子树。这条规则是说：构造以"+"为根的一棵子树，并将 E 和 T 子树作为它的两个孩子（左孩子和右孩子）。于是，得到以"+"为根的一棵新子树，将它连到 E 以替代栈顶的 E 和 T。对于规则 E→T，当 T 是句柄时，它本身已连在某棵子树上，将这棵子树连到 E 以替代栈顶上的 T。

最后，规则 F→(E)告诉我们将 E 子树连到 F 以取代栈顶的(E)，而 F→a 则指明将由终结符 a 构成的单一结点的树连到 F 并用 F 取代 a。

当到达接收状态时，已构造好一棵 AST，且它已连到位于栈顶的开始符号上。

8.4.2 AST 的拓广

AST 的一般形式是，其中间结点是运算符，而它的叶子为简单变量或常数。事实上，运算符号可以是任何单目运算符、二目运算符或 n 目运算符。例如，一个类似于

$$X(e_1, e_2, \cdots, e_n)$$

的数组元素可表示成图 8.8 所示形式的 AST，其中，X 是多维数组的名字。

一个过程调用也可以用类似的 AST 表示。当然，其根结点将具有不同的名字，而且实参的类型也不一定与 e_i 相同。

AST 也可表示控制结构和说明。例如，一个 CASE 语句可以表示成如图 8.9 所示的 AST。图中，"Case 语句"结点都可以直接作为"CASE 结点"的孩子，也可以用如图所示的"父-子链"表示，链中最后一结点的最右的孩子为 nil，表示链终。

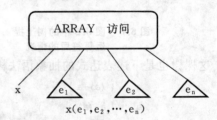

图 8.8 数组访问（或过程调用）的 AST

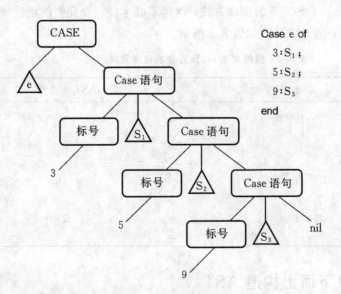

图 8.9 CASE 语句的 AST

8.5 属 性 文 法

属性文法(attribute grammar)是 Knuth 于 1968 年提出的,也有人称它为属性翻译文法。**属性文法**以上下文无关文法为基础,只不过为每个文法符号配备了一些属性。属性同变量一样,可以进行计算和传递。属性加工的过程即语义处理的过程。属性加工同语法分析同时进行,加工规则也附加于语法规则之上。在构造语法树时,诸属性之值通过文法中的产生式而层层传递(有时从产生式的左边向右或从右向左传递)。当语法树最终构造完成时,就得到文法开始符号的属性值,它也是该文法所描述的对象的最终语义。属性一般用标识符(或数)表示,通常写在相应文法的下边,它的意义局部于它所在的产生式。

属性分为两种,一种称为**继承属性**(inherited attribute),其计算规则按"自上而下"方式进行,即文法产生式右部符号的某些属性根据其左部符号的属性和(或)右部的其他符号的某些属性计算而得。这种属性也称为**推导型**。

另一种称为**综合属性**(synthesized attribute),其计算规则按"自下而上"方式进行,即产生式左部符号的某些属性根据其右部符号的属性和(或)自己的其他属性计算而得。这种属性也称为归约型。例如

$$A_p \rightarrow X_{q,r} Y_{s,t}$$
$$[p=q+s, r=p+t]$$

其中,p、q、r、s、t 是属性,分别属于 A、X 和 Y。p 是综合属性,r 是继承属性,而 q、s、t 的性质则需要与其他产生式的属性计算规则一起加以考虑才能确定。

通常规定,每个文法符号的继承属性和综合属性之交集为空。

8.5.1　L 属性文法

L **属性文法**也称为自上而下的属性翻译文法,它特别适合于用来指导自上而下的分析过程,其定义如下:

(1) 产生式右部任一文法符号 V 的继承属性仅依赖于下述两种属性值中的一种:
① 产生式左部的继承属性;
② 产生式右部但位于 V 左边的符号的任何属性。
(2) 产生式左部符号的综合属性仅依赖于下面的属性值中的一种:
① 产生式左部符号的继承属性;
② 产生式右部符号(除自身外)的任意属性。

8.5.2　S 属性文法

S **属性文法**也称为自下而上的属性翻译文法,它适用于指导自下而上的分析过程,其定义如下:
① 全部非终结符的属性是综合属性;
② 同一产生式中相同符号的各综合属性之间无相互依赖关系;

③ 如果 q 是某个产生式中文法符号 V 的继承属性,那么,属性 q 的值仅依赖于该产生式右部位于 V 左边的符号的属性。

8.6 中间代码形式

在讨论属性翻译文法的具体用法之前,先介绍编译程序中的中间代码形式。所谓**中间代码形式**是指用于表述源程序并与之等效的一种编码方式,可根据具体情况将它设计成各种形式。例如,汇编语言程序就可看做一种中间代码形式。一般说来,对于一个多遍扫描的编译程序,越到后面阶段,所产生的中间代码也就越接近于机器代码。于是,编译程序首先将源程序翻译成中间代码形式,然后,再把中间代码翻译成目标代码,也就是把语义分析和代码生成分开处理。

比较常用的中间代码形式有逆波兰表示、四元式、三元式和树形表示,等等。下面,我们讨论这几种典型的中间代码形式。

8.6.1 逆波兰表示法

逆波兰表示法是由波兰逻辑学家 J. Lukasiewicz 首先提出来的一种表示表达式的方法。在这种表示法中,运算符直接跟在其运算量(操作数)的后面。因此,逆波兰表示法有时也称为**后缀**(post fix)**表示法**。下面是一些逆波兰表示法的例子:

   A B *　　　　　　　表示 A*B
   AB * C+　　　　　　表示 A*B+C
   ABCD/+ *　　　　　 表示 A*(B+C/D)
   AB * CD * +　　　　 表示 A*B+C*D

与习惯的中缀表示法相比,逆波兰表示法有两个明显的特点:
① 不再有括号,而且既简明又确切地规定了运算的计算顺序;
② 运算处理极为方便,只需从左至右扫描表达式中的符号。

当遇到运算量时,就把它存到运算量栈中,当遇到双目(单目)运算符时,就取出最近存入运算量栈中的两个(一个)运算对象进行运算处理,并把计算的结果作为一个新的运算量存入运算量栈,再继续向右扫描表达式中的符号,直至整个表达式处理完毕。

只要遵守在运算量之后直接紧跟它们的运算符这样的规则,就能很容易地将逆波兰表示推广到其他非表达式结构。

8.6.2 逆波兰表示法的推广

考虑赋值语句,其一般形式为
   〈左部〉:= 〈表达式〉
如果把":="看做一个进行赋值运算的双目运算符,那么,赋值语句的逆波兰表示为
   〈左部〉〈表达式〉:=
而多重赋值可表示为

〈左部〉〈赋值语句〉:=

例如，赋值语句 A:=B*C+D 可写做 ABC*D+:=。**注意**：当处理到":="这个运算符时，在表达式赋值执行完毕后，必须把〈左部〉和〈表达式〉从栈中消除，因为此时不产生结果值。对于多重赋值的情形，则需要把〈表达式〉这个量保存下来，直到整个多重赋值语句处理完毕后才能退掉。此外，因为要把〈表达式〉的值送到该〈左部〉中去，所以在栈中只需〈左部〉的地址而不需其值。

下面讨论如何用逆波兰表示法表示转向语句、条件语句和条件表达式。为此，先引进几个运算：jump 是一个单目运算符，"〈标号〉jump"表示无条件转到〈标号〉去，"〈序号〉jump"表示无条件转到〈序号〉去。jumpf 是一个双目运算符，"〈布尔表达式〉〈序号 i〉jumpf"表示当〈布尔表达式〉为假时，转移到〈序号 i〉处；否则，按原顺序执行。

那么，转向语句的逆波兰表示就是

〈标号〉jump；

条件语句的逆波兰表示是

〈布尔表达式〉〈序号 1〉jumpf〈语句 1〉〈序号 2〉jump〈语句 2〉

其中，〈序号 1〉指的是〈语句 2〉开始符号的序号，〈序号 2〉指的是紧接在〈语句 2〉之后的那个符号的序号。

高级语言中的数组说明 array A$[1_1..u_1, \cdots, 1_n..u_n]$ 可用 $1_1u_1\cdots1_nu_n$ A ADEC来表示，其中，只有 ADEC 是运算符，它的运算对象的个数是可变的，由其下标的个数决定。类似地，下标变量 A[〈表达式〉,…,〈表达式〉]可用〈表达式〉…〈表达式〉A SUBS 表示。

高级语言中的其他成分也可用类似的表示法表示，不在此一一讨论。

下面给出一个用逆波兰表示法表示程序段的例子。

例 8.1

```
        begin integer k;
          k :=100;
        h : if k>i+j then
          begin   k :=k-1;
              goto h
            end else k :=i*2-j*2;
              i :=j :=0
            end
```

该程序段的逆波兰表示是

(1)　Block
(2)　k 100 :=
(5)．h :
(7)　k i j +>(23) jumpf
(14)　k k 1 -:=h jump (32) jump
(23)　k i 2 * j 2 * -:=
(32)　i j 0 :=:=
(37)　Blockend

①Block 和 Blockend 是两个无运算量的运算符，分别表示程序的开始运算和结束运算。

②右端圆括号内的数字，是其近旁那个符号相对该程序段的内部形式的开始位置的序号，例如，先设 Block 的序号为 1，则 k 的序号是 2，数字 100 的序号是 3……依此类推。

③源程序中的类型说明"integer k"经词法分析后已不存在。

8.6.3 四元式

四元式的一般形式是

〈运算符〉〈运算量1〉〈运算量2〉〈结果〉

当〈运算符〉为单目运算时，总认为〈运算量2〉为空，即此时施运算于〈运算对象1〉，运算结果放在〈结果〉中。

例如，A×B的四元式是

*   A   B   T

这里T是暂存A*B之计算结果的临时变量，按此方式，表达式A*B+C*D的四元式为

*   A   B T_1
*   C   D T_2
\+ T_1 T_2 T_3

其中，T_1、T_2、T_3都是临时变量，和逆波兰表示相仿，四元式也是按照表达式的执行顺序组合起来的。又例如，表达式－(A/B－C)的四元式是

/   A   B T_1
－ T_1 C T_2
⊖ T_2 T_3

其中，⊖表示单目运算符－，对于无运算结果的运算符，其四元式中的〈结果〉处规定为空。

下面给出部分四元式及其含义的一张表（见表8.3）。其中，θ代表单目运算＋和－；ω代表双目算术、双目关系和双目逻辑运算符。

表8.3　四元式形式

运算符	运算对象1	运算对象2	结果	含　　义
θ	p_1		T	θ p_1→T
ω	p_1	p_2	T	p_1 ω p_2→T
>	p_1		T	> p_1→T
jump	A			无条件地转至地址（或序号）为A的四元式
jump	h			无条件地转至标号h所指的那个四元式
jumpf	A	B		当B为假时，转至地址（或序号）为A的四元式
:=	p_1		p_3	p_1→p_3
Block				程序段的开始
Blockend				程序段的结束

例8.1中程序的四元式为

(1)   Block
(2)   :=   100   k
(3)   +   i   j T_1
(4)   >   k T_1 T_2
(5)   jumpf   9 T_2

```
(6)    -       k       1       k
(7)    jump    (4)
(8)    jump    12
(9)    *       i       2       T₃
(10)   *       j       2       T₄
(11)   -       T₃      T₄      k
(12)   :=      0               j
(13)   :=      0               i
(14)   Blockend
```

8.6.4 三元式

三元式与四元式基本相同，所不同的只是没有表示运算结果的部分，凡涉及运算结果的，均用相应三元式的地址或序号来代替。

三元式的一般形式为

〈运算符〉〈运算量 1〉〈运算量 2〉

例如，A+B*C 可表示为

① *   B   C
② +   A   ①

注意：在这种表示法中，①指的是第一个三元式的结果，而不是常数 1。1+B*C 应表示为

① *   B   C
② +   1   ①

当然，在具体处理中，必须把这种新的运算量（即它引用另一个三元式）和别的运算量加以区别，这可在运算对象的相应处附以某种标记来鉴别。

与四元式相比，三元式有两个优点，一是它无须引进（四元式中的）那些临时变量，再就是它占用的存储空间比四元式少。但它也有不足之处，即当要实现代码优化时，通常需要从程序中删去某些运算；或者把另外一运算移到程序中的不同地方。采用四元式时，这项工作是容易完成的；若采用三元式，由于三元式相互引用太多，所以，这项工作较难完成。

除了上述的几种中间代码形式外，常用的还有树形表示（前已介绍过）和间接三元式等，在此就不一一讨论了。

8.7 属性翻译文法的应用

本节介绍属性翻译文法的基本用法，并以例子来说明。

8.7.1 综合属性与自下而上定值

下面的文法接收算术表达式，输出该表达式的数字值：

1 S→E_q {ANSWER_r}

$\quad\quad\quad\quad$ r←q
2 $\quad$ $E_p \rightarrow E_q + T_r$
$\quad\quad\quad\quad$ p←q+r
3 $\quad$ $E_p \rightarrow T_q$
$\quad\quad\quad\quad$ p←q
4 $\quad$ $T_p \rightarrow T_q * P_r$
$\quad\quad\quad\quad$ p←q*r
5 $\quad$ $T_p \rightarrow P_q$
$\quad\quad\quad\quad$ p←q
6 $\quad$ $P_p \rightarrow (E_q)$
$\quad\quad\quad\quad$ p←q
7 $\quad$ $P_p \rightarrow C_q$
$\quad\quad\quad\quad$ p←q

其中,p、q、r 表示属性,即表达式中相关成分之值。p←q+r 表示属性 p 是通过计算右边表达式 q+r 后的结果值。

假定输入串为$(C_3+C_9)*(C_2+C_{41})$,其翻译过程可表示为图 8.10 所示的翻译树。

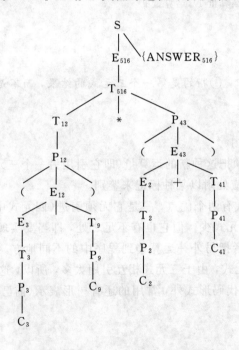

图 8.10 $(C_3+C_9)*(C_2+C_{41})$ **的翻译树**

不难看出,在图 8.10 所示的翻译树中,每个非终结符的属性值都是根据位于其下面那些符号的属性值来确定的,即按一种自下而上的方式来确定的。这种属性显然是综合属性。

8.7.2 继承属性和自上而下定值

下面的文法产生简单的说明语句:
1 $\quad$ (Declarations) $\rightarrow$ TYPE$_t$ $\quad$ V$_p$ {SET-TYPE}$_{p_1,t_1}$, ⟨V list⟩$_{t_2}$

$$(t_2, t_1) \leftarrow t \quad p_1 \leftarrow p$$
2 $\langle V\ list\rangle_t \rightarrow , V_p \{SET\text{-}TYPE\}_{p_1,t_1} \langle V\ list\rangle_{t_2}$
$$(t_2, t_1) \leftarrow t \quad p_1 \leftarrow p$$
3 $\langle V\ list\rangle_t \rightarrow \varepsilon$

其中，SET-TYPE(pointer，type)是一过程，其参数"pointer"指向相应变量在符号表的位置；"type"为相应变量的类型，其功能是将相应变量的类型填入符号表。

如何求得所需要的属性呢？在产生式 1 中，{SET-TYPE}的属性可直接根据输入串"TYPE V"求得；在产生式 2 中，{SET-TYPE}和{V list}的属性值必须经由产生式左部或其左边非终结符的属性传递过来。$(t_2, t_1) \leftarrow t$ 表示将 t 值赋给 t_1 和 t_2。

例如，假定输入串为"TYPE$_{real}$　V$_1$，V$_2$，V$_3$"，其分析过程如图 8.11 所示。

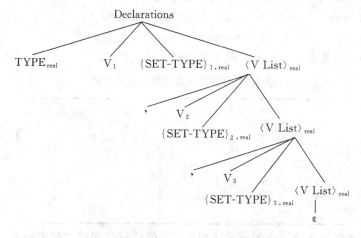

图 8.11　TYPE$_{real}$　V$_1$，V$_2$，V$_3$ 的翻译树

在图 8.11 所示的翻译树中，非终结符〈V list〉的属性值，或者根据其上层非终结符的属性来确定，或者根据产生式右部其他符号的属性来确定。最初，属性值 real 是直接根据输入符号 TYPE 属性值求得的，并传递给第一层的〈V list〉的其他出现。换句话说，这种属性值是根据自上而下方式确定的。

8.7.3　布尔表达式到四元式的翻译

高级程序语言中布尔表达式的基本作用是：
① 用做控制条件；
② 计算逻辑值。

常用的布尔表达式可用下述文法描述：

$$B \rightarrow B \wedge B | B \vee B | \neg B | (B) | id | B\ rop\ B$$

其中，∧、∨、¬ 为布尔（逻辑）运算符；rop 代表关系运算符（>，≥，<，≤，=，≠）；id 为布尔（逻辑）变量或布尔（逻辑）常数；B rop B 为关系表达式。

编译程序在计算布尔表达式时常采用如下两种方法：
① 通过逐步计算出各部分的值来计算整个表达式；
② 利用布尔运算符的性质计算其值，即

$$A \vee B \rightarrow \text{if } A \text{ then true else } B$$

A∧B→if A then B else false
¬B→if B then false else true

例如，对于 x := A>B∨C，用上述方法①处理，可得如表 8.4 所示的四元式序列。

表 8.4 用方法①得到的四元式序列

OP	〈运1〉	〈运2〉	结果
>	A	B	T_1
∨	T_1	C	T_2
:=	T_2		x

在利用方法②处理之前，先引进如下的几个新的四元式：

(jump$_t$ A   1) → if A then goto 1
(jump$_\theta$ A   B   1) → if (AθB) then goto 1
(jump   1) → goto 1

现用方法②可得如表 8.5 所示的四元式序列。

表 8.5 用方法②得到的四元式序列

	OP	〈运1〉	〈运2〉	结果
(1)	jump>	A	B	(5)
(2)	jump$_t$	C	—	(5)
(3)	:=	'false'	—	x
(4)	jump	—	—	(6)
(5)	:=	'true'	—	x
(6)				

虽然后一个四元式序列比前一个四元式序列要长，但执行时间却比前者短。

8.7.4 条件语句的翻译

本节讨论如何用语法制导方法将条件语句转换为中间代码，其基本思路是：
① 先对定义它的文法进行改造，以便能在相应处添加上语义子程序；
② 根据它的语义，设计出相应语义子程序的动作。
考虑用下述文法定义的条件语句：

S→if E then S_1 else S_2

该类条件语句的语义可用图表示，如图 8.12 所示。换言之，该类语句的执行流程为：

① 计算 E；
② 若 E 之值为 false，则转⑤；
③ 执行 S_1；
④ goto ⑥；
⑤ 执行 S_2；
⑥（后继语句）。

为此，将对原文法进行改造，以便能添加上相应的语义子程序，即

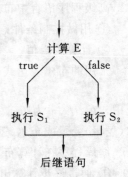

图 8.12 条件语句的语义

$S \rightarrow T$ else S_2, Sub1 $\begin{cases} ① \text{生成 } S_2 \text{ 的中间代码} \\ ② \text{设置位置标号 } l_2 \end{cases}$

$T \rightarrow I$ then S_1, Sub2 $\begin{cases} ① \text{生成 } S_1 \text{ 的中间代码} \\ ② \text{生成无条件转 } l_2 \text{ 的代码} \\ ③ \text{设置位置标号 } l_1 \end{cases}$

$I \rightarrow$ if E, Sub3 $\begin{cases} ① \text{生成计算 } E \text{ 的中间代码} \\ ② \text{若生成 } E \text{ 之值为 false,则转 } l_1 \text{ 的中间代码} \end{cases}$

由语义子程序 Sub1、Sub2、Sub3 生成的这类条件语句的中间代码模式如下：

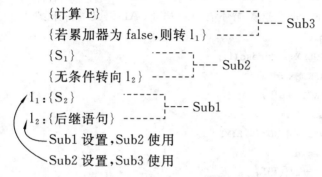

例如，if $A > B \lor C$ then $B := B+1$ else $A := A*B$ 转换成的四元式序列如下：

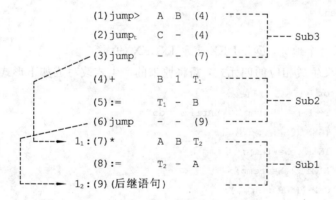

8.7.5 迭代语句的翻译

while 循环的一般形式为

$\qquad S \rightarrow$ while E do S

为了便于添加相应的语义动作并用语法制导方式来进行翻译，可将上面的定义重写成

$\qquad S \rightarrow CS$

$\qquad C \rightarrow W\ E$ do

$\qquad W \rightarrow$ while

那么，一个合适的用于翻译这类循环的属性翻译文法是

$\qquad W \rightarrow$ while $\qquad \{W_{quad} := \text{Nextquad};\}$

$\qquad C \rightarrow W\ E$ do $\qquad \{C_{quad} := W_{quad};\ \text{Backpatch}(E_{true}, \text{Nextquad});\ C_{false} := E_{false}\}$

$\qquad S \rightarrow C\ S^{(1)} \qquad \{\text{Backpatch}(S^{(1)}_{next}, C_{quad});$

$\qquad\qquad\qquad\qquad S_{next} := C_{false};\ \text{GEN}(\text{goto}\ C_{quad})\}$

其中，属性 guad 表示某个四元式的位置；Nextguad 表示下一个将要形成的四元式的地址（或四元式编号），其初值为 1，每当执行一次 GEN 后，Nextguad 就自动增 1，例如，W_{guad} := Nextguad 表示记下 while 语句所对应的第一个四元式的地址；E_{true} 和 E_{false} 分别用于记下表达式 E 所对应的需回填真、假出口的四元式地址所构成的地址链；$S_{next}^{(1)}$ 表示紧接 $S^{(1)}$ 的最后一个四元式的下一个四元式的地址；GEN(x) 表示生成 x 的四元式并把它填入现已生成的四元式序列的尾部；过程 Backpatch(g, t) 的功能是将 t 填入由 g 所指的四元式的〈结果〉部分。

再考虑具有下述形式的循环语句：

$$S \rightarrow \text{for } I := E^{(1)} \text{ step } E^{(2)} \text{ until } E^{(3)} \text{ do } S^{(1)}$$

如果假定 $E^{(2)}$ 是正的，那么这类循环语句的 PASCAL 语义等价于：

```
begin
    INDEX:=address(I);
    @INDEX :=E⁽¹⁾;
    INCR :=E⁽²⁾;
    LIMIT :=E⁽³⁾;
    while @INDEX≤LIMIT do
    begin
        "S⁽¹⁾的代码";
        @INDEX :=@INDEX+ INCR
    end
end
```

其中，INDEX 表示一个地址，@INDEX 表示 INDEX 的内容。

为了按上述语义生成相应的四元式，需将原来的产生式改写成如下形式：

1. $F \rightarrow \text{for } I \ \{F_{INDEX} := I_{INDEX}\}$

2. $T \rightarrow F := E^{(1)} \text{ step } E^{(2)} \text{ until } E^{(3)} \text{ do}$
   $\{\text{GEN }(@F_{INDEX} := E_{place}^{(1)})\};$
   INCR :=Newtemp;
   LIMIT :=Newtemp;
   GEN (INCR :=$E_{place}^{(2)}$);
   GEN (LIMIT :=$E_{place}^{(3)}$);
   T_{quad} :=Nextquad;
   T_{next} :=Makelist (Nextquad);
   GEN (if @F_{INDEX} >LIMIT goto__);
   T_{INDEX} :=F_{INDEX};
   T_{INCR} :=INCR }

3. $S \rightarrow T \ S^{(1)}$ {Backpatch ($S_{next}^{(1)}$, Nextquad);
   GEN (@T_{INDEX} :=@T_{INDEX} +T_{INCR});
   GEN (goto T_{quad});
   S_{next} :=T_{next} }

其中，F_{INDEX} 用于记录名字 INDEX；E_{place} 是与非终结符 E 相关的属性，表示存放表达式 E 之值的变量名在符号表的表项地址；Newtemp 是一个函数过程，每调用一次就返回一个新的临时变量 T_i；Makelist(q) 是一个函数过程，其功能是构造一个仅含四元式 q 的表列，每调用一次就返回它所构造的四元式 q 的地址，以便将来回填信息。

例如，循环语句

    for i :=1 step 1 until n do A[i]:=0；

将产生如下代码序列：

  100 @INDEX :=i /* INDEX 是指向 i 的指示器 */
  101 X_1 :=1   /* X_1,X_2 是由 Newtemp 返回的临时变量 */
  102 X_2 :=n
  103 if @INDEX>X_2 goto ＿
  104 "语句 A[i] :=0 的代码"
       ⋮
    @INDEX := @INDEX+X_1
    goto 103

对应的四元式序列为

(100)	:=	1	@INDEX
(101)	:=	1	X_1
(102)	:=	n	X_2
(103)	>	@INDEX	X_2	T_1
(104)	jumpf		(106)	T_1
(105)	jump	-	
(106)	"语句 A[i]:= 0 的代码"		
	⋮		
	+	@INDEX	X_1	T_2
	:=		T_2	@INDEX
	jump		(103)	

8.8 小 结

  直观上讲，语法制导翻译法（SDTS）就是为每个产生式配上一个语义子程序（也称为翻译子程序），在语法分析过程中，在选用某个产生式的同时，执行该产生式所对应的语义子程序来进行翻译的一种办法。

  产生式只能产生符号串，它并未指明所产生的符号串的含义是什么。语义子程序给出了一个产生式所产生的符号串的含义，这些含义是由语义子程序的一些具体的动作来体现的。语义子程序的动作通常取决于所生成的中间代码的形式。

  中间代码（也称中间语言程序）是其复杂程度介于源程序和机器语言程序之间的一种程序形式。一个多遍编译程序首先是把源程序翻译成某种中间代码，然后将中间代码翻译成相应的目标代码。一般说来，越到后面的阶段，中间代码就越接近于目标代码。

  利用 SDTS 方法生成某种语言成分的中间代码，首先需要对描述该语言成分的文法进行改造，然后将设计好的语义子程序加入改造后的文法。

习 题 八

8.1 设计一个SDTS，它把包含{＋，－，/，＊，(，)，a}的算术表达式翻译成逆波兰表示式。

8.2 试证：如果一个SDTS的基础源文法是无二义性的，那么，对它的每一个输入串，恰好存在一个翻译串。

8.3 对下面的每个SDTS，试证它们或存在或不存在一个等价的简单的SDTS。这里"等价"意指它们的翻译模式(x, y)的集合是相同的。

  ①   S→AB, BA   ② S→AB, BA
       A→Aa, Aa   A→Aa, Aa
       A→ε, b   A→ε, b
       B→Cc, cC   B→Bc, cB
       B→ε, ε   B→ε, ε
       C→d, d

8.4 将下述SDTS变换成等价的、简单后缀的SDTS：

  E→E or T, E infor T or
  E→T, T
  T→T and F, T infand F and
  T→F, F
  F→(E), E
  F→a, a

8.5 给出下面表达式的逆波兰表示、四元式和三元式形式：

  a＊b+(c-d)/e
  -a+b＊(-c+d)
  (a>b)∧(b<c)
  if a≤100 then a :=a+1 else a :=0;

8.6 给出翻译下述语句的翻译文法：

  repeat S until E;

8.7 假定循环语句

  S→for i :=$E^{(1)}$ step $E^{(2)}$ until $E^{(3)}$ do $S^{(1)}$ 中 $E^{(2)}$ 是正的，那么该循环语句的ALGOL语义等价于

    i :=$E^{(1)}$;
    goto over;
  Again : i :=i+$E^{(2)}$
  Over :if i≤$E^{(3)}$ then
    begin $S^{(1)}$; goto Again end;

试给出翻译它的翻译文法。

8.8 假定case语句呈如下形式：

  case E of

```
C₁ : S₁;
C₂ : S₂;
    ⋮
Cₙ₋₁ : Sₙ₋₁;
other : Sₙ
end of case
```

其中，E 称为选择因子，通常是一个整型表达式或字符(char)型变量；每个 C_i 的值为常数；S_i 为语句。case 语句的语义是：若 E 之值等于某个 C_i，则执行 S_i($i=1, 2, \cdots, n-1$)，否则执行 S_n。在某个 S_i 执行完之后，整个 case 语句也就执行完毕。

试给出一种以上 case 语句的中间代码形式。

第9章 运行时的存储组织与管理

冯·诺依曼计算机程序设计的基础是对基本存储单元的命名、赋值和重复操作,当程序运行时,应该有相应的存储区来存放代码和数据对象。因此,在目标程序运行时刻,源程序中每一个量都应分配以相应的存储单元。这个工作是由编译程序完成的。

存储分配是在运行阶段进行的,但编译程序在编译阶段要为其设计好存储组织形式,并将这种组织形式通过生成的目标代码体现出来,有时还需要辅以一定形式的服务子程序和信息表,为运行阶段实现存储奠定基础。运行阶段,随着目标代码的运行,数据的存储组织形式便得以实现。

编译程序必须为目标程序运行分配的存储空间涉及以下几方面:
① 用户定义的各种类型的变量和常数所需的存储单元;
② 作为保留中间结果和参数传递用的临时工作单元;
③ 调用过程或函数时所需的连接单元、返回地址;
④ 组织输入/输出所需要的缓冲区。

本章介绍有关运行时存储组织和管理的问题,首先介绍有关存储分配的基础知识,并讨论参数传递方式及其实现;然后介绍典型的存储分配方案,着重关注栈式存储分配方案;最后简要介绍静态存储分配方案和堆式存储分配方案。

9.1 存储分配基础知识

本节首先介绍一些与存储分配相关的基础知识。

9.1.1 运行时刻的存储区域

程序运行时,代码和代码访问的数据都需要存放在存储器中。图 9.1 给出了运行时刻的存储区域。

程序代码是确定的,可以和静态数据一样存放在存储器的静态区域。动态变化的栈可以用于管理过程调用时需要访问的相关信息。对于动态数据结构,则分配在堆里。

9.1.2 过程活动与过程的活动记录

每当过程被执行时,就产生该过程的一个活动。如果过程允许递归,那么,在某个时刻,该过程可能存在几个活动。

过程在执行时需要各种信息。为管理过程活动所需的信息,当过

图 9.1 运行时刻的存储区域

程调用发生时,使用一个连续的存储块记录该活动的相关信息,称其为该**过程的活动记录**或**数据区**。如果过程允许递归,每递归调用一次,就需要一个相应的活动记录用于记录该次递归调用所需的相关信息,在存储区中就有相应递归次数个的活动记录。因此,活动记录并不属于过程本身,而属于过程活动,即过程的执行。

过程的活动记录或数据区是一片相连的存储单元。一般,一个数据区中所有的单元有相同的定义域。在编译时,任何变量运行时存储单元都可由一个对偶(数据区编号,位移)表示,其中,数据区编号是分配给数据区的唯一编号,位移是指该存储单元相对于数据区起始地址的距离(或单元数)。例如,对于编号为 10 的数据区,它的第一个存储单元可表示为(10,0),第二个存储单元可表示为(10,1),第 i 个存储单元则表示为(10,i-1)。需要引用某个变量的代码时,必须把这种表示转换成存储区的实际地址。常用的方法是,把数据区第一个单元的地址(称为基地址)放入某寄存器 BA 中,再通过"@(BA)+位移"的方式来引用该变量。@(BA)表示寄存器 BA 的内容。也就是说,(数据区编号,位移)被转换成(基地址,位移)的形式了。

当过程返回(活动即将结束)时,过程的数据区或活动记录一般包含如下内容。

(1) 连接数据:主要用于保证调用者与被调用者之间的控制联系和数据联系,包括以下几点。

① 返回地址:调用者断点处下一条指令的地址,用于解决调用结束时的控制返回。

② 动态链:指向调用者的最新活动记录地址的指针,保证过程活动结束返回时能够回到调用者的活动记录中访问数据。

③ 静态链:指向被调用者静态直接外层的最新活动记录起始地址的指针,用于访问非局部数据。

(2) 形式单元:存放相应的实在参数的地址或值。

(3) 局部数据:局部变量、内情向量、临时工作单元。

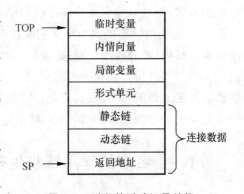

图 9.2 过程的活动记录结构

过程活动记录的一般结构如图 9.2 所示。通常使用两个指针:一个称为 SP,总是指向现行过程活动记录的起始地址;一个称为 TOP,始终指向已被占用的数据栈栈顶单元。

活动记录中每个域的大小不是固定不变的,但几乎所有域的长度都可以在编译时确定,除非含有那种大小需由实在参数决定的形式参数(如 PASCAL 中的可调数组)。

对于 PASCAL 和 C 这样的语言,通常将活动记录存放在栈中以便于管理。

活动记录的结构随编译程序的不同而不同。图 9.2 给出的是过程活动记录的一般结构,不同的编译程序采用不同的实现方案,可以有不同的结构;活动记录中数据的组织顺序则依赖于目标机器体系结构、源语言特性和编译程序编写者的喜好等因素。

9.1.3 静态层次、静态外层和动态外层

过程(或分程序)嵌套结构的程序设计语言,源程序书写完后,过程(或分程序)间形成一种嵌套层次关系,过程(或分程序)在这种嵌套结构中的层次称为**静态层次**,如图 9.3 所示。

```
PROGRAM main;
  VAR a,b,c:real;
  PROCEDURE x;
    VAR d,e:real;
    PROCEDURE y;
      VAR f,g:real;
      BEGIN
      END;{y}
    PROCEDURE z;
      VAR h,i,j:real;
      BEGIN
      END;{z}
    BEGIN
    END;{x}
  BEGIN
  END.{main}
```

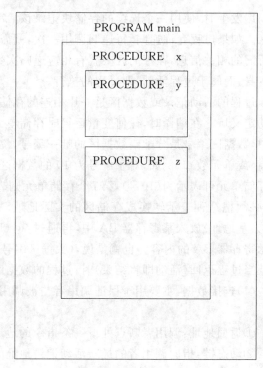

(a)示意性源程序　　　　　　　　(b)源程序的嵌套结构

图 9.3　过程(或分程序)嵌套结构

为描述方便,对静态层次采用编号,通常是按照过程说明或分程序在源程序中出现的顺序依次编号的,而且对并列的程序单位的层号往往给予相同的编号。一般假定主程序的层次为 0 层,每个过程的静态层次为定义它的过程的静态层次＋1。直接包含某过程(或分程序)的外层称为该过程(或分程序)的**静态外层**,如图 9.3 所示,过程 x 是过程 y、z 的静态外层,main 是过程 x 的静态外层。而在运行时刻,调用某过程(或分程序)的子程序称为该过程(或分程序)的**动态外层**。如图 9.3 所示,若运行时刻 main 调用 x,则 main 是 x 的动态外层;若 x 调用 y,则 x 是 y 的动态外层,若 y 调用 x,则 y 是 x 的动态外层。

9.1.4　名字的作用域和生存期

程序中所有的对象都有一个名字,用标识符表示,但名字与标识符是两个不同的概念。在程序设计语言中,凡以字母开头的字母数字序列(有限个字符)都是标识符。当给予某个标识符以确切的含义后,该标识符就称为一个名字。名字代表一个抽象的存储单元,该单元的内容为此名字的值。标识符是一个没有意义的字符序列,而名字却有着确切的意义和属性。

名字存在作用域。语言中同一标识符在过程中不同的地点(如不同分程序),可用来代表不同的名字;程序运行时,同一名字在不同时间可能代表不同的存储单元(如递归情形)。名字的作用域规定了它的值的存在范围,也就是该变量能被引用的程序区间。

源程序中,定义一个标识符的语法单位称为该**标识符的作用域**。能给标识符下定义的语法单位称为层。**标识符的生存期**是指定义该标识符的语法单位的整个运行期间,除去该语法单位内部嵌套的定义有同名标识符的语法单位的运行期间。

在主程序中说明的量称为**全程量**。对于嵌套子程序结构,在外层子程序中说明的量称为相对于原子程序的非局部量,而在内层子程序中说明的量称为相对于内层子程序的**局部量**。

从存储分配的角度看,变量的存在是指它占有存储单元。全程量在整个程序运行期间始终占有数量(基本)固定的存储单元,直至该程序执行完毕。而局部量和非局部量只在运行到相应的程序单位(如过程或分程序)时才被分配数量确定的存储单元,一旦该程序单位执行结束,所分配的存储单元即被释放。由此可见,即使是全程量与局部量和非局部量同名,也将分配不同的存储单元。

9.1.5 名字的静态属性和动态属性

名字具有属性,包括类型和作用域。名字的类型决定了其所取值的范围、在计算机内的表示方式、占用的存储空间大小,以及对它能施加的运算。

程序中名字的属性常常不能在编译阶段全部确定出来,这取决于名字属性定义的方法。程序中名字的属性可以有以下规定方法。

① 通过说明语句来明确规定。如 PASCAL 语言、C 语言中的变量说明、常量定义、子程序说明等。

② 隐约定。没有明确的说明语句,但名字按照某种规则具有相应的属性。如 FORTRAN 中规定,凡以 I,J,…,N 为首字符的标识符均为整型,否则为实型。

③ 动态确定。程序中的名字属性没有说明语句予以定义,也没有相关规则规定,而在程序运行时根据赋予名字的值动态地确定名字的属性。

如果一个名字的属性是通过说明语句或隐约定规则定义的,则称这种性质为**静态属性**。如果名字的属性只有在程序运行时才能知道,则称这种属性是**动态属性**。

对于具有静态属性的名字,编译时就可以确定它所占用的存储空间的大小,可以在编译时进行存储分配。

对于具有动态属性的名字,在程序运行时收集和确定它的属性,并进行必要的类型转换。例如,PL/1 语言中的动态数组的上下界的存储空间属性在编译阶段就不知道。因此,编译阶段在给变量分配存储地址的同时,还为它分配一个属性字,用以记录该变量在运行时所确定的属性。对于动态数组,在运行时,一旦知道了存储空间属性,就可以分配存储空间,并把所分配的存储空间的起始地址存放在相应的属性字中,以后总是通过这个属性字去访问相应数组元素。这个属性字称为数组的信息向量。

9.1.6 常见数据类型的存储分配

1. 基本数据类型的存储分配

基本数据类型包括整型、实型、布尔型和指针类型。整型变量通常占用数据区中一个单元,其值按机器内部的标准整数形式存储。实型变量通常占用一个字,如果要求高精度,也常采用双倍字长的浮点形式。布尔变量占用一个字,考虑到内存单元的节省,也可以用一个二进位表示一个布尔变量,并尽可能地把许多布尔变量或常数合并在一个字中。指针类型数据的值是存储器中某个单元或数据区的地址,该地址是另一个数据量或数据区的存储位置。指针类型数据通常在存储器中占一个单元。

2. 数组的存储分配

数组的存储可以分为单块存储方式和多块存储方式。

单块存储方式就是把数据区中的一片相连单元分配给数组的元素，数组的所有元素则按次序连续地存储在这片数据区中。元素的排列次序通常为按行的次序和按列的次序两种。所谓按行的次序是指先按行排序（按列的次序则是先按列排序）把数组元素存放到数据区中。

多块存储方式是对每一行都分配一个单块数据区，每行的元素按递增次序存放在这块数据区中。此外，还设一个指针表，用以指示这些单块数据区的开始位置。

由于编译时不能确定数组实际元素的数目，通常在编译时只安排数组的信息向量的存储，而把实际元素的存储放到运行阶段，安排在数据区栈顶，用多少安排多少。每个数组的信息向量通常包括维数，各维的上、下界，界差，第一个元素的地址，地址计算公式的常量部分，以及数组（元素）的类型等，以便在计算数组元素地址时引用这些信息。信息向量的长度是固定的，因此在编译阶段就能在数据区中给它分配存储空间，使它与相应数组联系。

3. 记录结构的存储分配

记录结构是由不同类型的数据组合起来的一种结构。一个记录通常含有若干个分量，不同分量的数据类型可以不同，但分量的名字必须唯一。例如，记载学生信息（名字、学号、年龄）的卡片就可写成如下的记录形式：

```
record
    name : char_string[20];
    number : integer;
    age : integer;
end;
```

许多程序语言（例如，PASCAL、C）都包含记录这样的数据结构，但不同语言定义记录结构的方式是不尽相同的。

记录结构最简单的存储分配方式是将其分量依次连续存储在一个数据区中。以 STUDENT 为例，假定每个存储单元含 4 个字节，可存放一个整数，每个字节可存放一个字符，那么 STUDENT 的每个元素需占用 28 个字节。

9.2 典型的存储分配方案

程序设计语言关于标识符的作用域和生存期的定义规则决定了分配目标程序数据空间的基本策略。在大部分现有编译中采用的方案主要有两种，即静态存储分配方案和动态存储分配方案。

9.2.1 静态存储分配方案

静态存储分配，是指在编译阶段对源程序中的量分配以固定存储单元，运行时始终不变。

静态存储分配要求源语言满足以下要求：

①程序中的每一个数据对象的大小在编译阶段能够确定（即不允许有可变体积的数据，如可变数组等）；

②程序运行过程中的给定时刻，每一个数据对象只允许存在一个实例（即不允许有递归等）；

③所有名字的属性是静态的（即不允许有需在运行时动态确定性质的名字）。

满足上述特点的语言，可以在编译阶段确定源程序中所有数据对象所需要的存储单元，其程序所需要的数据空间总量在编译时完全可以确定，从而可在编译阶段进行存储分配。例如，像 FORTRAN 这样不允许有递归、大小可变或性质待定的数据对象的语言，能够在编译时刻完全确定其程序每个数据对象存储空间的大小，可以采用静态存储组织与分配。

采用静态存储分配，每次过程活动，一个过程中的同名局部量总是结合到相同的存储单元。即使过程活动结束，过程中局部量的值仍能保留，如果程序结束前再次进入该过程，局部量的值将和上次该过程结束时一样。

9.2.2 动态存储分配方案

动态存储分配，是指在运行阶段动态地为源程序中的量进行存储单元分配。

如果语言的程序中某些数据对象的大小在编译阶段不能确定，或者允许如递归时的名字结合，或者需要动态地建立数据结构，那么程序中的这些数据对象就不能在编译时确定其所需要的存储单元的大小，必须等到运行阶段根据实际运行情况分配存储单元，这就必须采用动态存储分配。

虽然动态存储分配方案将分配存储单元的工作放在运行阶段，但并非所有的工作都放在运行时刻做。编译程序将在编译阶段为运行阶段设计好存储组织形式，为每一个数据项安排好它在数据区中的相对位置，并将这些安排以代码的形式插入生成的目标代码中。等到运行阶段，随着目标代码的执行，就会按编译程序安排的存储方式进行存储分配。

动态存储分配又有以过程为单位的栈式存储分配和堆式存储分配两种。

栈式存储分配，是指在运行时把存储器作为一个栈进行管理，每当调用一个过程，它所需要的存储空间就分配在栈顶，一旦退出，它所占用的空间就被释放。

堆式存储分配，是指在运行时把存储区组织成堆，以便用户对存储空间进行申请与归还，凡申请则从堆中分给一块，凡释放则退回给堆。

不同的编译程序，有不同的存储组织方式与分配方案。有的语言可以采用静态存储分配方案，有的则需要同时采用上述两种存储分配方法。

9.2.3 存储分配时需考虑的问题

编译程序组织存储区时需要考虑的问题很多，例如：

过程能否递归？

控制从过程的活动返回时，局部量的值是否变化？

过程如何访问非局部量？

过程调用时参数如何传递？

过程是否可作为参数被传递?
过程是否作为结果被返回?
存储区能否在程序控制下动态地被分配?
存储区是否必须显式地被释放?
临时变量如何分配?
……

本章的讨论将主要涉及编译程序在具体实现时应解决的下述四个问题。

① 临时变量、数组等特殊量的存储分配。临时变量可直接在数据区中分配。对于数组,则只需在数据区中安排数组的内情向量所需单元即可,实际运行时,数组分量则可根据实际数量安排在数据栈顶。

② 实在参数与形式参数结合的问题。不同语言的形式参数、实在参数结合方式不同,解决方法也各不相同(详见 9.3 节)。

③ 调用结束的控制返回问题。由于调用是在运行阶段动态发生的,一个过程不一定能在运行之前就确定何时会被谁调用。因此每次调用的返回地址只能记录在运行时刻动态生成的数据区(即活动记录)中,可以在每个被调用者相应的数据区内增加"返回地址"一项。

④ 嵌套过程之间对标识符引用的寻址问题。许多语言都允许嵌套结构,为解决调用时非局部量的访问,需要在被调用者的数据区内开辟一些单元,存放嵌套过程间的联系信息。

9.3 参数传递方式及其实现

程序运行时,调用者与被调用者之间的信息交流是通过全局量或参数传递的方式进行的。这里主要讨论参数传递的几种方式。不同语言的形式参数、实在参数结合方式不同,解决方法也各不相同。在讨论具体的存储分配方案之前,先介绍几种典型的参数传递方式及其实现方法,包括传地址、传值、传结果、传名等。

9.3.1 传地址

在传地址(call by reference/address/location)方式下,调用者将实在参数的地址计算出来传递给被调用者。每个形式参数在被调用者的数据区中需要一个存放实在参数地址的单元。被调用者对形式参数的所有引用都作用在实在参数上,类似于 PASCAL 的变量参数。

如果实在参数是简单变量或临时变量,则调用者将其地址送到被调用者形式参数中;如果实在参数是常量或表达式,则调用者将计算出其值并存放到一临时单元中,然后将临时单元的地址送到被调用者形式参数中。当调用者开始工作后,过程体内对形式参数的任何引用都被处理成对相应形式单元的间接访问。最后,当调用者返回时,形式单元所指向的实在参数单元就存有希望的值。

例如,有程序段

```
procedure p(x);
  begin
    …
```

```
        x:= x+ 5;
        writeln(x,a)
    end;
```
假设程序中调用者有以下语句
```
    ...
    a:= 3;
    p(a);
L:  write(a);
    ...
```
则 L 行的语句执行完后程序的输出为
```
    8,8
    8
```

9.3.2 传值

在传值(call by value)方式下,调用者将实在参数的值计算出来并传递给被调用者。每个形式参数在被调用者的数据区中需要一个存放实在参数值的单元。被调用者对形式参数的所有引用都是对存放值的形式参数单元的引用,就像使用过程体内局部量一样,类似于 PASCAL 的值参数。

对上述程序段,若采用传值方式实现参数传递,则 L 行的语句执行完后程序的输出为
```
    8,3
    3
```

9.3.3 传结果

在传结果(call by result)方式下,调用者将实在参数的地址和值都传递给被调用者。每个形式参数在被调用者数据区中需要一个存放实在参数值的单元和一个存放实在参数地址的单元。被调用者通过值单元存取值,调用结束后,在返回前,按地址单元中地址将结果写入实在参数对应的单元。

对上述程序段,若采用传结果方式实现参数传递,则 L 行的语句执行完后程序输出为
```
    8,3
    8
```

9.3.4 传名

传名(call by name),这是一种用实在参数的地址计算程序对形式参数进行原文替换的调用方式。在调用者中,对应每一个实行名字调用的实在参数都编制一个单独的程序,称为形实替换程序(thunk),该程序负责计算实在参数的地址。当调用时,将此形实替换程序的入口地址传递给被调用者。被调用者每遇到形式参数,就按此入口地址调用形实替换程序,计算实在参数的地址,并按计算出的地址引用实在参数。

注意:每一次对相同形式参数计算出的实在参数地址有可能不同。

假设有如下示意性程序段,采用传名方式进行参数传递。
```
procedure R(X,I);
  begin
    I:= 2;
L1:   X:= 5;
    I:= 3;
L2:   X:= I
  end;
```
假设程序中有如下调用:
```
    J:= 2;
    R(B[J* 2],J);
```
则运行到 L1 处,按照名字 B[J*2]的地址计算程序计算出来的地址是 B[4],于是将对 B[4]单元赋值为 5;当运行到 L2 处时,由于刚执行的语句"I:=3;"将单元 J 已经赋值为 3 了,再按照名字 B[J*2]的地址计算程序计算出来的地址是 B[6],于是将对 B[6]单元赋值为 3。可以看到,被调用者每次都是根据调用地址计算程序计算出来的新地址进行访问。

上述实现机制,相当于程序运行后,将原被调用者替换成如下形式:
```
procedure R(B[J* 2],J);
  begin
    J:= 2;
L1:   B[J* 2]:= 5;
    J:= 3;
L2:   B[J* 2]:= J
  end;
```
然后在替换后的程序上运行得到结果,所以这种方式也称为换名。

9.4 栈式存储分配

很多高级语言具有嵌套结构,允许递归调用,具有动态数组,或者允许用户自由申请和释放存储空间,使得在编译时无法知道程序在运行时需要多大的存储空间,这就需要在运行时进行存储分配和管理。以过程为单位的栈式存储分配就是一种在运行时进行存储管理的方法。

9.4.1 概述

所谓以过程为单位的栈式存储分配,是指把整个程序的数据空间设计成一个栈,以过程调用为单位来设置数据区。在程序运行时,每当调用一个过程,就根据该过程的说明为该过程在数据区栈的顶部分配一定数量的存储单元,作为该过程的数据区;每当一个过程运行结束时,就从栈中释放它所占用的存储空间。如果是递归调用,则根据调用深度分别为各次调用而先后设置不同的数据区。

例如,有图 9.4 所示的示意性源程序,如果采用栈式存储分配方案,则运行栈 S 的变化将如图 9.5 所示。

```
program main;
    const a= 10;
    var b,c:integer;
      d,e:real;
    procedure p(x:real);
      var f:real;
      procedure q(y:real);
        const g= 5;
        var n:bodean;
        begin
          if e< 0 then p(f);
          ...
        end
      begin {p}
      ...
        q(e);
      ...
      end; {p}
    procedure t;
      var j:real;
      begin {t}
      ...
        p(e);
      ...
      end; {t}
    begin {main}
    ...
      while c> 0 do t;
      p(d);
      ...
    end,{main}
```

图 9.4 示意性源程序

首先是主程序开始运行,此时,将在数据栈顶为主程序 main 分配其所需要的数据存储空间,如图 9.5(a)所示。接下来,假设条件 c>0 成立,main 调用 t,将在栈顶 main 的数据区后继续为 t 分配数据存储空间,如图 9.5(b)所示。t 调用 p 后,将在数据栈顶 t 的数据区后继续为 p 分配数据区,如图 9.5(c)所示。p 执行的过程中调用 q,将在 p 的数据区后为 q 分配存储空间,此时的数据区将如图 9.5(d)所示。如果 q 执行时,e<0,q 将调用 p,则在数据区中 q 的数据区后为 p 分配存储空间,数据区栈将如图 9.5(e)所示。假设 q 执行时 e<0 不成立,则不递归调用 p,q 调用结束时,数据栈格局将恢复到如图 9.5(c)所示,p 的第一次调用结束时,数据栈格局将恢复到如图 9.5(b)所示;t 调用结束时,数据栈格局将恢复到如图 9.5(a)所示。最终,main 结束后,其所占用的数据空间也将被释放。

栈式动态存储分配策略适用于 PASCAL、C、ALGOL 之类具有递归结构的语言的实现。

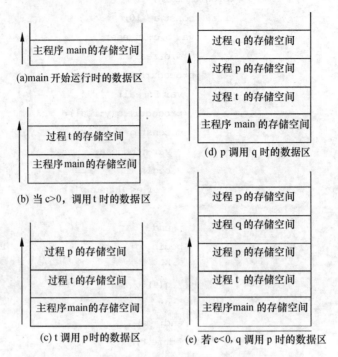

图 9.5　运行栈 S 的变化

9.4.2　简单栈式存储分配

虽然 C 语言也采用栈式存储分配,但在 C 语言的定义中,允许子程序的递归调用,不允许子程序的嵌套结构,因而 C 程序的实现采用一种简单的栈式存储分配方案:把存储区组织成栈,程序运行时,每当调用一个子程序,就在栈顶为它分配一块空间作为其工作时的临时数据区,即该子程序的活动记录;当该子程序结束时,将其活动记录弹出栈。一个子程序活动记录的体积在编译时是可以静态确定的。

C 程序运行时的数据存储区结构如图 9.6 所示。

C 子程序的活动记录结构如图 9.7 所示。

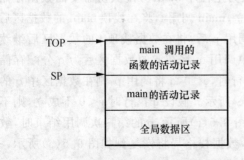

图 9.6　C 程序的存储区结构

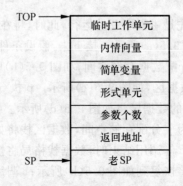

图 9.7　C 子程序的活动记录结构

在过程中,局部变量的说明决定了其占用的存储空间的大小,局部变量相对于活动记录起点的地址完全可在编译时确定下来;局部数组的内情向量的相对地址也可在编译时确定下来。数组空间分配之后,对数组元素的引用也就容易用变址访问的方式来实现。因此,活动记录的大小完全可以在编译时确定下来。

9.4.3 嵌套结构语言的栈式存储分配

有的语言,如 PASCAL 语言,允许过程定义出现嵌套。

图 9.4 中,主程序 main 内部出现了两个并列的过程 p 和 t 的定义,而过程 p 的内部又嵌套了过程 q 的定义。对于允许过程嵌套的语言,在过程调用时存在对非局部变量的访问问题,因而其存储分配比 C 语言的存储分配要复杂一些。例如,图 9.4 中,p 可以访问名字 e,而 e 是在 main 中说明的,其相关信息存放在 main 的活动记录中,p 要访问 e,必须找到 main 的活动记录。

如果不考虑"文件"和"指针"两种类型,可以在简单栈式存储分配方案的基础上增加一些连接数据来解决非局部量的访问。

为访问非局部名字,被调用者必须知道该名字所在的活动记录。这就需要被调用者能够获得其所有外层过程的最新活动记录的起始地址,可以采用静态链或嵌套层次显示表(display)来解决。

1. 静态链

在栈式数据区(活动记录)中增加一个静态链,它从一个过程的当前活动记录指向其直接静态外层的最新活动记录的起始地址,此时活动记录结构如图 9.8 所示。

动态链为调用者活动记录的起始地址。当被调用者结束运行时,利用动态链可以得到调用者的活动记录的起始地址,从而使调用结束后能够从调用者的活动记录中访问数据。

当被调用者需要访问非局部量时,可以利用层差信息(名字引用层与说明层的静态层次差),跳过若干层活动记录,找到名字被说明层的活动记录,再结合名字的相对地址信息,即可访问该名字了。

下面以图 9.4 中的示意性程序为例,说明如何通过静态链实现对非局部量的访问。为便于描述,假定常数占用数据区中的存储单元,且所有数据对象只占用一个存储单元。

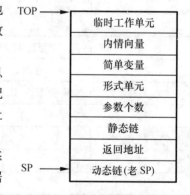

图 9.8 嵌套过程的活动记录结构(静态链)

如果主程序运行后,条件 c>0 满足,则主程序将调用 t,而 t 将调用 p,p 又调用 q,此时整个程序的数据运行栈如表 9.1 所示。q 运行时要执行语句"if e<0 then p(f);",需要访问非局部量 e。此时,根据调用语句中 e 的层差信息(引用层层次−说明层层次=2−0=2),沿着静态链向外跳过一个活动记录,即从当前活动记录(起始地址为 19)沿着静态链提供的信息(静态链 SL=13),往前跳一个活动记录到达 p 的活动记录(起始地址为 13),再从 p 的活动记录沿着静态链提供的信息(静态链 SL=0),往前跳一个活动记录到达 main 的活动记录(起始地址为 0),加上偏移量 7,即得

到 e 在数据区中的地址 7,从而实现了在 q 运行时对非局部量 e 的访问。

表 9.1 c>0 满足时,利用静态链实现 p 调用 q 时访问非局部量 e

栈顶 TOP 值	运行栈 S[T]	调用语句及当时 TOP 值	活动记录起始地址 SP
0	动态链 DL		SP=0
1	返回地址 RA		
2	静态链 SL		
3	a		
4	b		
5	c		
6	d		
7	e	TOP=7;t;	
8	动态链 DL=0		SP=8
9	返回地址 RA		
10	静态链 SL=0		
11	0		
12	j	TOP=12;p(e);	
13	动态链 DL=8		SP=13
14	返回地址 RA		
15	静态链 SL=0		
16	1		
17	x		
18	f	TOP=18;q(e);	
19	动态链 DL=13		SP=19
20	返回地址		
21	静态链 SL=13		
22	1		
23	y		
24	g		
25	n	TOP=25;p(f);	

2. 嵌套层次显示表

采用静态链,每次访问非局部量需要沿着静态链跳过若干个活动记录,速度受到影响。为了提高访问速度,引进一个指针数组——嵌套层次显示表(display),依次存放着现行层、直接外层……直至主程序层等每一层过程的最新活动记录的起始地址。假定当前过程的层数为 i,则它的嵌套层次显示表含有 i+1 个元素,即嵌套层次 i 过程中的非局部变量可能在 i−1,i−2,…,0 层,对这些非局部量的访问是通过嵌套层次显示表的第 i 个、第 i−1 个、…,第 1 个元素提供的线索而获得的。

采用嵌套层次显示表解决非局部量的访问,可将活动记录结构设计成如图 9.9 所示。

每个过程的形式单元数目在编译时是知道的,因此,嵌套层次显示表的相对地址在编译时是完全确定的。过程的层数可以静态确定,因此每个过程的嵌套层次显示表的大小也可在编译时确定,即整个活动记录可在编译时确定。

假设过程 P_1 可调用 P_2,为了能在 P_2 中获得 P_2 的直接外层的嵌套层次显示表地址,在 P_1 调用 P_2 时设法把 P_1 的嵌套层次显示表地址作为连接数据之一(称为被调用者 P_2 的"全局嵌套层次显示表")传送给 P_2。P_2 在构建自己的活动记录时,只需从"全局嵌套层次显示表"得到 P_1 的嵌套层次显示表,然后从中取 i 个(i 为 P_2 的层次数)元素,再加上自己的活动记录起始地址(当前 SP)就可建立起自己的嵌套层次显示表了。

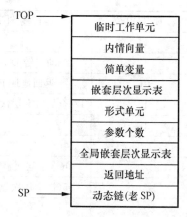

图 9.9 嵌套过程的活动记录结构
(嵌套层次显示表)

下面仍以图 9.4 中的示意性程序为例,说明如何通过嵌套层次显示表实现对非局部量的访问。

假定进入程序时条件 c>0 成立,且程序已执行到 q 被调用,则数据区如表 9.2 中地址 0~32 所示。当 q 执行到语句"if e<0 then p(f);"时,q 将自己的嵌套层次显示表起始地址 28 作为 p 的全局嵌套层次显示表填写到 p 的活动记录中,p 在构建自己的活动记录时,按照此全局嵌套层次显示表值找到 q 的嵌套层次显示表,从中取自己层次数(p 的静态层次为 1)个元素放到自己的嵌套层次显示表中,再加上自己的活动记录起始地址 33,完成自己的嵌套层次显示表的构建,如表 9.2 中地址 38~39 所示。

表 9.2 条件 c>0 成立时的数据区(使用嵌套层次显示表)

栈顶 TOP 值	运行栈 S[T]	调用语句及当时 TOP 值	活动记录起始地址 SP
0	动态链 DL		SP=0
1	返回地址 RA		
2	0(嵌套层次显示表)		
3	a		
4	b		
5	c		
6	d		
7	e	TOP=7;t;	
8	动态链 DL=0		SP=8
9	返回地址 RA		
10	2(全局嵌套层次显示表)		
11	0		
12	0(嵌套层次显示表)		
13	8(嵌套层次显示表)		

续表

栈顶 TOP 值	运行栈 S[T]	调用语句及当时 TOP 值	活动记录起始地址 SP
14	j	TOP=14;p(e);	
15	动态链 DL=8		SP=15
16	返回地址 RA		
17	12(全局嵌套层次显示表)		
18	1		
19	x		
20	0(嵌套层次显示表)		
21	15(嵌套层次显示表)		
22	f	TOP=22;q(e);	
23	动态链 DL=15		SP=23
24	返回地址 RA		
25	20(全局嵌套层次显示表)		
26	1		
27	y		
28	0(嵌套层次显示表)		
29	15(嵌套层次显示表)		
30	23(嵌套层次显示表)		
31	g		
32	n	TOP=32;p(f);	
33	动态链 DL=23		SP=33
34	返回地址 RA		
35	28(全局嵌套层次显示表)		
36	1		
37	x		
38	0(嵌套层次显示表)		
39	33(嵌套层次显示表)		
40	f	TOP=40;	

q 调用 p 还需要访问非局部量 f,根据调用语句中 f 的层次信息(说明 f 的层为 1 层),q 从自己的嵌套层次显示表中取相对地址为 1 的那个元素(15),这就是 f 所在活动记录起始地址,加上 f 的偏移量 7,即得到 f 在数据区中的地址 22,从而实现了在 q 运行时对 f 的访问。

9.4.4 过程调用时的存储管理

由于递归深度是不定的,普通的过程调用,有时也需要看条件是否成立才能确定是否发生调用,故过程的数据区也不能确定在什么地方。但是,每个过程中大部分数据对象的相对地址(相对于该过程数据区起点)是完全可以在编译时安排好的。运行时,在动态分配给过程的数据区中按编译时安排的相对地址就可以访问过程数据区中的数据了。

像数组这样的特殊数据对象,只需要在数据区中安排数组内情向量(维数、界差、上下界等信息)所需的单元(这些单元的大小可以在编译时刻计算出来),而它的实际分量则安排在数据区栈的栈顶,在运行时刻可以根据实际数组元素的多少而在栈顶相应存放。

调用结束时,程序的控制应能够从被调用者返还给调用者,数据的访问也应该从在被调用者的数据区进行回到在调用者的数据区进行,即调用结束后应有正确的控制返回和正确的数据访问返回,因此,需要在过程调用发生时完成以下工作:

①调用者建立参数表、连接数据等;
②调用者进行形式参数、实在参数的代换;
③被调用者保存状态信息、初始化局部数据,并转过程(体)起始地址。

在过程调用结束时,需要完成以下工作:

①被调用者参数返回;
②被调用者根据返回地址恢复调用者的数据区,并将返回地址送 PSW;
③调用者恢复执行——从断点处继续执行。

以图 9.9 所示的活动记录为例,A 部分信息的填写由调用者完成,B 部分信息的填写由被调用者完成,如图 9.10 所示。

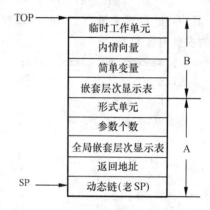

图 9.10　嵌套过程的活动记录结构
　　　　　(嵌套层次显示表)

9.4.5　PL/0 栈式存储分配

下面以 PL/0 的编译程序为例,来说明栈式存储分配的具体实现。PL/0 语言是 PASCAL 语言的一个子集,它允许过程嵌套定义,因此在实现时,PL/0 语言的过程活动记录中设计了静态链,以解决非局部量的访问。

在 PL/0 语言的编译程序中,采用单遍扫描,过程 block 完成语法分析,是整个编译程序工作过程的主要控制程序。为便于描述,摘录 block 的主要内容如下:

```
procedure block(lev, tx: integer; fsys: symset);
  begin
    dx:= 3;      (* 从被处理过程数据区相对位置为 3 处分配存储空间* )
    tx0:= tx;    (* 本层 block 的符号表起始位置* )
    table[tx].adr:= cx;
    gen(jmp,0,0); …
    repeat
      if sym = constsym then    处理常量定义;
      if sym = varsym then      处理变量说明;
      while sym = procsym do
        begin … block(lev+ 1,tx,[semicolon]+ fsys); … end;
      …
    until not (sym in declbegsys);
    code[table[tx0].adr].a:= cx;
```

```
            with table[tx0] do
              begin adr:=  cx;        (* 本层分程序代码开始地址* )
              end;
            …
            gen(int,0,dx);
            statement([semicolon,endsym]+ fsys);
            gen(opr,0,0);…
          end;   (* block 结束* )
```

其中,在"处理常量定义"和"处理变量说明"时都将调用过程 enter 完成符号造表工作,enter 的主要内容如下:

```
      procedure enter(k:object);              (* 填符号表* )
      begin
          tx:= tx+ 1;
          with table[tx] do
          begin
            name:= id;
            kind:= k;
            case k of
              constant: begin                  (* 常量造表* )
                        if num>  amax then
                          begin
                            error(31);
                            num:=  0
                          end;
                        val:=  num
                      end;
              variable: begin                  (* 变量造表* )
                        level:= lev;
                        adr:= dx;
                        dx:= dx+ 1;
                      end;
              procedure: level:= lev;          (* 过程标识符造表* )
            end  (* end of case* )
          end
      end;      (* enter 结束* )
```

block 中定义了变量 dx 来计算活动记录的大小,在 block 的每一次调用开始就有语句

```
      dx:= 3;
```

即表明从被处理过程的活动记录中相对位置为 3 处开始分配存储空间,而相对地址为 0、1、2 的三个单元分别安排了动态链、返回地址和静态链。

dx 将在填符号表时作为名字的一个属性被记录在符号表中,这在过程 enter 中通过以下语句实现。

```
      case k of
        constant: …
```

```
        variable: begin
                ⋯
                adr:= dx;
                dx:= dx+ 1;
            end;
        procedure: ⋯
    end (* end of case* )
```

在 PL/0 中,代码生成由过程 gen 完成。PL/0 抽象计算机的代码是伪代码,是根据 PL/0 的基本操作和数据而设计的,它的具体形式如图 9.11 所示。

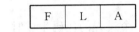

图 9.11 PL/0 抽象计算机的指令

其中,F 段代表伪操作码,L 段代表引用层与说明层的层差,A 段代表位移量(相对地址)。PL/0 的伪代码指令系统共有如下 8 条指令。

① INT:为被调用的过程(包括主程序)在运行栈 S 中开辟数据区,这时 A 段为所需单元个数(包括三个联系单元在内);L 段恒为 0。

② CAL:调用过程,L 段为层差信息,A 段为被调用过程的过程体(严格说是过程体之前一条指令)在目标程序区的入口地址。

③ LIT:将常量送到运行栈 S 的栈顶,这时 A 段为常量值。

④ LOD:将变量送到运行栈 S 的栈顶,L 段为层差信息,这时 A 段为变量在被说明层数据区中的相对位置。

⑤ STO:将运行栈 S 的栈顶内容送入某变量单元中,L 段为层差信息,A 含义同④。

⑥ JMP:无条件转移,A 段为转向的目标程序地址。

⑦ JPC:条件转移,当运行栈 S 的栈顶的布尔值为假(0)时,则转向 A 段指向的目标程序地址;否则,顺序执行。

⑧ OPR:关系或算术运算和一些特殊功能的操作。A 段指明具体运算,如表 9.3 所示。

表 9.3 OPR 指令的各种具体运算

A 段取值	操作的含义	A 段取值	操作的含义
A=0	"返回"	A=9	关系"≠"
A=1	"取反"	A=10	关系"<"
A=2	算术"+"	A=11	关系"≥"
A=3	算术"-"	A=12	关系">"
A=4	算术"*"	A=13	关系"≤"
A=5	算术"div"	A=14	"写"
A=6	"是奇"	A=15	"回车"
A=7	自定义	A=16	"读入"
A=8	"="		

摘录 gen 的主要内容如下:
```
    procedure gen(x:fct; y,z: integer);        (* 生成目标代码 *)
      begin
        ...
        with code[cx] do                       (* code 为存放代码的数组 *)
          begin
            f:= x;                             (* f 为生成的指令的操作码 *)
            l:= y;                             (* l 为引用层与说明层的层差 *)
            a:= z;                             (* a 为相对地址 *)
          end;
        cx:= cx+ 1
      end;
```
当 block 执行过程中,每当处理一个过程的代码生成时,将执行如下语句:
```
    gen(int,0,dx);
    statement([semicolon,endsym]+ fsys);
    gen(opr,0,0);
```
gen(int,0,dx)生成的指令"INT 0 dx"就是在代码执行时,为该过程在程序的数据栈顶申请一块 dx 大小的数据区。由于每一个过程的第一条指令都是申请数据区的指令"INT 0 dx",因此,当生成的代码被执行时,每个过程做的第一个工作就是申请数据区,因而实现了栈式存储分配的基本思想:每当调用一个过程,就为其在数据区栈顶申请一块空间作为其数据区。

在执行"statement([semicolon,endsym]+fsys)"时生成过程语句部分对应的指令,对于需要涉及名字的存取指令的生成,gen 将通过符号表获取每个名字的地址信息,并将该信息附加到生成的代码中,这通过语句
```
    gen(lod,lev- level,adr);
    gen(sto,lev- level,adr);
```
实现(其中 lev 为引用层层号,level 为说明层层号)。gen 将层差 lev-level 和相对地址信息 adr 附加到代码中。生成的代码中的层差 lev-level 将为沿着静态链访问非局部量提供信息。

下面通过具体例子予以说明。

例如,对于如图 9.12 所示的示意性源程序,经过 PL/0 编译程序的翻译工作得到如表 9.4 所示的伪代码(只列出主程序部分)。

```
            VAR a, b, c:integer;
                d, e: real;
        PROCEDURE P;
            VAR f: real;
        PROCEDURE q;
            VAR a: real;
                b: bodean;
            BEGIN
                a:= 0;
                b:= a+ 10;
                WRITE(a);
                IF e< 0 THEN p;
            END;                    { q }
        BEGIN
            q;
```

```
        ...
        END;                        { p }
    PROCEDURE t;
      VAR j:real;
      BEGIN
        ...
        p;
        ...
      END;                          { t }
    BEGIN
        READ(a);b:= 8;
        READ(c);
        WHILE c> 0 DO t;
        p;
        d:= c;
        e:= d* b;
        WRITE(e);
    END.                            { 主程序 }
```

图 9.12　PL/0 示意性源程序

表 9.4　PL/0 示意性源程序的目标代码(仅主程序部分)

序号	F	L	A	操 作 说 明
40	INT	0	8	为主程序在 S 中开辟数据区
41	OPR	0	16	读入数据至 S 栈顶
42	STO	0	3	将 S 栈顶内容送变量 a
43	LIT	0	8	将常量 8 送 S 栈顶
44	STO	0	4	将 S 栈顶内容送变量 b
45	OPR	0	16	读入数据至 S 栈顶
46	STO	0	5	将 S 栈顶内容送变量 c
47	LOD	0	5	取 c 送到 S 栈顶
48	LIT	0	0	将常量 0 送 S 栈顶
49	OPR	0	12	将 S 栈次栈顶和栈顶作">"运算
50	JPC	0	53	若上述比较值为假时转 53
51	CAL	0	26	调用过程 t,26 为 t 的过程体的入口
52	JMP	0	47	无条件转 while 语句的布尔表达式计算
53	CAL	0	15	调用过程 p,15 为 p 的过程体的入口
54	LOD	0	5	取 c 送到 S 栈顶
55	STO	0	6	将 S 栈顶内容送变量 d
56	LOD	0	6	取 d 送到 S 栈顶
57	LOD	0	4	取 b 送到 S 栈顶
58	OPR	0	4	将 S 栈次栈顶和栈顶作"*"运算
59	STO	0	7	将 S 栈顶内容送变量 e
60	LOD	0	7	取 e 送到 S 栈顶
61	OPR	0	14	将 S 栈栈顶内容输出
62	OPR	0	0	运行结束返回

假如存在PL/0机器,当图9.15所示的代码被执行时,主程序的第一条指令

    40 INT 0 8

将为主程序在数据栈中开辟数据区(分别为动态链、静态链、返回地址和5个局部量a、b、c、d、e所占用);指令

    41 OPR 0 16

将数据读到栈顶;指令

    42 STO 0 3

将根据层差0(即引用层就是说明层)和相对地址3,将刚读入的数据存放到当前层数据区相对地址为3的存储单元,即a对应的存储单元中;指令

    56 LOD 0 6

取当前数据区相对地址为6的单元的值,即将d的值取到数据栈顶;指令

    57 LOD 0 4

取当前数据区相对地址为4的单元的值,即将b的值取到数据栈顶;指令

    58 OPR 0 4

将数据栈的次栈顶和栈顶作"*"运算;指令

    59 STO 0 7

将数据栈顶的内容送当前数据区相对地址为7的单元,即将b*d的值送变量e对应的存储单元。

  gen生成的代码被执行时,所有对数据的访问,都将根据指令中携带的层差信息lev-level确定被访问对象所在的数据区,再根据指令中携带的相对地址信息adr确定被访问对象在数据区中的具体单元。层差lev-level将为沿着静态链访问非局部量提供信息,具体访问过程同9.4.3小节中"1.静态链"中的分析,请参见9.4.3小节中的例子,这里不再赘述。

9.5 堆式存储分配方法

  采用静态分配方案时,必须在编译阶段就能确定各变量对存储空间的需求量;采用栈式存储分配方案时,也必须在运行阶段某一精确位置(如执行过程语句的入口)能确定所需存储空间量(通过处理过程说明)。若一个程序设计语言允许用户动态地申请和释放存储空间,而且申请和释放之间不一定遵循"后申请先归还"的原则,那么栈式动态分配方案就不适用了。如SNOBOL4语言中的可变长串,PL/1语言和PASCAL语言的受程序员控制的存储分配语句(new语句和dispose语句),它们对存储空间的需求量,既不能在编译阶段也不能在进入过程语句的时刻知道,而只能在创建它们或给它们赋新值的时候才知道。

  对于这类语法成分,可以采用堆存储分配方案。具体说来,就是在存储空间里专门保留一片连续的存储块(通常称为堆),在运行程序的过程中,每当遇到这种语法成分,就由运行时刻存储管理程序从堆中分配一块区域给它,不再需要时又可由此堆管理程序释放该区域,供以后重新分配使用。

  采用堆式存储分配方法,当一个程序开始执行时,有很大一片单元用做空闲存储区,程序运行过程中可多次从存储块申请分配所需单元,或者释放某个使用区。一般说来,程序所释放的不一定是最后一次分配的使用区。多次申请和释放之后,原来的存储区可能变成长度不等的

若干个区。因此,系统必须记录所有的使用情况,特别是记住所有空闲区,以备后用。此外,系统应尽可能把相连空闲区汇集成一个较大的空闲区,以免把存储区分割成许多难以使用的碎片。

当程序申请空间时,系统可采用"首次匹配"或"最优匹配"策略来分配存储。无论采用哪种策略,当系统找不到合适的空闲区时,就调用无用单元收集程序,找出那些确已不再使用但尚未释放的使用区,并把它们连接到其他空闲区上,构成一片较大的区域供使用。

9.6 小 结

编译程序必须为目标程序的运行分配存储空间。在编译阶段进行的存储空间分配工作称为静态存储分配。而在运行阶段进行的存储空间分配工作称为动态存储分配。

栈式存储分配方法是把整个程序的存储空间都安排在一个栈里,这种方法特别适用于具有嵌套结构的程序设计语言。

若一个程序设计语言允许用户动态地申请和释放存储空间,而且申请和释放之间不一定遵循"后申请先归还"的原则,那么栈式动态分配方案就不适用了。在这种情况下,通常使用堆式动态存储分配方案。

数组的存储分配工作要借助信息向量表和数组处理程序来完成。

程序运行时,调用者与被调用者之间的信息交换可经由参数传递的方式进行。典型的参数传递方式有传名、传值、传地址和传结果等。

习 题 九

9.1 对于下面的程序:
```
    procedure p(x,y,z);
      begin
        y:= y+ 1;
        z:= z+ x
      end;{ p }
    begin
        a:= 2;
        b:= 3;
        p(a+ b,a,a);
        print a
    end;
```
若参数传递的方法分别为传名、传地址、传结果、传值,试问程序执行时所输出的 a 分别是什么?

9.2 有如下的示意性源程序(假定该语言的过程是无参数的):
```
    PROGRAM main;
      VAR a,b,c:real;
        PROCEDURE x;
```

```
            VAR d,e:real;
            PROCEDURE y;
              VAR f,g:real;
              BEGIN
                ...
              END;{y}
            PROCEDURE z;
              VAR h,i,j:real;
              BEGIN
                ...
                y;
              END;{z}
            BEGIN
              ...
              10:y;
              ...
              11:z;
              ...
            END;{x}
            BEGIN
              ...
              x;
              ...
            END.{main}
```

假设在运行时刻以过程为单位对程序中的变量进行动态存储分配,采用静态链实现非局部名字的访问。当运行主程序而调用过程语句"x;"时,试分别给出以下时刻的数据存储栈 S 的情形(要求给出各静态链(SL)和动态链(DL)的值)。

① 已开始而尚未执行完标号为 10 的语句。

② 已开始而尚未执行完标号为 11 的语句。

9.3 下面是一个 PASCAL 程序:

```
    program pp(input,output);
      var k:integer;
      function f(n:integer):integer;
        begin                        {f}
          if n< 0 then f:= 1
            else f:= n* f(n- 1)
        end;                         {f}
      begin                          {pp}
        k:= f(10);
        ...
      end.                           {pp}
```

如果采用嵌套层次显示表解决非局部量的访问,则当第二次(递归地)进入 f 后,嵌套层次显示表的内容是什么?当时整个运行栈的内容是怎样的?

第10章 符号表的组织和查找

为了检查语义的正确性和生成代码,需要知道源程序中所使用的各种标识符的属性,这些属性常常由编译程序集中起来并存放在一个标识符表或符号表中。本章讨论组织、构造和查找各种符号表的方法。

10.1 符号表的一般组织形式

一般说来,**符号表**具有如下形式:

	主目	值
表项 1		
表项 2		
⋮	⋮	⋮
表项 n		
	⋮	⋮

符号表的每一项(称为**表项**)包含两个部分,即主目和值。表的**主目**通常即符号或标识符本身(变量的名字),**值**是它们的属性,包括种属(如简变、数组或过程等)和类型(如整型、实型、布尔型,等等)。每个表项通常占若干个存储单元(或机器字)。若每个表项占 k 个字,而现有 n 个表项要求存放,那么,相应符号表的长度等于 $n*k$ 个字。我们可用不同的方法来存放这 n 个表项,例如,把每个表项存放在连续的 k 个字中,这样可用一张长度为 $n*k$ 个字的表来实现这点。或者,用长度分别为 n 个字的 k 个表 $T_1, T_2, \cdots, T_k$ 来实现这一点,即表项 i 的全部信息可在 $T_1[i], T_2[i], \cdots, T_k[i]$ 这 k 个字里找出。

因为组成标识符的符号个数是不固定的(有些语言如 FORTRAN 限制个数为 6 或 8,但有些语言,如 COBOL 或 PL/1 原则上不限制这个个数),因此,常常不是直接将标识符本身存放在主目栏中,而是存放一个指向标识符的指示器,并在另一字符串表中存放这些标识符。采用这种策略存放主目的两种具体实现方法如图 10.1 所示。

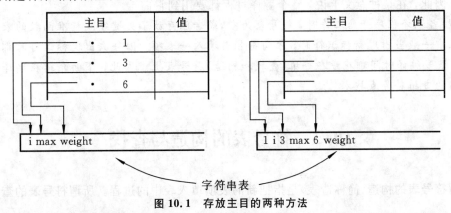

图 10.1 存放主目的两种方法

10.2 符号表中的数据

如前所述，有关标识符的全部信息都存放在标识符表项的值部分。每当源程序中出现标识符时，就要在符号表中查找相应表项，并把这次收集到的信息与原已存放好的信息进行核实，把新的信息添加到值部分。因此，符号表是编译程序中的一个很重要的部分，应按方便获取信息和有效添加信息的方式建立符号表。

值部分描述标识符的有关属性，因此也称为**描述信息**。同主目栏一样，如果描述信息过多，也可在值部分仅存放指向另一张表的指示器，再由那张表存放相关的描述信息。

对于变量，其描述信息通常包括以下内容。
① 类型(实型、整型、布尔型、字符串、复型等)。
② 种类(简单变量、数组、结构、标号等)。
③ 精度。
④ 若为数组，则它的维数或维数的值(若维数是常数)，而且应与相应的信息向量相连。
⑤ 是否为形参？若是，则给出形参类型。
⑥ 若为结构或结构的分量，则应给出连接其他分量的方式。
⑦ 若为标号，则应指明它是定义性的还是使用性的。
⑧ 是否在(FORTRAN 语言程序的)公用语句或等价语句中出现？若是，则它必须与相关的标识符连接在一起。
⑨ 它的说明是否处理过？
⑩ 它运行时的地址。

对于过程，其描述信息通常包括以下内容。
① 是否为函数过程？若是，则给出其函数类型。
② 是否为形式参数过程？
③ 是否为程序的外部过程？
④ 是否为递归过程？
⑤ 是否有形参？若是，给出每个形参的描述信息。
⑥ 它的说明是否加工过？

当然，对于一个具体编译程序，标识符的描述信息还可能包含其他一些信息。这些信息中有些用于语法分析阶段的查错，有些则用于检查语义的正确性，有些则作为代码生成阶段的依据。因此，在某种意义上说，整个翻译过程都要用到它们。

注意： 当编译程序开始工作时，符号表为空，或者已存放了关键字或标准函数的表项。在编译过程中一般当出现新标识符时，才向符号表填入一表项，但每次出现标识符时都要查找符号表，很多编译时间都花费在查填(查找和构造)符号表上。因此，下面介绍在编译程序中广为使用的查填符号表技术。

10.3 符号表的构造与查找

所谓**符号表的构造**(简称造表)是指把新的表项填入表中的过程。所谓**符号表的查找**是指在符号表中搜索某一特定表项的过程。

10.3.1 线性查找

构造符号表最容易的方法是**线性造表法**。它按主目出现的先后顺序填写各个表项，而不做任何整理表项次序的工作。换言之，它从符号表的表头依次向表尾方向填入诸表项，把当前要填入的新表项填到符号表中紧接已填表项之后的一个空位置上，这样构造的表称为**线性表**。查表时，从表头开始朝表尾方向（或从已填表项的末端开始朝表头方向）逐个进行比较，直至找到所需表项或表中所有已填表项比较完毕（此时表明未找到所需要的表项）为止。

设 T 为一表变量，n 为已填入符号表的表项个数，x 为当前正要填入（或查找）的表项，那么线性造表算法为

```
Procedure LINEARBUILD;
begin;
  for i:=n step -1 until 1 do
    if T[i] =x then return (error, 重名);
    n:=n+1; T[n]:=x;
return ;
end ;
```

线性查表算法为

```
Procedure LINEARSEARCH;
begin;
  for i:=n step -1 until 1 do
    if T[i] =x then return ("x"的信息);
return ("表中不存在 x 表项");
return ;
end ;
```

对于含有 n 个表项的符号表，用线性法查找一表项的平均查找次数 E＝n/2。因此，n 越大，这种方法的效率就越低。但是，线性法简单直观，易于实现，对于表项不多的表，是一种可行的办法。

10.3.2 折半法

折半造表法是指按照表项主目的"大小"次序进行填写，"小"的排在前，"大"的排在后。查表时，每次取当时表正中间（即对折）那个表项的主目与被查项进行比较。若被查项"小于"中间表项，则在前半表区重复折半法查找；若被查项"大于"中间表项，则在后半表区重复折半法查找（两者相同时，表示已查到所需要的表项）。重复这一过程，直到当时的表尾大于当时的表头为止。这里的"大"、"小"是指，排在前面的为"小"，排在后面的为"大"。

注意：采用折半法要求表中的表项的主目按一定次序进行排列。有各种各样的排序方法。在所讨论的情形里，主目都是符号串，最自然的次序是按符号串的内部表示去排列它们，这和字母表的顺序一样，如符号串 A、AB、ABC、AC、BB 等就是按这种递增次序排序的。

折半查找算法为

```
Procedure BINARYSEARCH;
begin
  i:=1; j:=n;
  for k:=(i +j) ÷ 2 while i≤j do
  if T[k] =x then return ("x的信息")
  else if T[k]<x then i:=k+1
      else j:=k-1;
  return ("表中不存在 x 表项");
end;
```

一般对于含 n 个表项的表，用折半查找法查找的平均次数 $E \leq \log_2 n + 1$（因此，折半查找法也称为**对数查找法**）。例如，如果 n = 128，那么折半查找法最多需要比较 8 次，而采用线性查找法则平均要求 64 次比较。与线性法相比，E 的缩小是很可观的。然而折半法的不足之处在于，每当有一表项要填入表中时，就要对原来已有的表项重新排序一次。因此，对于比较固定的表（即很少填入新项的表），用折半法才是高效的。

10.3.3 杂凑技术

为简单起见，假定每个标识符在符号表中占相邻的两个字，第一个字存放主目——标识符本身，第二个字存放它的值——属性。符号表的初始状态为空（或为全 0）。

所谓**杂凑技术**就是设计一杂凑函数 h(x)，其中 x 为任一标识符，它把 x 映象成表区中某一单元的地址，并要求当 x≠y 时，h(x) = h(y) 的可能性尽量地小，即单元冲突的可能性尽量地小。这样，在利用杂凑法造表时，就能使要填入的标识符比较均匀地散列在整个表区中（因此，杂凑法也称**散列法**）。当然，也可能发生单元冲突的情况，这就需要有解决冲突的办法。实际使用的杂凑函数（或散列函数）很多，解决冲突的办法也不少，下面针对 10.1 节中假设的符号表介绍几种杂凑函数及解决冲突的方法。

假定符号表共占 4 096 个字（编号从 0 到 4095），且规定用于存放名字的单元为偶单元，因此，表中最多能存放 2 048 个标识符。

第一个杂凑函数（也称为乘法公式）
$$h(x) = [C * ((\varphi * x) \bmod 1)] * 2$$

其中，x 为标识符的机内编码；$\varphi = 0.618\ 033\ 988\ 747$，为 $(\sqrt{5}-1)/2$（黄金分割率）的近似值；$C = 2\ 048 = 2^{11}$ 是表容，即表区中允许存放的标识符的最大个数；a mod b 的含义是 a 除以 b 的余数；[E] 为 E 之值的整数部分；h(x) 的直观含义是：φ 和 x 的乘积的低位段的前 11 位内容再乘 2；"2"是每个标识符所占的单元个数。

第二个杂凑函数（也称为除法公式）
$$h(x) = (x \bmod k) * 2$$

其中，k 是小于表容的最大质数，即 k = 2 039。这里 h(x) 的直观含义是，标识符 x 的机内编码除以 k 的余数，再乘 2。

第三个杂凑函数是折叠函数。

本方法是把标识符机内编码分成若干段，每段不多于 11 位，然后按某种方式迭加，再取其中 11 位后乘 2 作为 h(x) 之值。

下面介绍两种解决冲突的方法。

1. 线性探查法

线性探查法是解决冲突的最简单的一种方法，即当发生冲突时，从冲突单元的下一位置开始，逐个查寻，直至找到第一个所需位置（空单元）或指出语法错（符号表溢出或标识符无定义）为止。假定符号表是环形的，即表区的末单元的下一个是表区的首单元。下面给出了采用该方法的造表算法。

```
Procedure HASHBUILD;
  begin
    if g≥2048 then return (error: 标识符表溢出);
    "计算 h (x)→h";
    while @(h) ≠ 0 do
      if @(h) =x then return (error: 重名)
        else begin
          h:=h +2;
          if h≥4096 then h:=0;
        end;
    @(h):=x;
    g:=g+1;
    return;
  end;
```

其中，g 为表区名字个数计数器；初值为 0；h 为变址器。

下面给出的是采用该方法的查表算法：

```
Procedure HASHSEARCH;
  begin
    f:=0;
    "计算 h (x)→h";
    while f <2048 do
      begin
        if @(h) =x then return ("查到表项 x 的信息");
        if @(h) =0 then return (error: 名无定义);
        h:=h +2;
        if h >4096 then h:=0;
        f:=f +1
      end;
    return (error: 名无定义);
  end;
```

其中，f 是记录一个标识符查找次数的计数器，若 f ≥2048，则表示整个表区已查完，未查到所需的标识符，即名无定义。

注意：无论是造表还是查表，对于一个标识符 x 而言，只计算一次 h (x)，并以其为基数探查整个表区。

使用线性探查法解决地址冲突的缺点是，不容易将表项均匀地分散到整个表区。

2. 链接技术

链接技术就是在造表时，把冲突的各标识符连接到一条"链"上，查表时，沿着这条"链"查找。这种技术通常把表分为两个区：一部分称为**链根区**，存放杂凑函数值不同的那些标识符；另一部分称为**链表区**，存放所有冲突的标识符。用一指示器 Pointer 指示该部分的当前可用单元的地址。

假定 10 个标识符 S_1，S_2，$\cdots$，S_{10}，其冲突的情况是：S_1、S_4、S_6 冲突，S_2、S_5 冲突，S_3、S_7、S_8 冲突。用链接技术，这些标识符在表区的存放方式如图 10.2 所示。其中，L_D 为链接地址，指出本条链的下一环节的位置，$L_D = 0$ 表示相应环节是链的终点。

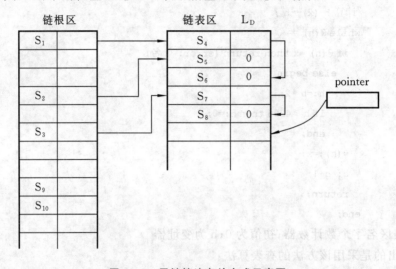

图 10.2　用链接法存放方式示意图

这是一种较好的解决冲突的方法，缺点是表区中的链接地址（如 L_D）占用了一部分存储空间。**注意**：当链表区填满时，应将它的下一个单元当作链根区的第一个空单元，若无空单元，则表示符号表满。

在杂凑表中，由于发生冲突的情况不同，故确定平均查找次数 E 是不太容易的。直观地说，表中表项越多，发生冲突的可能性就越大，平均查找次数也会随之增大。因此，平均查找次数与表的填满程度关系密切。如果杂凑函数选得适当，那么，用这种方法查找一个表项的平均次数 $E \approx (1-\sigma/2)/(1-\sigma)$，其中，$\sigma = n/m$ 称为**填满率**，是表填满情况的一个度量（m 为表的总项数，n 为已填入的项数）。由该近似公式可知，平均查找次数只与 σ 有关。当 $\sigma = 0.8$（即表的填满率达到 80%）时，平均查找次数仍是 3。可见，这种方法是比较好的。实践证明，对大容量的表而言，杂凑造、查表法的速度要比线性法快几十倍甚至上百倍。在大多数情况下，只要一次比较就能查找成功。但使用这种方法时，要求有足够多的定长存储空间，对于有层次结构的表而言，使用杂凑技术比较复杂。

10.4　分程序结构的符号表

不少高级语言具有嵌套分程序结构和嵌套过程结构。在不同的分程序和过程中，相同的标识符可多次说明和使用,而每个这样的说明必须单独有一个符号表项与它联系。问题是采用什么形式的符号表,使得每当用到一个标识符时,能找到正确的符号表表项。

现在,按开分程序的顺序(即按分程序 begin 的出现次序)将源程序中各分程序进行编号。为了查找与标识符使用相应的那个说明,可遵循如下规则:首先,在当前的分程序(也就是正使用该标识符的分程序)中查找;若查找不到,再在外层分程序中查找,直至找到该标识符的说明为止。把每个分程序的全部标识符邻接地保留在一起,再利用一个分程序表就能实现这种查找。

假定每个分程序的表项是未经整理的,分程序表的表项 i 是一个三元组(Sno,NO,P)。其中,Sno 是分程序 i 的外层分程序编号,NO 表示在分程序 i 的符号表中表项的个数,P 为指示该分程序的符号表项的指示器。

例如,有如下所述的程序,其符号表如图 10.3 所示。凡具有嵌套结构的分程序,以及在某个分程序内说明的符号,只能在说明此符号的那个分程序内引用,对这类情形都能用这种分程序结构的符号表。例如,可对每个循环语句建立一个类似于分程序结构符号表的标号表,登记其中已定义的标号,这样就容易查出从循环外向循环内转移的错误。

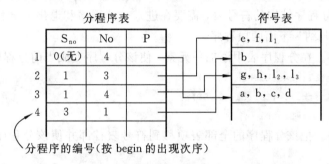

图 10.3　分程序结构符号表

如图 10.3 所示,符号表中的各分程序是按 2、4、3、1 的次序排列的。不难看出,这种次序就是闭分程序的次序(即分程序的 end 出现的次序)。由于分程序的各表项必须邻接在一起,所以必然会有这种次序。

```
begin real a, b, c, d;
    ⋮
    begin integer c, f;
        l₁:…
    end;
    begin real g; integer h;
        ⋮
        l₂: begin real b;
            ⋮
        end;
        l₃:…
    end
end
```

可以按如下方式构造分程序的符号表:

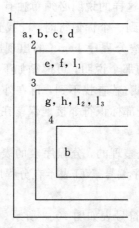

视符号表尾部的一片单元为一个栈,记为 $T(n)$,$T(n-1)$,…。在词法分析过程中,这个栈将包含已遇到开始分程序的 begin,但尚未分析到对应的 end 时每个分程序的全部表项。在整个分程序加工完后(即加工到对应的 end 时),再把该分程序的所有表项都移至表的头部。

因此,要构造分程序结构的符号表,需要在进入一分程序和退出一分程序时完成相应的工作。这些工作可归纳为下面两段程序。

① 进入分程序。在分程序表中添加一元素,使该分程序变成当前分程序:

```
Lastbl:=Lastbl +1;
B(Lastbl):=(Currbl, 0, SP);
Currbl:=Lastbl
```

② 退出分程序。把该分程序的全部表项移到符号表首部并使该分程序的外层分程序变为当前分程序:

```
B(Currbl).P:=Lastbl +1;
for i:=1 step 1 until B(Currbl).NO do
begin
  Lastbl:=Lastbl +1;
  T(Lastbl):=T(SP);
  SP:=SP +1;
end;
Currbl:=B(Currbl).Sno
```

其中,$T(1:n)$ 为 n 个元素的符号表,$T(n)$,$T(n-1)$,…是作为栈来使用的,最终,全部表项放在 $T(1)$,$T(2)$,…中;

$B(1 \cdot\cdot m)$ 为分程序表,其每个表项形如(Sno, NO, P);

Currbl 为当前分程序的编号,初值为 0;

Lastbl 为已分配的最高层分程序的编号,初值为 0;

SP 为栈顶元素的编号,初值为 n+1。

10.5 小 结

在编译程序工作过程中,需要对符号表进行频繁的访问(查、造符号表),这项工作所耗费的时间占整个编译程序工作所需总时间的很大比例。因此,设计一个合理的符号表结构,选择或设计高级的查、造表方法,是提高编译程序效率的一个重要方面。

线性查找法效率较低。但由于线性表结构简单,查、造表算法容易设计,因此,编译程序在不少场合仍采用它。

对于长度为 n 的表,折半法每查找一个表项最多只需作 $1+\log_2 n$ 次比较,速度较快。但它用于造表时,要对表项进行顺序化整理,因而需要额外的时间。这种方法比较适用于固定长度的有序表。

杂凑(Hash)法是查表、造表速度都很快的一种技术。在大多数情况下,只要一次比较就能查找成功。但这种方法要求有比较大的定长的存储空间和好的杂凑函数(即该函数的计算不复杂,而且其散列性能较好)。

习 题 十

10.1 设计一个用折半法造表(包括排序)的算法。

10.2 设计杂凑法中解决冲突的第二种方法——"链接法"的造、查表算法。

10.3 根据杂凑函数的定义,试设计出一二种计算简单、冲突可能性较小的杂凑函数。

10.4 树结构的符号表就是用一棵二叉树(即每个分支只有一个或两个结点的树)安排各表项。树的每个结点表示表中一个填有内容的表项,根结点是编号为 1 的表项。例如,图 10.4(a)表示具有一个标识符 g 的表项。若要填入标识符 d,因 d<g,于是在其左端长出一分支,如图 10.4(b)所示。假定先要填入标识符 m,因 g<m,故从 g 的右端长出另一分支,如图 10.4(c)所示。最后,假定还要填入标识符 e,因 e<g,我们从 g 的左枝向下找 d,又因 d>e,于是从 d 的右端长出一分支,如图 10.4(d)所示。按这种约定再填入标识符 a、b、f 之后的二叉树,如图10.4(e)所示。

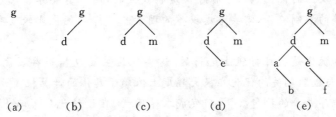

图 10.4 树结构的符号表——二叉树的图示

试设计一算法,它按字母顺序打印出二叉树上各结点的标识符。

第11章 优化

在独立地将高级语言的每个结构向目标机器语言进行语法制导翻译时,势必会产生大量的冗余代码,从而严重影响了目标代码的执行效率。如何在保持目标代码正确性的前提下,提高目标代码的质量使其能最大限度地展现目标CPU的性能和特点,并充分使用目标CPU的资源是编译程序不可缺少的环节。这样的过程称为优化。优化是衡量一个编译程序质量的最重要的标准。

根据程序的应用领域不同,优化的目标也有所不同,在多数情况下是为了提高目标代码的运算速度,如冗余代码的删除、CPU资源(多处理器、流水线、寄存器和缓冲区等)的合理分配。对于嵌入式系统或SOC(system on chip),由于其内存(ROM和RAM)资源有限,优化将更关注如何减少目标代码的体积和如何实现内存的共享;对于掌上设备编译,优化将更侧重于如何降低目标代码执行时的能耗。

优化涉及面很广。从优化与机器的关系出发,可将优化分为与机器无关的优化和与机器相关的优化两类。与机器无关的优化可在源程序或中间语言程序一级上进行。这类优化主要包括常量合并、公共表达式的消除、循环中不变量的外提、运算强度的削弱等。

此外,从优化与源程序的关系而言,又可把优化分为局部优化和全局优化。局部优化通常是在只有一个入口(即程序段的第一条代码)和一个出口(即程序段的最后一条代码)的基本块上的优化。因为只存在一个入口和一个出口,又是线性的,即逐条顺序执行的,不存在转入转出、分叉汇合等问题,所以,处理起来就比较简单,开销也较少,但优化效果稍差。全局优化指的是在非线性程序块上的优化。由于程序块是非线性的,因此需要分析比基本块更大的程序块乃至整个源程序的控制流程,需要考虑较多的因素。这样的优化比较复杂,开销也较大,但效果较好。

与机器相关的优化是在目标级上进行的,这类优化主要包括寄存器优化、并行分支的优化、窥孔优化等。与机器相关的优化在很大程度上依赖于具体的计算机。

考虑到编译程序本身的执行效率、研发成本等因素,在设计优化策略上要做适当的取舍,一方面要保障编译程序有良好的优化性能,另一方面又要保证编译程序本身有较高的执行效率。同时编译程序也应该将优化作为选项,让使用编译程序的用户选择,如在程序调试阶段,编译程序不进行任何优化,源程序将原汁原味地翻译为目标代码,这样将极大地方便用户对源代码进行跟踪调试。在程序调试完成后再打开相关的优化选项生成发布版。这样的发布版在程序的执行效率和代码的体积上将大大地得到改善。但是优化也可能打乱了源程序的控制结构和调用方式,使得调试变得非常困难,甚至看不到调用堆栈。也使得一些不严谨的程序能在调试阶段正常,但是加上优化选项后运行出错,从而大大增加了调试的代价。

优化一般以减少目标代码的体积和增加目标代码的执行效率为目标,多数优化选项两者可兼得。但是有些选项可能以牺牲代码体积换取执行代码的速度,或者相反。如循环展开(loop unrolling)通过降低循环迭代的次数,从而减少对循环边界的判断来提高代码的执行效率,但是其代价是增加了循环体的代码量。函数内联(function inline)将函数调用替换为调用函数体对应的代码,从而消除了程序在执行时建立被调用函数运行环境及返回到调用前运行环境等相关代码的执行,提高了程序的执行效率。但是如果同一个函数有多处调用进行了内联,则无疑增加了目标代码的体积。过程抽象(procedural abstraction)与此相反,它以牺牲目标代码的执行效率为代价,将多次出现的重复代码抽象为函数调用以压缩目标代码。该优化选项在通用 CPU 上没有必要,但对 ROM 资源非常有限的微处理器编译程序却是一个非常重量级的优化选项,如针对单片机 8051 的 C 编译程序 Keil C(http://www.keil.com/)的第九级优化就是过程抽象。

一种特定的优化算法在实现上往往作为编译程序的独立的一个用户可选加载的遍,一旦编译程序完成的语法分析并生成中间表示,各种不同的优化遍就始终伴随着编译进程直到生成目标代码。如 GCC 各种不同的优化遍加起来有一百多个。

随着计算机体系结构的不断发展及丰富(CISC、RICS、VLIW、EPIC),要更充分地体现这些新的更为复杂的 CPU 性能,靠手工编写汇编代码几乎是不可能的。如用人工方式控制 Intel Core i7 的 40 级流水线是无法想象的。所以编译程序无疑在充分发挥 CPU 性能上将起到至关重要的作用,也正是这个原因,新的编译优化技术,如指令调度、大规模并行、过程间分析和别名分析等,也越来越多地应用在各种开源和商用编译程序上。

本章将简要地介绍优化的相关概念。

11.1 控制流图

为了减少冗余的计算,编译程序需要在编译阶段对生成的中间代码的可能的运行性态进行分析。图 11.1 给出了某一过程的中间代码,编译程序如能分析出程序在执行中间指令"t=a*b"时,a 的值总是 4,就可以用指令"t=4*b"进行替换。编译程序为了确保这一点,必须分析在该指令之前最后一次直接或间接对变量 a 进行赋值指令所有的可能性,即需要知道被编译程序实际运行时指令执行序列的所有可能,这一过程称为**控制流分析**;与此同时编译程序还应分析伴随控制流的各种数据变化情况,这一过程称为**数据流分析**。

为了研究指令在运行时所有组合的可能,将每条指令作为有向图中的结点,指令 I 到指令 J 有一条有向边,当且仅当指令 J 在运行时能紧随指令 I 之后。由此得到的有向图称为**控制流图**(control flow graph)。图 11.1 对应的控制流图如图 11.2 所示。被编译程序在运行时可能执行的指令序列完全等价于控制流图从开始结点到结束结点的一条有向路径所经历的结点序列。这样的结点序列称为控制流。

从图 11.2 可看出,任意一个经过结点(10)的控制流一定是图中开始结点(1)到结点(10)的一条有向路径所对应的结点序列。而这样的路径必须经过结点(2),且仅有结点(2)修改 a 的值为 4。这样可以保证只执行指令(10)时,a 的值一定是 2。因此编译程序对将指令(10)替换为 t=4*b,并保持原有程序的语义。我们称之为语义保持的程序变换(semantics-preserving transformation)。编译程序的优化过程就是"分析→变换→再

```
(1)     s=0
(2)     a=4
(3)     i=0
(4)     if k==0 goto L1
(5)     b=1
(6)     goto L2
(7)  L1:b=2
(8)  L2:if i<n goto L3
(9)     return s
(10) L3:t=a*b
(11)    s=s+t
(12)    i=i+1
(13)    goto L2
```

图 11.1 某一过程的中间代码

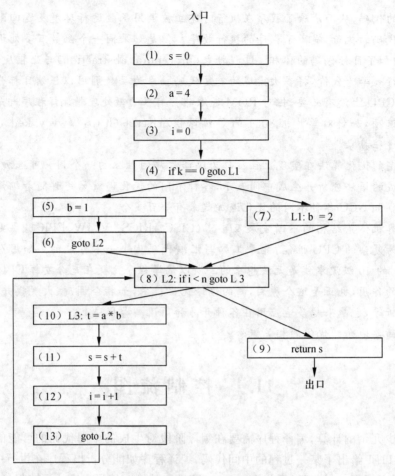

图 11.2　以语句为结点的控制流图

分析→再变换",如此往复。

同样是指令(10),对变量 b 在运行时的值就不能断定,虽然有一个控制流(1)(2)(3)(4)(5)(6)(8)(10)…其中对 b 的最后一次赋值在指令(5)完成,但是不能以此断定在所有的运行环境下执行到指令(10)时 b 的值就是 1。因为还存在经过结点(7)的控制流(1)(2)(3)(4)(7)(8)(10)…这时 b 的最后一次赋值在指令(7)完成,其结果为 2。因此在设计优化分析算法时一定要考虑所有可能的控制流。

语义保持是优化必须遵循的原则。程序的运行环境受外界和内部影响的因素很多,稍欠考虑就可能破坏原有的语义。如上例中指令(10)能进行变换的条件是从指令(2)到指令(10)的执行过程不能被打断,且内部所经历的指令没有间接修改内存的指令。如果有中断程序,且 a 是全局变量,就有可能在执行指令(2)之后程序发生中断,且在中断子程序中有对 a 的修改,这样程序在中断恢复执行后,a 的值不再是 4;如果在指令(2)之后增加一条指令 *p=5,则由于不能断定指针 p 的所指,所以在执行指令(10)之前 a 的值也不能确定。如果优化程序没有上述的保守的分析直接把指令(10)中的 a 替换为常量,则一定破坏了原文的语义,从而导致编译程序翻译出错。

由于没有优化,中间代码的长度将随源程序成倍地增长,因此控制流图的结点数将会非常大,而编译程序需要维护并分析这样的有向图,其代价太大且效率低。因此我们希望在保障正确的路径分析的前提下减少图的结点,降低图的粒度,提高分析效率。从图 11.2 中不难发现,路径(10)(11)(12)(13)的次序在控制流中是固定不变的,即在任意控制流中,如果出现了结点(10)、(11)、(12)和(13),则必须是以(10)(11)(12)(13)子串的形式。因为由结点(10)、(11)、(12)和(13)所构成的子图除了出口和入口,没有任何其他的边引入其中间结点,也没有任何边从其中间结点引出,其执行的次序不会被任何控制流所破坏。我们把满足上述条件的最大子图称为**基本块**。在控制流图中以基本块为结点,这样就大大地降低了控制流图的结点数,同时还保持了原有的控制流。图 11.2 的以基本块为结点的控制流图即为图 11.3。

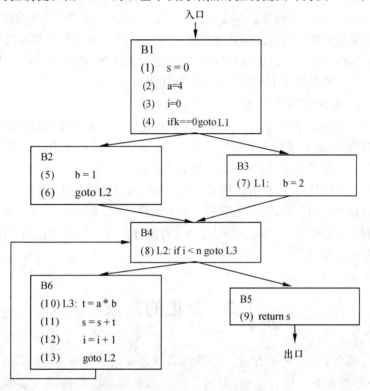

图 11.3　以基本块为结点的控制流图

由图 11.3 可看出基本块的块首只可能是下述三情况之一:

① 过程的第一条三地址指令,如基本块 B1;
② 有标号的指令,如 B3、B4 和 B6;
③ 紧随条件转移语句之后的三地址指令,如 B2 和 B5。

利用上述原则很容易设计出把三地址代码链分割为基本块的算法。基本块中的代码线性执行的次序在任意的控制流中都不会改变,基本块的运行环境由基本块的入口环境唯一确定,基本块的出口环境将影响到与之相关基本块的运行环境。因此在控制流分析中可以基本块为单位。编译程序将首先以基本块为单位,通过控制流图分析出每个基本块入口和出口在所有可能的运行环境下保持不变的信息,在此基础上对每个基本块内部进行优化。如图 11.3 中基本块 B6 入口对所有的数据流均有 a=4。通过分析基本块之间的关系而进行的优化称为**全局优化**,全局优化对被编译的过程整体进行优化,而在基本块内部进行的优化称为**局部优化**。

设 $G=<N,E>$ 为控制流图,其中 N 是以基本块为单位的结点集合,$E\subseteq N\times N$ 是有向边的集合,设 $<B_i,B_j>\in E$ 是图 G 的一条有向边,则称结点 B_i 为结点 B_j 的**前驱**,结点 B_j 为结点 B_i 的后继。如果一个结点有多个前驱结点,则称为**汇聚结点**,如图 11.3 的 B4 有三个前驱结点;如果一个结点有多个后继结点,则称为**分支结点**,如图 11.3 的 B1 和 B4 均有两个后继结点。含有过程第一条语句的基本块称为入口结点或入口基本块,控制流图有唯一的入口结点。为了确定控制流图的出口结点,首先需要对基本块进行化简。按照上述基本块划分的原则,可能会出现在一个基本块中有不可达代码的情况,如三地址代码链有:…;return s;a=4;b=5;…则由于"a=4"没有标号,也不紧随条件转移语句之后,因此不是基本块的分割点,所以它应该在"return s"语句所在的基本块。return 在运行时将返回到调用过程的控制流,return 之后的代码永远不被执行,由此产生了不可达代码。虽然返回语句之后的语句没有任何的意义,但它是合法的语句,因此编译程序必须处理。编译程序不能以"好"程序作为处理标准,而应以满足其语法和语义规定的合法程序为处理标准。实际上只要对每个基本块进行扫描,如果发现 goto 或 return 语句,则将其设为基本块尾,删除之后的语句,就可删除基本块中的不可达语句。化简后的基本块如果满足下述两条件之一便是出口结点:

① 以 return 为结尾的基本块,如图 11.3 中的 B5;

② 含有过程三地址码链的最后一条语句,且该语句不是 goto 语句的基本块,如图 11.3 的 B6 虽含有三地址码链的最后一条语句,但是 goto 语句,因此不是出口结点。

由于在过程中可能有多个 return 语句,因此出口结点不唯一。

控制流图本质上就是一个有向图,因此可用一般有向图的数据结构表示。但是为了方便相关的控制流和数据流的分析,其结点应包含基本块序号,基本块对应的三地址码链,以及该基本块所有的前驱和后继结点。其中序号是为了在程序变换完成后将控制流图中的代码还原为线性链表的序列编号。

11.2 常见的冗余

中间代码的冗余主要有两个方面,一方面来源于源代码本身的冗余,如在写程序时无谓地重复计算;另一方面来源于代码生成,而这是产生冗余的最主要的原因。如 Java 语言语句 "a[i+i]=a[i+1]+1"在代码生成时等号两边的 a[i+1]分别被看成了两个不同的表达式,从而产生了冗余中间代码,如图 11.4(a)所示。

没有冗余的中间语言如图 11.4(b)所示。而由于等式两边的 a[i+1]所指的是相同的内存单元,产生这样冗余的主要原因是高级程序设计语言的数据结构的表示与底层实现分离,编译程序在用语法制导生成中间代码时,用固定的规则完成抽象数据结构的形式表示到其具体的内存地址的转换。源程序中的相关联的数据的多次访问,无疑会导致中间代码的冗余。如 Java 语言由于没有指针,因此在源代级上甚至写不出没有中间冗余代码的与上例数组元素赋值等价的语句。随着程序设计语言越来越抽象,在源程序上通过数据的内存表示的方法来访问数据被摒弃,而要获得高抽象的源程序到高效的机器码的转换,编译程序必须消除冗余。

在不改变源代码所要完成的计算功能前提下对中间代码加以改进的方法称为语义保持的程序变换。常用的消除冗余的方法有公共子表达式的消除、复制和常量传播、死代码删除等,下面分别予以介绍。

```
t0=i+1;            t0=i+1;
t1=t0 * 4;         t1=t0 * 4;
t2=a[t1]+1;        t2=a[t1]+1;
t3=i+1;            a[t1]=t2;
t4=t3 * 4;
a[t4]=t2;
   (a)                (b)
```

图 11.4 中间代码的冗余举例

11.2.1 公共子表达式

设 x op y 为中间代码中赋值号右边的表达式,如果该表达式在中间代码链中有两次出现,且第一次出现到第二次出现的任意控制流中都没有对 x 和 y 进行直接或间接的赋值,则称 x op y 为**公共子表达式**。如上例中子表达式 i+1 在对 t0 和 t3 的赋值中出现,由于图 11.5(a) 中的代码属于同一个基本块,因此控制流从 t0=i+1 到 t3=i+1 只能经历两者之间的代码,而这些代码都没有对 i 的赋值,所以 i+1 是公共子表达式。用 t0 替换 t3 中的 i+1 不会破坏程序的语义,从而消除了表达式计算上的冗余见图 11.5(b)。

```
t0=i+1;          t0= i+1;
t1=t0 * 4;       t1=t0 * 4;
t2=a[t1]+1;      t2=a[t1]+1;
t3=i+1;          t3=t0;
t4=t3 * 4;       t4=t3 * 4;
a[t4]=t2;        a[t4]=t2;
   (a)              (b)
```

图 11.5 公共子表达式消除举例

如果公共子表示式出现在同一个基本块内部,则称为局部公共子表达式,否则称为全局公共子表达式。构成全局公共子表达式的条件比局部的要苛刻很多。称 x op y 在程序的某处 p 为全局公共子表达式当且仅当从程序的入口到 p 任意的控制流都有语句计算 x op y,且该控制流从最后一次计算 x op y 处(记为 d)到 p 都没有修改 x 和 y。如果 p 处有引用 x op y,则公共子表达式消除对应的程序变换是引入一个新的临时变量 t,在语句 d 前增加语句 t=x op y,且将 d 和 p 中出现的 x op y 用 t 替换。

例 11.1 设有控制流图如图 11.6(a)所示,则 B1 和 B2 中的 a+c,B1 和 B4 中的 e+f 都

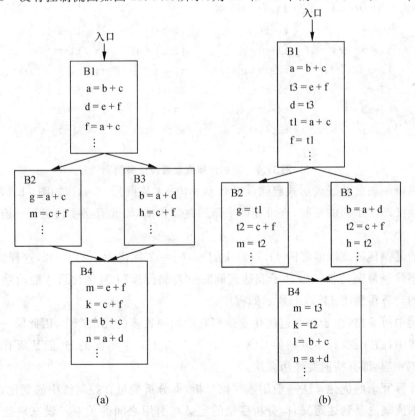

图 11.6 全局公共子表达式消除举例

是全局公共子表达式，B2、B3 和 B4 中的 c+f 也是全局公共子表达式。但是 B1 和 B4 中的 b+c 就不是公共子表达式，因为 B1 到 B4 的控制流可以经过有对 b 赋值的 B3。B3 中 a+d 虽然能够不经过任何对 a 和 d 的修改到达 B4 中的语句 n=a+d，但是由于控制流可以绕过 B3，从 B1 经 B2 到达 B4，而这条路径上没有子表达式 a+d，因此 B4 中的对 n 的定义不一定能享用 B3 中的 a+d，所以它们不能构成公共子表达式。消除公共子表达式后的程序如图 11.6(b) 所示。表面上看消除公共子表达式后的程序增加了变量定义，降低了程序的执行效率，但是经过后续的复制传播和死代码的删除可以消除这些新产生的冗余。

11.2.2 复制传播

图 11.5(b) 中由于 t3 和 t0 相同，这样 t4 的计算也是冗余的。但是不能用消除公共子表达式的方法消除 t4 的冗余。观察发现，t3 来源于语句 t3=t0，即对 t1 的值进行简单的复制，如果在引用 t3 的地方能够确定所有的从入口结点出发到达该引用 t3 的控制流中，都有对 t3 的定义，且这些对 t3 的定义都是对某个固定的变量进行复制或用某个固定的常量进行赋值，我们就可将该 t3 的使用替换为所复制的变量或常量，并保持程序的语义不变。这样的程序变换过程称为**复制传播**或**常量传播**。

如图 11.5(b) 中语句 t4:=t3*4 的 t3 的定义来自上一语句 t3=t0，由于该使用在基本块内部，因此所有到达该使用的控制流都要经历 t3=t0，因此满足复制传播的条件，即可将 t4:=t3*4 替换为 t4:=t0*4，如图 11.7(b) 所示。

```
t0=i+1;          t0=i+1;          t0=i+1;          t0=i+1;
t1=t0*4;         t1=t0*4;         t1=t0*4;         t1=t0*4;
t2=a[t1]+1;      t2=a[t1]+1;      t2=a[t1]+1;      t2=a[t1]+1;
t3=t0            t3=t0;           t3=t0;           t3=t0;
t4=t3*4;         t4=t0*4;         t4=t1;           t4=t1;
a[t4]=t2;        a[t4]=t2;        a[t4]=t2;        a[t1]=t2;
   (a)              (b)              (c)              (d)
```

图 11.7　复制传播或常量传播举例

这样再做一遍公共子表达式删除就可将 t4=t0*4 替换为 t4=t1，如图 11.7(c) 所示。由于优化变换又产生了新的复制，有可能产生新的复制传播，因此有必要再进行一遍复制传播优化。

再次的复制传播就能够将图 11.7(c) 中的 a[t4]=t2 优化为 a[t1]=t2，这样经历了"公共子表达式删除→复制传播→公共子表达式删除→复制传播"4 遍优化后才能消除原三地址码所有冗余的计算得到图 11.7(d) 所示的程序。

从上例中可看出，由于每一遍优化变换都有可能导致新的冗余产生，因此同一个优化算法在编译过程中往往会执行多遍。如 GCC4.4.1 一共有 156 个不同的遍，但是所有的优化做下来要经历 174 遍，即有些遍要经历多次。

消除计算冗余的优化算法一般用数据流分析，即分析变量在控制流中的变化，其中一个最重要的数据流概念是**到达定义**，即分析变量的定义与引用之间的关系。设三地址码中某一编号为 d 的语句对变量 x 进行了定义，称语句 d 可到达语句 p，当且仅当在控制流图中从语句 d

到语句 p 有一条有向路径,且该路径中没有直接或间接对 x 进行定义的其他语句。

如果数据流分析能确定到达有对 x 引用的语句 p 的所有的 x 定义语句都是"x=y"这样一个简单的赋值,就将 p 处的 x 替换为 y,并保持源程序的语义。

例 11.2 设某一过程的控制流图如图 11.8 所示,其中 k 和 n 是全局变量,其他的均是局部变量。基本块 B6 中的语句(10)中有引用 a 和 b,b 的两个定义语句(4)和(6)可到达语句(10),但由于 b 在(4)和(6)中被赋值为不同的常量,因此不能进行常量传播,而一个 a 的来源为语句(7),但也不能进行常量传播,因为保守的优化算法必须考虑从入口处到语句(10)所有可能对 a 赋值的情况。经观察发现从入口经历基本块 B1、B2 和 B4 到语句(10)这条路径 a 没有被赋值,即未定义的 a 和(7)都能到达语句(10),因此不能确定引用的是未定义的 a 还是赋值为 3 的 a。语句(11)中所引用的 s 来自语句(1),也可能来自语句(11)本身所定义的 s,因此也不能常量传播。

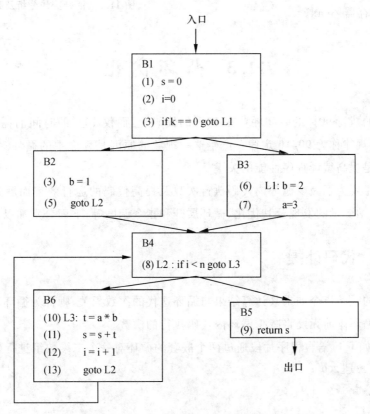

图 11.8 某一过程的控制流图

从例 11.2 可看出,到达定义所分析出的定义语句能够到达的位置不仅能用于复制传播,还能用于检查程序是否存在引用未定义变量的情况。例如,GCC 编译程序未加任何优化选项时是检测不出引用在前定义在后的情况,只有在加载相关优化选项(如-O2)后才可能对引用在前进行报警。

11.2.3 活跃变量分析及死代码删除

观察图 11.7(d)发现,t3 和 t4 在后续的程序中均没有被引用,因此 t3=t0 和 t4=t1 是完全多余的,完全可以删除。称某一变量 x 在三地址码某处 p **活跃的**,当且仅当在控制流图中存在一条从 p 到出口的有向路径,该有向路径上至少有一条语句引用了 x 且从 p 到引用 x 间没有对 x 的定义语句,否则称 x 是**不活跃的**。如果 p 语句是对 x 的赋值,且 x 在 p 处不活跃,则表示该处定义的 x 不会后续程序的任何计算,属于无用代码,可以删除。例如,图 11.7(d) 中在 t3=t0 处的 t3 是不活跃的,该赋值语句对后续程序的执行没有任何贡献。语句 t4=t1 也是一样,因此这两条语句可以删除,如图 11.9(a) 所示。

活跃变量分析的另一个重要的应用是寄存器的分配,图 11.9(a) 中的变量 t2 在完成 a[t1]=t2 后就不再活跃,这是如果 t2 保存在寄存中,则完全没有必要回写到内存中,从而减少了 Load/Store 操作,其优化后的 x86 汇编代码如图 11.9(b) 所示,其中 t2 分配为寄存器%eax。

```
t0=i+1;              mov i %edx
t1=t0 * 4;           mov a+4 * %edx, %eax
t2=a[t1]+1;          inc %eax
a[t1]=t2;            mov %eax, b+4 * %edx
    (a)                   (b)
```

图 11.9 活跃变量分析及死代码删除举例

11.3 循环优化

一个程序的执行 90% 的时间耗费在 10% 的代码上,而仅 10% 的时间消耗在余下的 90% 的代码中,这一规律称为 **90/10 定律**。产生这一现象的原因是程序中的循环。因此对程序的循环体的优化是提高编译程序性能的关键。

循环优化主要为了减少循环内代码执行次数及提高代码的运行效率而展开,其主要方法有代码外提、归纳变量的发现及其优化、循环展开和指令调度等,下面分别加以介绍。

11.3.1 代码外提

在循环内的一条指令如果其计算结果与循环迭代的次数无关,则称为**循环不变量**,把循环不变量外提到循环体前无疑将减少循环内代码执行的次数。

例 11.3 如下 C 语言程序片段通过两个嵌套的循环对一个二维数组进行赋值:

```
int a[100][200];
for (i=0; i<M; i++) {
    x=x+1;
    for (j=0; j<N; j++)
        a[i, j]=100 * N+10 * i+x+j;
}
```

其对应的控制流图如图 11.10 所示,由于控制流图可能是任意的有向图,因此循环优化首先要确认循环体以及循环体之间的嵌套关系。从有向图上看,一个**循环**是一组以基本块组成的结点集合,其中该集合必须有为唯一的入口结点,记为 d,即从控制流图的入口结点到循环的其他结点都要经过 d。此外,集合中至少有一个结点,记为 n,结点 n 有条有向边到循环的入口结点 d,且循环中的其他结点都有经过循环内除 d 以外其他结点到结点 n 的有向路径。这样定义主要是保证循环体的运行环境由循环入口唯一确定,且循环内的每个结点都能重复执行。如图 11.10 所示有两个循环,一个由基本块 B2、B3、B4、B5 和 B6 组成,B2 是循环的入口,B6 有一条有向边指向 B2,且 B3、B4 和 B5 都有仅经过 B3、B4 和 B5 的路径到 B6;另一个由基本块 B3、B4 和 B5 组成。前一个循环嵌套后一个循环,后者称为前者的**内循环**。

分析内循环中的基本块 B5 发现 N 的定义语句来源于循环之外,即循环内的指令不会修改 N 的值,或者说循环任意次迭代,N 的值保持不变,称之为循环不变量。这样由于 100 是常量,这样表达式 100 * N 的计算与循环执行的次数无关。同样 i 的定义语句来源于 B1 和 B6,语句(7)中的 t2 对内循环来说是循环不变量。但是语句(12)中的 j 的定义语句有两条,一个是内循环外的语句(4),而另一个是语句(12)自身,因此不是循环不变量。

在迭代过程中对循环由不变量和常量组成的表达式进行反复计算无疑是多余的,将它们外提到循环的入口之前一次计算即可。由此减少了循环内代码执行的次数。这样的优化方法称为**代码外提**。

代码外提的方式是将不变量组成的表达式赋值给一个新的临时变量 t,如 $t1' = 100 * N$,并将该赋值语句放置在循环的入口之前,保证任意的控制流进入循环时一定要执行该语句。在循环内将该表达式用 t 替换即可。

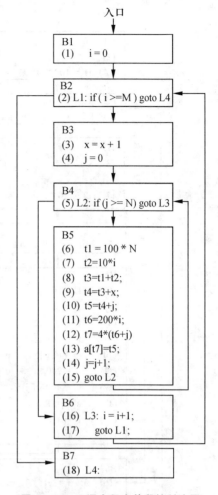

图 11.10 C 语言程序片段控制流图

完成代码外提后的控制流图如图 11.11(a)所示。利用复制传播可将基本块 B5 中的语句(8)替换为 $t3=t1'+t2'$,这样又产生了新的内循环不变量 $t1'+t2'$,同样也可将其外提到内循环的入口前,如此反复直到语句(12)替换为 $t7 = 4 * (t6'+j)$ 为止。利用活跃分析可将语句(6)~(9)和(11)删除,因为 t1~t4 和 t6 定义后就不再使用。优化后的程序如图 11.11(b)所示。

代码外提是有一定风险的,外提的表达式如果在程序实际运行中发生程序还没有执行到所对应的代码就已经退出了循环,这样外提无疑多增加了一次计算。更为严重的是如果外提代码在循环条件不满足时也要执行,有产生异常的风险,导致没优化的代码运行时没有异常发生,而优化后的代码会发生异常,这显然不符合优化变换必须保守的原则。在实际编译程序,如 GCC 中,常用**循环反转**保证循环的测试条件在外提代码之前,这样至少可以保证第一次进入循环时,如果循环条件不满足,则外提代码不会被执行。例如图 11.12(a)中的 while 循环经过循环反转变换之后如图 11.12(b)所示,其对应的三地址码分别如图 11.12(c)、(d)所示。则外提代码将放在语句 S 之前,这样当 C 条件为假时,将执行 goto L2,从而避免了外提代码的执行。而循环内代码在循环条件不满足时发生异常的可能性最大,这样最大限度地保证了外提代码的正常工作。

(a) (b)

图 11.11 代码外提举例

```
while (C) {
   S;
}
```

(a)

```
if (C) {
  do {
    S;
  } while (C);
```

(b)

```
L1: if not C goto L2;
    S;
    goto L1
L2:
```

(c)

```
L1: if not C goto L3
L2: S;
    if C goto L3
    goto L2
L3:
```

(d)

图 11.12 循环反转

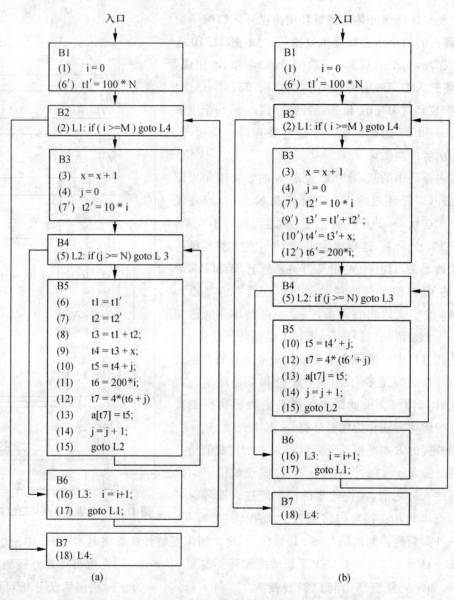

表面上看图 11.12(d)增加了代码量，降低了代码的执行效率，但事实并不尽然。图 11.13(a)、(b)分别给出了图 11.12(c)、(d)的中间代码在循环两次执行后退出(即 C 两次为真一次为假)的模拟执行情况，从图中可看出经过反转变换后的代码实际执行比反转前还少了两个 goto，所以执行效率反而更高。特别是 goto 指令会导致**流水线延迟**(pipeline stall)，因此减少跳转指令在支持流水线的 CPU 上无疑会有更高的执行效率。

```
(1) if not C; // C is true         (1) if not C; // C is true
(2) S;                              (2) S;
(3) goto L1                         (3) if C;  // C is true
(4) if not C; // C is true          (4) goto L1
(5) S;                              (5) S;
(6) goto L1                         (6) if C;  // C is false
(7) if not C; // C is false         (7) L2: //exit loop
(8) goto L2;
(9) L2: // exit loop
         (a)                                   (b)
```

图 11.13　有无循环反转执行情况比较

此外如果表达式不变量不在循环出口必须经过的结点(称为**必经结点**)上，即在循环内的某个分支上，这时由于计算该表达式还可能有额外的条件，因此外提也有发生异常的风险，如图 11.14(a)给出的 C 语言程序中，a[k]*a[k]是表达式不变量，但是由于它在循环中的一个分支上，因此即便是程序运行时进入到循环内，也只有在数组的下标满足边界条件时才执行。如果将其外提(如图 11.14(b)所示)，则显然当调用 f(100)时程序(a)没有异常，而优化后的程序(b)无疑会产生数组越界。

```
int a[100];                         int a[100];
int f(int k)                        int f(int k)
{                                   {
  int i=0, j=0, m=0;                  int i=0, j=0, m=0;
  while (i<1000) {                    if (i<1000) {
    if (i>10 && k<100) m=a[k]*[k];      t=a[k]*[k];
    j+=2;                               do {
    i++;                                  if (i>10 && k<100) m=t;
  }                                       j+=2;
  return j+m;                             i++;
}                                       } while (i<1000);
                                      }
                                      return j+m;
                                    }
         (a)                                   (b)
```

图 11.14　在循环某个分支上的循环不变量举例

11.3.2　归纳变量与强度削弱

循环优化另一项重要任务是寻找循环体中的归纳变量并对其计算方法优化。循环体中的一个变量 x 如果存在常量或循环不变量 c 使得循环体每次执行后 x 的值按 c 的大小递增或递减，则称 x 为**归纳变量**(induction variable)，即 x 的值随循环迭代次数线性变化。例如，图 11.11(b)中的 i 在外循环中只有唯一的一次在出口必经结点 B6 中的赋值 i=i+1，这样循环的每次执行，i 将按步长 1 增加，即 i 的值随循环迭代次数线性变化。

称变量 x 为**基本归纳变量**，当且仅当 x 在循环体每个出口必经结点中有唯一的型如"x=x+c"的赋值，其中 c 是循环不变量。在出口必经结点上是为了保证每次循环该赋值语句一定被执行；唯一的一次赋值是为了保证 x 的值每次循环后按 c 递增或递减。如图 11.11(b)中的变量 j 对外循环就不是循环不变量，因为 j 在外循环内有两次赋值，且语句 j=j+1 所在的基本块不是外循环的出口必经结点。但是 j 是内循环的基本归纳变量。

观察基本块 B3 中的赋值语句 $t2'=10*i$，设在外循环的某次执行前 i 的值为 m，则再次进入循环时 i 的值为 m+1，这样 $t2'$ 的值在两次循环的增量为 $10*(m+1)-10*m$，即常数 10，因此 $t2'$ 也是循环不变量，即 $t2'$ 的值随 i 线性变化。因此可将该赋值语句修改为 $t2'=t2'+10$，且在基本块 B1 中加上对 $t2'$ 赋初值语句 $t2'=0$。这样可将乘法运算替换为代价较小的加法运算，称为**强度削弱**(strength reduction)。称变量 x 为由 k **派生归纳变量**，当且仅当 x 在循环体内仅有一次型如"x=c*k+d"或"x=c*(k+d)"的定义语句，其中 k 为归纳变量，c 和 d 为循环不变量，且该定义语句在循环的每个出口必经结点上。设进入循环前 k 的初值为 a，每次循环的增量为 b。如果在循环体内 x 定义在 k 之前，则 x 的初值为 $c*a-c*b+d$ 或 $c*(a-b+d)$，增量为 $c*b$；如果 x 定义在 k 之后，则 x 的初值为 $c*a+d$ 或 $c*(a+b)$。例如，图 11.11(b)基本块 B5 中的语句 $t7=4*(t6'+j)$ 就是内循环归纳变量 j 的派生归纳变量，其中，c=4，d=$t6'$，且在循环内 j 的赋值在 t7 之后。因此 t7 将以初值 $4*(0-1+t6')=4*t6'-4$ 和步长为 4 增长。

强度削弱的步骤如下：

① 发现基本归纳变量；

② 对每个归纳变量查找其派生归纳不变量，并求出其初值 a 和增长步长 b；

③ 对每个派生归纳变量 x，引入新的变量 x'，在循环入口前增加语句 $x'=a$，把对 x 的定义语句修改为"$x'=x'+b$；$x=x'$；"。

例 11.4 首先对图 11.11(b)的两个嵌套的循环检查基本归纳变量，外循环有两个，即 x 和 i；内循环只有 i。再对每个归纳变量检查其派生归纳变量，$t2'$ 和 $t6'$ 是 i 的派生归纳变量，$t3'$ 是 $t2'$ 的派生归纳变量，但由于 $t3'$ 的定义语句是加法运算，因此不需要做强度削弱。$t4'$ 是两个归纳变量之和，也是归纳变量，但是如果按"x=c*k+d"的形式无法检测出来。对内循环而言，t5 和 t7 都是 j 的派生归纳变量，但只有 t7 需要强度削弱。对每个需要转换的归纳变量求其初值和步长并强度削弱后的代码如图 11.15(a)所示。

循环优化还有一个重要的目标是减少循环体内变量的使用，从而缓解 Load/Store 操作给寄存器使用造成的压力。强度削弱表面上增加了循环体内的变量，但是通过复制传播和死代码删除，可删除强度削弱前的归纳变量，因此不会增加循环体内的变量数目。观察图 11.15(a)中的变量 i，除了在唯一的一处条件跳转语句(2)中使用外，没有其他的引用，"i>=M"与"$t2''>=10*M-10$"等价，而由于 M 是常量，$10*M-10$(记为 M')在编译阶段可计算出来，因此将语句(2)重写为"L1：if ($t2''>=M'$) goto L4"并将变量 i 删除不会破坏程序的语义。这样无疑减少了循环内的变量。由于内循环的变量 j 除了在条件跳转语句(12)中用到，还在语句(10)中被引用，因此不能通过重写比较条件将它删除。经过比较条件重写，复制传播和死代码删除后的中间代码如图 11.15(b)所示。

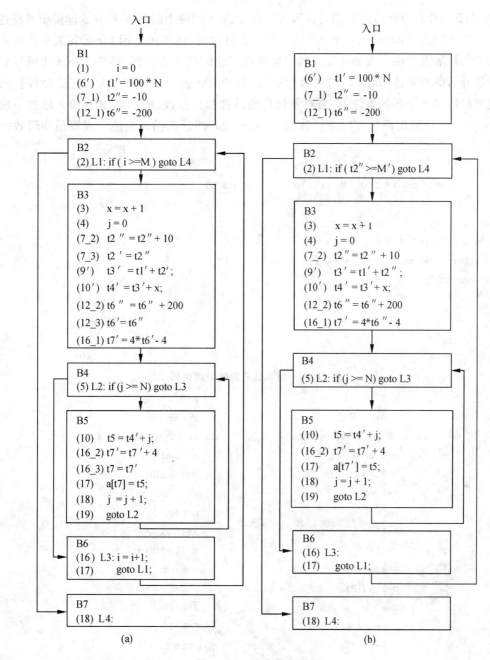

图 11.15 强度削弱举例

11.3.3 循环展开

很多循环都具有循环体小、迭代次数大的特点,这样循环执行的时间大部分都消耗在归纳变量的递增和循环条件的判断上,特别是转移指令会导致流水线的延时,从而降低了程序的执行效率。**循环展开**通过减少循环的迭代次数并增大循环体的代码,以减少对归纳变量的赋值和循环边界条件的检测而调高循环整体的执行效率。循环展开以空间换时间,特别是展开后的循环体更利于指令调度,因此它已是现代编译程序必备的优化选项。

例 11.5 图 11.16(a)的 C 语言函数计算长度为 N 的两个向量 A 和 B 的标量积。经过强度削弱后的中间代码如图 11.16(b)所示。为了方便讨论，循环还是用 for 语句表示。循环的两次展开是让展开后的一次循环完成展开前两次连续的循环的计算，即将循环体代码复制一次作为展开后的循环体(如图 11.17(a)所示)。为了保证新循环在第二次执行原循环代码时也满足原循环进入循环的条件，必需对新循环的条件加以修改，即 A 按其步长 8 增加一次后必须小于 M，故将退出新循环的条件修改为 A>=M-8。新循环只能完成原循环偶数次迭

```
double product(int N, double A[ ], double B[ ])
{
    int i;
    double p=0.0;
    for (i=0; i<N; i++) p=p+A[i] * B[i];
    return p;
}
```

(a)

```
p=0.0
M=A+8 * N
L1: if (A>=M) goto L2
    a=load(A)
    b=load(B)
    c=a * b
    p=p+c
    A=A+8
    B=B+8
    goto L2
L2: ...
```

(b)

图 11.16 循环展开前的中间代码

```
p=0.0
M=A+8 * N
L1: if (A>=M-8) goto L2
    a=load(A)
    b=load(B)
    c=a * b
    p=p+c
    A=A+8
    B=B+8
    a=load(A)
    b=load(B)
    c=a * b
    p=p+c
    A=A+8
    B=B+8
    goto L1
L2: if (i>=M) goto L3
    a=load(A);
    b=load(B);
    c=a * b;
    p=p+c;
L3: ...
```

(a)

```
p=0.0
M=A+8 * N
L1: if (A>=M-8) goto L2
    a=load(A)
    b=load(B)
    c=a * b
    p=p+c
    a=load(A+8)
    b=load(B+8)
    c=a * b
    p=p+c
    A=A+16
    B=B+16
    goto L1
L2: if (i>=M) goto L3
    a=load(A);
    b=load(B);
    c=a * b;
    p=p+c;
L3: ...
```

(b)

图 11.17 循环展开后的中间

代,如果原循环实际执行奇数次迭代,则最后一次迭代时 A 应满足 M−8＜A＜M,即新循环还差一次条件为 A＜M 的迭代,因此还需要加上条件为 A＜M 的循环体代码,且不需对退出循环后不再使用的归纳变量进行赋值。观察到展开后代码对每个归纳变量都有两次的赋值,这样无疑增加了寄存器的负担,注意到归纳变量 A 和 B 的步长都是 8,完全可以将其第一定义删除,分别用 A+8 和 B+8 替换其第二次引用,并将其第二次赋值修改为按步长 16 增长,这样就减少了展开后循环体对变量赋值的步骤,化简后的中间代码如图 11.17(b)所示。

11.3.4 指令调度

一个简单的计算机是在一个时间周期完成一条指令,它包括读取指令(instruction fetch)、将指令译码为操作和操作数并读取寄存器(decode)、执行指令(excute)、存储器访问(memory access)和回写计算结果到寄存器或内存中(write back)五个阶段。现代计算机在一个时间周期可以同时执行多条指令的不同阶段。如在回写第一条指令的同时,完成第二条指令的计算,并且译码第三条指令,读取第四条指令,即 CPU 的指令,像是装配车间的任务被分为很多个步骤在流水线上完成一样。这种体系结构称为**指令级上的并行**(intruction level parallelism, ILP)。近十年来,流水线作为提高处理器速度的重要技术已被广泛使用。如何重新组织指令执行的先后次序,使得流水线上的部件空闲尽可能少,充分提高 CPU 的执行效率就是**指令调度**所要解决的问题。

例 11.6 设某 CPU 支持上述五级流水线,load 指令需 5 个时间周期,mult 需 3 个,add 需 2 个,寄存器数目没有限制。如果按照图 11.17(b)中的代码次序执行循环体,其需要的时间周期如图 11.18 所示。从图中可看出 c 的计算必须等到 a 和 b 装载完成后才能进行,这无疑造成了流水线的延时,浪费了宝贵的 CPU 资源。观察发现循环体中 a、b 和 c 的两次计算是相互独立的,可以使用不同的寄存器表示,并可调整其计算的先后次序。现将 a、b 和 c 的两次计算用不同的下标表示,并对运算次序进行调整,让有依赖关系的指令尽可能有一定的间距,使得流水线资源最充分地得到使用,这样的程序变换称为指令调度。图 11.19 给出了经过指令调度后的中间语言,其循环体所需的时间周期如图 11.20 所示,从图中可看出其用时比未经调度的程序少了近一半。

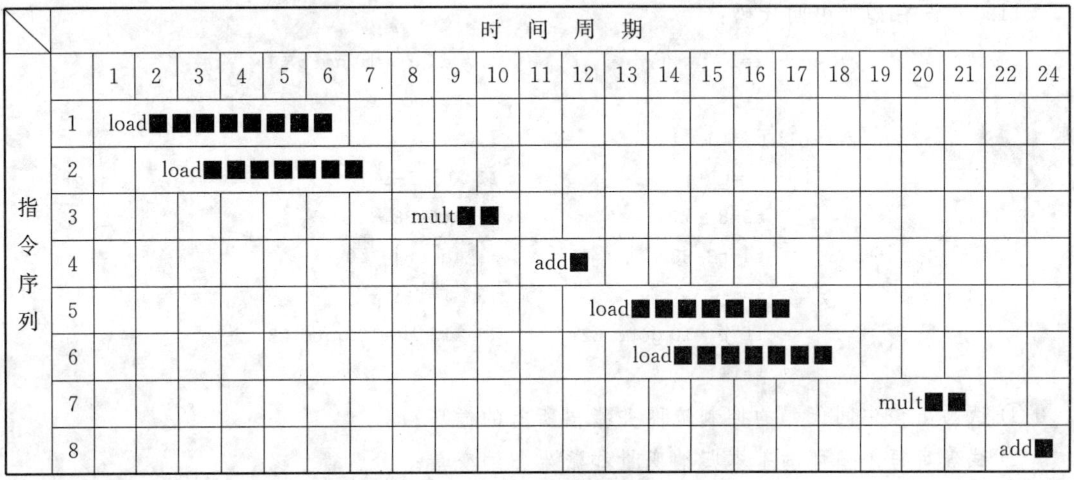

		\\ 时间周期																						
		1	2	3	4	5	6	7	8	9	10	11	12	13	14	15	16	17	18	19	20	21	22	23	24
指令序列	1	load	■	■	■	■	■	■																	
	2		load	■	■	■	■	■																	
	3								mult	■	■														
	4										add	■													
	5											load	■	■	■	■	■								
	6												load	■	■	■	■	■							
	7																			mult	■	■			
	8																						add	■	

图 11.18 未经调度的循环体执行用时情况

```
                p=0.0                          p=p+c2
                M=A+8 * N                      A=A+16
            L1: if (A>=M-8) goto L2            B=B+16
                a1=load(A)                     goto L1
                b1=load(B)                 L2: if (i>=M) goto L3
                a2=load(A+8)                   a=load(A);
                b2=load(B+8)                   b=load(B);
                c1=a1 * b1                     c=a * b;
                c2=a2 * b2                     p=p+c;
                p=p+c1                     L3: ...
```

图 11.19 指令调度举例

	时 间 周 期																							
	1	2	3	4	5	6	7	8	9	10	11	12	13	14	15	16	17	18	19	20	21	22	23	24
1	load■	■	■	■	■	■																		
2		load■	■	■	■	■	■																	
3			load■	■	■	■	■	■																
4				load■	■	■	■	■	■															
5								mult■	■															
6									mult■	■														
7										add■														
8											add■													

图 11.20 指令调度后的循环体执行用时情况

习 题 十 一

11.1 设有如下中间代码：

```
                i=1                        if i<=10 goto L1
                j=1                        goto L1
            L1: t1=10 * i                  i=1
            L2: t2=t1+j                L3: t5=i-1
                t3=8 * t2                  t6=88 * t5;
                t4=t3-88                   a[t6]=1.0
                j=j+1                      i=i+1
                if j<=10 goto L2           if i<=10 goto L3
                i=i+1
```

① 试画出该中间代码的控制流图并指出所有的循环；
② 试确定每个循环的基本归纳变量和派生归纳变量；
③ 试对每个循环做代码外提和强度削弱优化。

11.2 设有控制流图如图11.21所示：

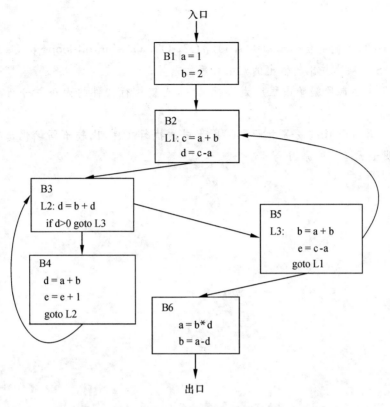

图 11.21 控制流图

① 试对上述中间代码做公共子表达式删除、常量传播、复制传播和死代码删除等优化；
② 试确定该控制流图所有的循环；
③ 对每个循环做代码外提和强度削弱优化。

11.3 设有如下C语言程序：
```
#include <stdio.h>
double powern (double d, unsigned n)
{
    double x=1.0;
    unsigned j;
    for (j=1; j<=n; j++) x*=d;
    return x;
}

int main (void)
{
    double sum=0.0;
    unsigned i;
    for (i=1; i<=100000000; i++) {
        sum+=powern (i, i%5);
    }
```

```
        printf ("sum=%g\n", sum);
        return 0;
    }
```

① 试用 GCC 不同的优化选项-O0,-O1,-O2,-O3,-O3 -funroll-loops 和-Os 编译该程序为汇编语言(加-S 选项)，并比较输出的汇编程序的差异；

② 试利用上述选项编译该程序为执行文件，比较执行文件的大小并分析大小差异的原因；

③ 试用计时命令 time 分别执行题②所生成的执行文件，比较不同优化选项下运行时间的差异并说明形成差异的原因。

第12章 代码生成

代码生成工作一般在语法分析后或优化后的中间代码形式上进行,其功能是将这种中间代码形式转换成某种结果代码形式。常用的结果代码有如下三种:

① 可立即执行的机器语言代码,它们通常存放在固定的存储区中,编译后可直接执行这种代码;

② 待装配的机器语言代码模块,为了执行这种形式的代码,必须经由连接装配程序将它们与另外一些运行子程序连接装配起来,组合成可执行的机器语言代码;

③ 汇编语言程序,必须通过汇编程序将其汇编成可执行的机器语言代码。

从节省时间的角度而言,第一种形式是最有效的,但这种形式缺乏灵活性。当程序不长时,编译程序可以生成这种代码形式。三种形式中最容易生成的形式是汇编语言程序,因为无须按二进制形式生成代码,而只要生成相应的符号化指令(或宏指令)即可。当然,最终还得借助汇编程序对符号化指令进行汇编。现今大多数实用的编译程序都生成第二种形式的代码,这种形式提供了较多的灵活性。当然,它需要连接装配程序配合工作。

本章以一台假想的计算机为例,简单讨论代码生成的基本原理,并假定生成的是汇编语言代码。

12.1 假想的计算机模型

假设这台计算机有一个能做所有算术运算的累加器,它提供的符号指令如表12.1所示。

表12.1 假想计算机中的符号指令

指 令	含 义
LD m	把单元 m 的内容送入累加器
ST m	把累加器的内容存入单元 m 中
ADD m	把单元 m 的内容加到累加器中
SUB m	从累加器中减去单元 m 的内容
MULT m	用单元 m 的内容乘累加器的内容
DIV m	用累加器的内容除以单元 m 的内容
ABS	将累加器中的负号变成正号(取绝对值)
CHS	改变累加器内容的正负号

为简单起见,假定变量的存储单元地址是直接用变量名本身表示的,而且所涉及的变量为简单变量或临时变量。此外,为了生成一条运算符为 w、运算量为 x 的汇编语言指令,要调用过程 GEN(w,x),其中,w 和 x 是符号串变量,例如,GEN('ADD','S1')将生成指令"ADD S1"。下面将以简单算术表达式

$$A\times((A\times B+C)-C\times D) \tag{12.1}$$

为例来说明是如何从四元式、三元式、逆波兰表示和树形表式生成代码的。

12.2 从四元式生成代码

在四元式序列中,运算是按其执行顺序排列的,只要顺次扫描各四元式,就能逐个地生成代码。由于运行时所有运算都要在累加器中进行,所以,在生成一条代码前,需要知道累加器的内容。为此,引入全局量 ACC,它是编译时刻的变量,用以指明运行时刻累加器的状态。规定:若 ACC 为空,则表明运行时累加器为空;若 ACC 非空,则表明它包含了当前累加器中的变量名或临时变量的值。

还会用到过程 INACC,它有两个参数,其功能是:在生成可交换的双边运算(如 *,+)指令之前,调用该过程,它生成将其中任一运算量存入累加器的指令。例如,当生成 A+B 的代码时,调用 INACC 后可将 A、B 中的任一个存入累加器。对于不可交换的双边运算(如 ÷ 或 −),要求必须把第一个运算对象存入累加器。例如,在生成 A/B 时,先调用 INACC(A,' '),它生成把 A 存入累加器的指令。无论在哪种情况下,若累加器当前不为空,那么 INACC 先生成一条保留累加器内容的指令。过程 INACC 如下:

```
procedure INACC (A, B);
  string A, B;
  begin string T;
    if ACC=' ' then
      begin
        GEN ('LD', A);
        ACC:=A;
        return
      end;
    if ACC=B then
      begin
        T:=A; A:=B; B:=T
      end;
    else if ACC≠A then
      begin
        GEN ('ST', ACC);
        GEN ('LD', A);
        ACC:=A
      end;
  end
```

这里采用的方法是顺次扫描四元式,并逐个生成每个四元式的代码。假定用计数器 i 控制顺序,并假定第 i 个四元式的四个字段分别用 guad(i).OP、guad(i).OPER1、guad(i).OPER2 和 guad(i).RESULT 表示。以下是四元式的代码生成程序,即对 +,−,*,/和单目减中的每个运算分别给出当生成相应代码时,所要调用的代码生成程序。

1. 加法(乘法)四元式的代码生成程序

```
INACC (guad (i).OPER1, guad (i).OPER2);
```

```
        GEN ('ADD' guad (i).OPER2);
       [GEN ('MULT', guad (i).OPER2);]
        ACC:=guad (i).RESULT;
```

2. 减法(除法)四元式的代码生成程序

```
        INACC (guad (i).OPER1,' ');
        GEN ('SUB', guad (i).OPER2);
       [GEN ('DIV', guad (i).OPER2);]
        ACC:=guad (i).RESULT;
```

3. 单目减四元式的代码生成程序

```
        INACC (guad (i).OPER1,' ');
        GEN ('CHS',' ');
        ACC:=guad (i).RESULT
```

例如，应用这些代码生成程序，表达式(12.1)可生成如表12.2所示的结果代码，其中，第1列是表达式(12.1)的四元式形式，第2列为对应四元式所生成的代码，第3列则给出了刚刚生成完代码后全局量 ACC 的内容。

表 12.2 从四元式生成代码

四元式				代码		ACC
*	A	B	T_1	LD	A	
				MULT	B	T_1
+	T_1	C	T_2	ADD	C	T_2
*	C	D	T_3	ST	T_2	
				LD	C	
				MULT	D	T_3
−	T_2	T_3	T_4	ST	T_3	
				LD	T_2	
				SUB	T_3	T_4
*	A	T_4	T_5	MULT	A	T_5

12.3 从三元式生成代码

从三元式生成代码需要引进和删除一些临时变量，例如，从三元式

        (3) * X Y

生成代码时，就需要引进代表结果值的临时变量。而且对于最后一个引用三元式(3)的那个三元式，在生成完它的代码之后，代表(3)的结果值的临时变量就不再需要了，应将其删去。假设临时变量的范围是两两不相交或嵌套的，那么，就能使用一个编译时刻栈，去保存和删除这些临时变量；否则，就需要一个更复杂的方案来管理这些临时变量。为简单起见，还假定每个临时变量仅引用一次。

在代码生成期间，设置两个并列的栈 TRIP 和 TEMP，分别用以存放现已生成了代码，但

还未生成引用其结果值的那些三元式的编号 i 和分配给相应的三元式存放结果值的那些临时变量名 T_i,j 为栈顶指示器(j 指向栈中当前元素)。其结构形式如下：

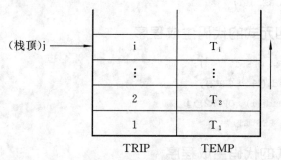

在生成三元式 i 的代码之前，必须检查两个运算量，如果其中有一个运算量引用了前面的三元式，那么就必须用分配给该三元式存放结果值的临时变量名去替代这个运算对象。这项工作由过程 GETTEMP(A,B) 来完成，其中 A 是被检查的运算对象字段，在返回时，B 中将包含临时变量名或变量的名字，参见以下过程：

```
procedure GETTEMP (A, B);
   if A 引用三元式 k then
     begin
     for i:=j step-1 until 1 do
        if TRIP (i)=k then
        begin B:=TEMP (i); goto out end;
out: end
     else B:=A;
   end;
```

生成三元式 i 的代码之后，还必须产生一个临时变量，用以描述执行该代码后所得到的结果值。然后将该临时变量和三元式编号下推到 TEMP 和 TRIP 栈中。因为执行刚刚生成的代码的结果是在累加器中，因此要改变累加器的状态。这些工作由以下的过程 NEWTEMP 实现。

```
procedure NEWTEMP;
   begin
     T:=新的临时变量名；
     j:=j+1;
     TRIP (j):=i;
     TEMP (j):=T;
     ACC:=T
   end;
```

其中，i 是一个全局量，用做三元式编号计数器。

为了从三元式生成代码，根据计数器 i 的值顺次扫描三元式。假定用 TR(i).OP、TR(i).OPER1 和 TR(i).OPER2 分别引用第 i 个三元式的三个字段。此外，由于假设两个临时变量的范围是不相交的或嵌套的，因此，当生成引用临时变量的代码时，相应的临时变量名字总是在两个栈顶元素中的某一个之内。这就是说，只需在两个栈顶元素查找它而无须查找整个栈。下面给出的是从三元式生成代码的程序。

1. 加法三元式的代码生成程序(乘法类似)

```
GETTEMP (TR(i).OPER1,Y₁);
GETTEMP (TR(i).OPER2, Y₂);
INACC (Y₁, Y₂);
GEN ('ADD', Y₂);
if TR(i).OPER1 引用了三元式 then j:=j-1;
if TR(i).OPER2 引用了三元式 then j:=j-1;
NEWTEMP;
```

2. 减法三元式的代码生成程序(除法类似)

```
GETTEMP (TR(i).OPER1,Y₁);
GETTEMP (TR(i).OPER2, Y₂);
INACC (Y₁, ' ');
GEN ('SUB', Y₂);
if TR(i).OPER1 引用了三元式 then j:=j-1;
if TR(i).OPER2 引用了三元式 then j:=j-1;
NEWTEMP;
```

3. 单目减的三元式代码生成程序

```
GETTEMP (TR(i).OPER1,Y₁);
INACC (Y₁, ' ');
GEN ('CHS', ' ');
if TR(i).OPER1 引用了三元式 then j:=j-1;
NEWTEMP,
```

以表达式(12.1)为例,从三元式生成代码的过程如表12.3所示。其中,第1列为相应的三元式序列,第2列是将第1列的对应三元式中引用其他三元式的运算量替换成相应的临时变量名后得到的变形式,第4列表示加工对应三元式后栈 TRIP 和 TEMP 的内容,第5列给出了生成相应三元式代码之后的累加器状态,第3列为所生成的代码。

表 12.3 从三元式生成代码

	三元式			变形式			代码		栈		累加器
(1)	*	A	B	*	A	B	LD	A			
							MULT	B	1,	T_1	T_1
(2)	+	(1)	C	+	T_1	C	ADD	C	2,	T_2	T_2
(3)	*	C	D	*	C	D	ST	T_2			
							LD	C	3,	T_3	
							MULT	D	2,	T_2	T_3
(4)	−	(2)	(3)	−	T_2	T_3	ST	T_3			
							LD	T_2			
							SUB	T_3	4,	T_4	T_4
(5)	*	A	(4)	*	A	T_4	MULT	A	5,	T_5	T_5

12.4 从树形表示生成代码

可以把单个表达式的 i 个三元组序列想象成一棵树,并用 TR(i) 表示根分支。例如,表达式(12.1)可表示成图 12.1 所示的树(右边为对应的三元式序列),从根结点开始生成代码(即从最后一个三元式开始),这样做将生成比较高效的代码。在从树形表示生成代码的过程中,用到一个动作表(见表 12.4)和一个递归过程 COMP(i),其功能是对树根为 TR(i) 的子树生成代码。COMP(i) 的动作是根据第 i 个三元式 TR(i).OP、TR(i).OPER1 和 TR(i).OPER2 的信息决定的。

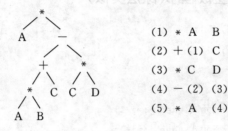

(1) * A B
(2) + (1) C
(3) * C D
(4) - (2) (3)
(5) * A (4)

图 12.1 表达式(12.1)的树形表示

表 12.4 加法(乘法类似)、减法(除法类似)的动作表

a. 加法(乘法类似)的动作表

+		OPER2		
		累加器	变量	整数(子树)
OPER1	累加器	无意义	GEN ('ADD', TR(i).OPER2)	T := 新临时变量名 GEN('ST', T) COMP(TR(i).OPER2) GEN('ADD', T)
	变量	GBN('ADD', TR(i).OPER1)	GEN ('LD', TR(i).OPER1) GEN ('ADD', TR(i).OPER2)	COMP(TR(i).OPER2) GEN ('ADD', TR(i).OPER1)
	整数 (子树)	无意义	COMP(TR(i).OPER1) GEN('ADD', TR(i).OPER2)	COMP(TR(i).OPER1) TR(i).OPER1 := ACC; repeat

b. 单目减的动作表

OPER1	累加器	变量	整数(子树)
	GEN('CHS', ' ');	GEN('LD', TR(i).OPER1) GEN('CHS', ' ')	COMP(TR(i).OPER1) GEN('CHS', ' ')

续表

c. 减法（除法类似）的动作表

—		OPER2		
		累加器	变 量	整数（子树）
OPER1	累加器	无意义	GEN('SUB',TR(i).OPER2)	无意义
	变量	T:= 新临时变量名 GEN('ST', T) TR(i).OPER2:= T repeat	GEN('LD',TR(i).OPER1) GEN('SUB',TR(i).OPER2)	COMP(TR(i).OPER2) T:= 新临时变量名 GEN('ST', T) TR(i).OPER2:= T repeat
	整数 （子树）	T:= 新临时变量名 GEN('ST', T) COMP(TR(i).OPER1) GEN('SUB', T)	COMP(TR(i).OPER1) GEN('SUB', TR(i).OPER2)	COMP(TR(i).OPER2) TR(i).OPER2:= ACC repeat

看看有关加法运算的动作表（见表 12.4a）。如果 TR(i).OPER1 和 TR(i).OPER2 都是变量名，那么，先生成一条"LD TR(i).OPER1"指令，再生成一条"ADD TR(i).OPER2"指令。如果 OPER1 是一个变量，而 OPER2 是一个以运算符为根的子树，那么，在三元式 TR 的表中 TR(i).OPER2 是该树根的序号。递归地调用 COMP 去生成该子树的代码。它将生成一条把相应表达式的值取进累加器的代码。从 COMP 返回后，将生成一条以 OPER1 作为运算对象的加法指令。

如果两个运算量都是以运算符为根的子树，则先调用 COMP，对第一个运算量生成代码；然后改变运算对象 TR(i).OPER1，以表示这个值在累加器中。动作 repeat 意指再一次使用动作表去决定所要做的工作，即执行"TR(i).OPER1＝ACC"和"TR(i).OPER2＝子树"所指定的动作。此时，产生一个新的临时变量名，生成一条保存累加器内容的 ST 指令，接着对第二个运算量生成代码，最后生成 ADD 指令。

表 12.5 中以图 12.1 所示的树形表示为例，给出了调用 COMP(5) 时所需的动作序列及其所生成的代码。其中，第 1 列给出正被处理的结点；第 2 列给出了该结点的当前形式；第 3 列给出生成代码之前所要执行的动作；第 4、5 列分别给出生成的代码，以及生成代码之后所应执行的动作。因为能够先对三元组"-(2)(3)"中的第二个运算量生成代码，所以省去了 LD 和 ST 指令。

表 12.5 从三元式生成代码

结点	三元式			动作	代码		动作
(5)	*	A	(4)	COMP(4)			
(4)	—	(2)	(3)	COMP(3)			
(3)	*	C	D		LD	C	
					MULT	D	返回
(4)	—	(2)	ACC		ST	T_1	COMP(2)
(2)	+	(1)	C	COMP(1)			
(1)	*	A	B		LD	A	
					MULT	B	返回
(2)					ADD	C	返回
(4)					SUB	T_1	返回
(5)					MULT	A	返回

12.5 从逆波兰表示生成代码

从左至右顺次扫描逆波兰表示中的运算符和运算量,当扫描到运算量时,将运算量的名字存入运算量栈中;当扫描到一个二目运算符时,利用栈顶和两个运算量的名字生成相应的代码。生成代码后,就用存放结果值的变量名替代栈顶的两个运算量。

由于二目运算总是使用两个栈顶运算量,因此,如果任一其他栈元素描述了累加器中的内容,那么,在生成二目运算的代码前,必须生成一条保存累加器的指令。由此,可采用另外一种保留累加器内容的方法,即允许栈元素能包含"ACC",用以指明其值在累加器中。当扫描逆波兰表示遇到一个运算量的名字时,就做下述工作:

① 若次栈顶元素是"ACC",那么,产生一个新的临时变量名 T_i,生成一条"ST T_i"指令,然后把该名字 T_i 存入这个栈元素中;

② 把运算量名下推进栈。

于是,始终由两个栈顶元素之一来描述累加器中的内容。一个二目运算不需要查看是否要把累加器的内容转储起来,而一目运算仅需检查次栈顶元素,以决定是否要将累加器内容转储起来。

综上所述,对于任何算术运算或逻辑运算,其代码生成的一般过程可归纳如下:
① 生成建立运算量地址的代码;
② 生成实现任何必要的类型转换的代码;
③ 生成把一运算量取到累加器中的代码;
④ 生成该运算的代码。

根据这个过程,不难设计一个通用的代码生成过程,用以生成所有的算术运算和逻辑运算的代码。

12.6 寄存器的分配

任何计算机系统都有用途广泛、使用方便的寄存器,但寄存器的数量却是十分有限的。如何合理、有效地使用这些寄存器是编译程序设计过程中值得重视的问题之一。所谓**寄存器的分配**就是为解决这一问题而提出的。直观地讲,寄存器的分配可以看做:在计算一个表达式时,如何使所需要的寄存器个数最少。

表达式的内部形式可用一棵树表示出来,在此基础上另加一遍扫描,顺序地扫描该树,对每个运算确定各个运算对象所需要的寄存器个数,并标记每个运算结点,用以指示首先应该计算的运算对象,然后生成相应的代码。

从另一角度提出的寄存器分配问题可描述为:已知 n 个可供使用的寄存器 $R_1, R_2, \cdots, R_n$,计算表达式时如何使所需的存取指令的条数最少。为解决这个问题,假定:
① 不允许重新排列子表达式;
② 每个值必须先取到某个寄存器后才能使用。

那么,当计算一个表达式时,在某一时刻需要使用变量 v 的值,此时会出现如下几种可能:

① 该值已在寄存器 R_i 中,此时它用这个寄存器;

② 还没有给 v 分配寄存器,但有可用的空寄存器(或存在某个寄存器,其内容已不再需要了),此时就把该值存入这个寄存器中;

③ 还没有给 v 分配寄存器,而且当前所有的寄存器都要继续使用,此时,应保留某个寄存器的内容(以后还必须恢复其内容),并把 v 的值存入这个寄存器中。

对于第三种可能,应该保存哪个寄存器的内容呢?一个比较明显的答案是,把运算序列中下次使用且距现行位置最远的那个寄存器的内容保存起来。

这种分配方法是很容易理解的。有人证明了这种分配方法在一定条件下是最优的,即它所产生的存取指令的条数最少。**注意**:这种方法要求必须知道每个临时变量下一次要在什么地方使用。实现这一要求的最好办法是建立一张寄存器线索表,该表记录着结果代码中引用寄存器的所有信息。

Horwitz 等人运用不同方法解决了这个问题。他们假设运算序列是按顺序执行的,运算能引用值(因此,运算量必须取到某个寄存器中),并且能够改变寄存器的内容。其算法的主要思想是,先找出运算序列中涉及寄存器的那些指令,把运算序列变换成以这些指令为结点的一个有向图(按顺序执行的流向)。于是,所述问题就变成从图中找出自某个结点到另一结点的最短通路问题。Luccio 等人又设法压缩了图的大小,从而使这种策略更有实用价值。

12.7 小　　结

相对于编译程序的各个工作阶段,代码生成阶段是比较机械的一步。它主要根据事先设计好的目标结构,将相应的源代码或中间代码翻译成对应的目标代码。目标机上的指令系统越丰富,代码生成的工作就越容易。

目标结构是根据源语言成分的语义和典型目标机上的指令系统精心设计而成的一种目标代码模式。

代码生成工作通常在语义分析后的中间代码(或中间程序)上进行。

习　题　十　二

12.1　给定算术表达式:
$$X-(Y+Z+(A\times(B+C/D+F)/G))+(H\times(I-K)/L)$$
① 先转换成四元式,然后从四元式生成代码;
② 先转换成三元式,然后从三元式生成代码;
③ 先转换成树形表示,然后从树形表示生成代码;
④ 先转换成逆波兰表示,然后从逆波兰表示生成代码。

12.2　给定条件语句:
　　　if i>j then A:=j+1 else A:=i+1
先转换成四元式,然后从四元式生成代码。

12.3　设计一个基于寄存器线索表的寄存器分配算法。

12.4　设计一个通用的代码生成程序。

第13章 词法分析程序生成工具 LEX

从理论上讲,编制一个输入是正规表达式而输出是识别该正规表达式的词法分析程序的程序是完全可行的。词法分析程序生成工具(lexical analyzer generator)正是这样的程序。词法分析程序生成工具大大地减少了不必要的人工劳动,将词法分析的重点放在正规表达式的描述和识别正规表达式之后的处理上,更易于维护词法分析程序。例如,ANSI C 的词法规则有近 100 条,而对应的非确定有穷自动机和确定有穷自动机分别有 600 和 200 多个状态,如果用手工制作这样的词法分析程序,工作量之大是可想而知的,而要维护它则更为困难。

1972 年,贝尔实验室的 M. E. Lesk 和 E. Schmidt 在 Unix 操作系统上首先实现了这样的程序,称之为 LEX。从此,LEX 作为 Unix 的标准应用程序随 Unix 系统一起发行。同 awk 和 sed 等应用程序一样,它是 Unix 对文本文件进行批处理的有效工具。与此同时,GNU 推出和 LEX 完全兼容的词法分析程序生成工具 FLEX(fast lexical analyzer generator)。由于 GNU 的软件是以源程序的方式发行的,因此,FLEX 很容易在不同的操作系统平台下编译生成执行文件,如 Linux 操作系统将 FLEX 作为其标准的软件工具。本章介绍词法分析程序生成工具 LEX,其中所有例子都用 FLEX 和 Turbo C v2.0 进行了测试,用 FLEX 可以学习 LEX。有关的编译工具及其源程序例子,可到 http://ultral.wuhee.edu.cn/compiler/compiler.html 浏览下载。

13.1 LEX 简介

在介绍 LEX 的工作原理之前,首先回顾一下有关的概念。字符串集上的一个分类称为**单词**(token)如标识符和整型常数等;单词的描述称为**模式**(lexical pattern),如标识符是由字母开头并由字母和数字组成的字符串,**整型常数**是由数字组成的字符串,模式一般用正规表达式进行精确描述,LEX 的模式也是由正规表达式描述的,如[a-zA-Z][0-9a-zA-Z] * 和[0-9][0-9] * 分别是标识符和整型常数的模式;单词的成员称为**词形**(lexeme),如 myident 和 123 分别是标识符和整型常数的词形。

LEX 通过读取一个有规定格式的文本文件,输出一个如下图所示的 C 语言源程序。

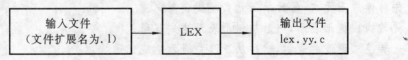

LEX 的输入文件称为 LEX **源文件**,它含有用正规表达式描述的模式和对相应模式处理的 C 语言源代码。LEX 源文件的扩展名习惯上用.l 表示。LEX 通过对输入源文件的扫描将输入文件的正规表达式转换为与之等价的 NFA;接着,将 NFA 转化为 DFA 并对 DFA 进行优化使之状态最少;然后,产生用该 DFA 驱动的 C 语言词法分析函数 int yylex();最后,将该 C 语言源程序输出到名为 lex.yy.c 的文件中(在 DOS 下输出文件名为 lexyy.c)。该文件称为

LEX 的**输出文件**或输出的词法分析程序。函数 yylex()对它所定义的输入文件进行分析,在识别输入 LEX 源文件所定义的某一模式后执行对该模式进行处理的 C 语言代码。

从例 13.1 可以知道 LEX 是怎样工作的。为了设计一个对文本文件统计字符数和行数的程序,定义 num_chars 和 num_lines 两个计数器分别记录文本文件的字符数和行数。在 LEX 源文件中定义两个模式,一个匹配任意字符,另一个匹配换行符,并且在识别这两个模式后其相应的计数器累加 1,从而完成对文件的字符数和行数的统计。

例 13.1 其 LEX 源文件 count.l 如下:

```
    int num_chars=0, num_chars=0;
    /*C语言全局变量,定义两计数器并置初值 0,
      注意:该定义语句一定不能顶行(indent) */
%%
\n      ++num_chars;++num_lines; /* ("\n" 匹配换行符,一定要顶行 */
.       ++num_chars; /*"."匹配除换行符以外的任意字符 */
%%
main() /* 主函数 */
    {
    yylex();
    printf("本文件的行数为:%d,字符数为:%d\n", num_lines, num_chars);
    }
int yywrap() /* 文件结束处理函数,yylex 在读到文件结束标记 EOF 时,调用该函数,用户必须
              提供该函数,否则在编译连接时会出错 */
    {
    return 1;  /*返回1表示文件扫描结束,不必再扫描别的文件 */
    }
```

在 DOS 提示符下运行:

```
C:\flex>flex count.l
```

则在当前目录 C:\flex 下生成新文件 lexyy.c。用 Turbo C 编译该文件:

```
C:\flex>tcc lexyy.c
```

产生执行文件 lexyy.exe。由于 yylex()函数在缺省时的扫描文件是标准输入,所以使用输入重新定向来对一个文本文件统计字符数,如

```
C:\flex>lexyy<test.txt
```

本文件的行数为 198,字符数为 2439。

从例 13.1 可看出使用 LEX 的步骤是:

① 编辑 LEX 源文件;

② 运行 LEX,如果没有错误则转到步骤③,否则,LEX 将不产生输出,用户要返回步骤①修改源文件模式定义部分;

③ 调用 C 编译程序编译输出文件 lex.yy.c,并和其他 C 模块连接产生执行文件,如果编译正确,则转到步骤④,如果编译出错,则表明 LEX 源文件的 C 代码有误,返回步骤①,修改源文件的 C 代码部分;

④ 调试执行文件,如果执行有误,则返回步骤①继续修改源文件,直到获得正确的结果。

由于 LEX 必须和 C 一起使用,并且 LEX 源文件含有大量的 C 语言程序,而 LEX 不能检测源文件中 C 代码的任何错误,因此,编辑和调试源文件要比直接编辑调试我们习惯的程序

设计语言困难得多，而且，上述步骤中的任何一步出错，都必须返回到对源文件的修改。因此，在编辑源文件时一定要特别仔细。

13.2 LEX 源文件的格式

LEX 对源文件的格式要求非常严格，例如，多打一个空格，或者把要求顶行书写的模式变成非顶行书写，就会产生致命错误。此外，LEX 的查错能力很弱，如一个模式的书写有误，则 LEX 在分析源文件报错的行号可能远在实际出错行之后。

LEX 的源文件由三个部分组成，每个部分之间用顶行的两个连续的百分号"％％"分割，其格式如下：

　　定义部分
％％
　　规则部分
％％
　　用户附加 C 语言代码部分

13.2.1 模式

在介绍源文件的每个部分之前，首先来看看模式的格式（在 LEX 中也称为规则）。LEX 的模式是机器可读的正规表达式，正规表达式是用链结、并和闭包运算递归生成的。为了方便处理，LEX 在此基础上增加了一些运算，下列符号是 LEX 的正规表达式的运算符：

　　" [ ]-?.*+|()%<>$

LEX 的模式定义如表 13.1 所示。

表 13.1 LEX 的模式定义

模式	解释
x	匹配单个字符'x'
.	匹配除换行符之外的任意字符
[xyz]	匹配 x、y 或 z
[abj-oZ]	字符集合，其中，j-o 表示 ASCII 码在 j 和 o 之间的字符，称为字符区间，这样，该模式匹配 a、b、j 和 o 之间的字母（包括 j 和 o）或 Z
[^A-Z]	字符集合的补集，即匹配除 A 到 Z 之间的任意字符，包括换行符
[^A-Z\n]	同上，匹配除大写字母和换行符之外的任意字符
r*	r 是正规表达式，r* 匹配 0 个或多个 r
r+	r 同上，匹配一个或多个 r
r?	r 同上，匹配 0 个或 1 个 r
r{2,5}	r 同上，匹配 2 到 5 之间次的 r

续表

模式	解释
r{2,}	r 同上,匹配 2 次或更多次的 r
r{4}	r 同上,匹配 4 次 r
{name}	name 是在定义部分出现的模式宏名,在规则部分将该模式名替换为所定义的模式,详细介绍在 13.2.2 节
"[xyz]\"foo"	匹配字符串[xyz]"foo
\x	转义字符,如果 x 是'a'、'b'、'f'、'n'、'r'、't'或'v',则\x 对应于其转义字符,转义字符的定义和 ANSI C 相同;否则,匹配字符 x,此方法用于匹配正规表达式的运算符
\123	匹配八进制 ASCII 码为 123 的字符
\x2a	匹配十六进制 ASCII 码为 2a 的字符
(r)	r 是正规表达式,(r)匹配 r,但是加上括号后,r 中的运算优先进行
rs	匹配正规表达式 r 和 s 的链结
r|s	匹配正规表达式 r 或 s
r/s	匹配正规表达式 r,但是,r 之后一定出现正规表达式 s,称 s 为 r 的尾部条件(Trailing Context)
^r	匹配正规表达式 r,但是,r 一定要出现在行首
r$	匹配正规表达式 r,但是,r 一定要出现在行尾,等价于 r/\n
\<s\>r	条件模式:匹配正规表达式 r,但是一定要在开始条件 s 激活之后,详细介绍在 13.6 节
<<EOF>>	匹配文件结束标记

几个值得注意的问题如下。

1. 运算的优先级

正规表达式的运算优先级别按表 13.1 中运算出现的先后次序从高到低排列,如 foo|bar* 等价于(foo)|(ba(r*)),因为闭包运算 * 的优先级比链结运算的优先级要高,而链接运算的优先级比并联要高,即该正规表达式匹配字符串 foo 或者是以 ba 开头并后随 0 个或多个 r 的字符串。由此,要想定义匹配 0 个或多个由 foo 和 bar 组成的字符串,必须用括号覆盖原有的优先级(foo|bar)*。

2. 运算符号的处理

如果要匹配正规表达式的运算符号,必须使用转义字符"\",或者用双引号,如\"[a-z]+\"将匹配由双引号所引的中间由一个或多个小写字母组成的字符串,而"."将匹配单个圆点。转义字符在双引号所引的正规表达式中也有效,如"\t\."将匹配一个横向跳格后随一个圆点,该正规表达式也等价于"\t."和"."(其中长空白是横向跳格符)。转义字符还可出现在中括号所引的可选字符集中,如[\x80-\xff]{2}表示两个连续的 ASCII 码最高位是 1 的字符串,即一个汉字。

3. 白字符

空格、横向跳格和换行符称为**白字符**(white space)。由于在 LEX 源文件中白字符用来分割源文件的单词,因此,在正规表达式中要使用白字符必须用双引号""或[ ],又因为正规表达式的书写不能续行,所以,换行符必须用"\n"表示。如要匹配字符串 an error,则 LEX 将 an 分析为要匹配的模式,而 error 为该模式对应的 C 语言操作而直接拷贝到输出文件中。这样,用 LEX 编译源文件不会出错。但是,由于 error 不是 C 的合法语句,因此,用 C 编译输出文件时一定出错。所以,必须用"an error"表示该模式。

4. 汉字的处理

LEX 支持对 8 位字符的处理,因此,利用 LEX 可产生对汉字文件的分析处理程序。为了避免 LEX 在编译源文件时对高位是 1 的字符产生歧义,汉字作为匹配模式时最好使用双引号,如"错误"。

5. 中括号[ ]的使用

在[ ]中如果使用字符区间,则要求区间开始字符的 ASCII 码一定比区间结束的 ASCII 码小,否则将失去区间的含义,如[z—a]表示匹配字符"z"、"—"或"a"。由于 LEX 生成的词法分析程序是用缓冲区来读取要分析的文件,而缓冲区的长度是固定的,如 FLEX 设定的缓冲区长度的缺省值是 16384,因此要避免匹配超长字符串。特别是使用取补运算时一定要慎重,如[^"]*将匹配不含" "的字符串,如果用这样的分析程序来扫描一个不含有" "的输入文件,而该输入文件的长度超过了缓冲区的长度,程序运行时,将会产生缓冲区溢出的错误(input buffer overflowed)。

13.2.2 定义部分

定义部分由 C 语言代码、模式的**宏定义**和条件模式的开始条件说明等部分组成。如

```
%{
C 语言代码
%}

模式宏名 1      模式 1
模式宏名 2      模式 2
   ⋮              ⋮
模式宏名 n      模式 n

%start s1 s2 s3
```

其中,C 代码由顶行的%{和%}引入,LEX 扫描源文件时该部分将首先被拷贝到输出文件之中(去掉"%{"和"%}"),在此,可以定义必要的全局变量和包含模式处理时用到的外部函数的头文件,如

```
%{
#include<math.h>
#include<string.h>
```

```
            int num_chars=0,  num_lines=0;
        %}
```

此外,在定义部分出现的任何非顶行文字也将直接拷贝到输出文件中。也可利用这一规定,定义 C 的全局变量,如

```
            int num_chars=0, num_lines=0;
```

这样,上行的 C 定义语句将拷贝到 lexyy.c 中,将定义两个整形的全局变量。

模式的宏定义如同 C 的宏定义,通过宏名定义一个模式,这样,可以简化在源文件中多次出现正规表达式的书写和修改,如

```
        DIGIT     [0-9]
        ID        [a-z][a-z0-9]*
```

其中,DIGIT 是匹配单个数字的正规表达式,ID 将匹配以小写字母开始并以小写字母和数字组成的字符串。在以后的定义部分和规则部分,通过对宏名加上{ }引用定义的宏,如

```
        {DIGIT}+"."{DIGIT}*
```

LEX 扫描源文件时,将{DIGIT}替换为 DIGIT 所定义的正规表达式并加上括号,所以,上式等价于

```
        ([0-9])+"."([0-9])*
```

即匹配一个或多个数字后随".",再后随 0 个或多个数字的字符串。

模式宏名是以字母或下画线"_"开始,以字母、数字和下画线"_"组成的字符串,并且大小写敏感,习惯上,宏名用大写字母组成的字符串表示。宏定义必须出现在行首;否则,该段文字将被直接拷贝到输出文件中,而成为 C 语言的非法语句。宏名所定义的正规表达式开始于宏名后的第一个非白字符直到换行符之前结束,换行符和换行符前的白字符不属于所定义的正规表达式。

由于 LEX 不对宏定义中的正规表达式进行语法检查,因此宏定义中的语法错误将在使用宏的地方出现。

此外,在定义部分可以加上顶行书写的 C 语言注释(即行首为"/*"),注释结束标记"*/"不要求一定出现在行首,该注释也将直接拷贝到输出文件之中。

关于开始条件,将在 13.6 节中讨论。

13.2.3 规则部分

规则部分是 LEX 源文件的核心,它包括一组模式和在生成分析程序识别相应模式进行处理的 C 语言动作(action)。其格式如下:

```
        C 语言代码
        模式 1      动作 1
        模式 2      动作 2
         ⋮          ⋮
        模式 n      动作 n
```

同定义部分一样,C 语言代码部分必须是非顶行书写的 C 语言语句,或者是用顶行的"%{"和"%}"所引的 C 语句,在此部分,定义输出的词法分析函数 yylex()的局部变量。该部分一定要出现在第一个模式之前。在其他地方出现的非顶行的 C 语句也将拷贝到函数 yylex()中,但是,其含义没有定义,它可能导致编译输出的分析程序出错,因此,严格禁用。

每个模式必须顶行书写,否则将被直接拷贝到输出文件中,而模式对应的动作部分的 C 语句必须和模式在同一行,模式和动作用之间用白字符分割,如果动作部分有多行 C 语句,则可用 C 语言的符合语句{ }将动作包含,开始左括号{一定要和模式在同一行,如

```
    ⋮
    \n    {
            ++num_chars; ++num_lines;    /*"\n"匹配换行符 */
          }
    ⋮
```

注意:LEX 不能识别源文件中的任何 C 语句,对源文件中在规定位置出现的 C 代码,LEX 仅仅是将它拷贝到输出文件指定的地方,并加上 C 的宏指令#line,指出该 C 语句在源文件中的行号。这样,在用 C 编译输出文件时,如果该语句出错,编译程序会指出在 LEX 源文件所在的行号,而不是输出文件的行号,这样就方便了对源文件的修改。另一方面,为了能正确地判断 C 代码的开始和结束,LEX 能够识别 C 的字符串常量,C 的注释和嵌套的块语句标记{ }。如在动作部分使用块语句{ },而反花括号}漏打,LEX 将把余下的整个源文件作为 C 语言动作出错(EOF Encountered Inside an Action,文件结束标记出现在动作中)处理。

13.2.4 用户代码部分

LEX 对用户代码部分不作任何处理,仅仅将该部分拷贝到输出文件 lex.yy.c 的尾部。在此部分,可定义对模式进行处理的 C 语言函数、主函数和 yylex 要调用的函数 yywrap( )等。如果用户在其他 C 模块中提供这些函数,用户代码部分可以省略,在省略时,第二和第三部分的%%可以去掉。

13.3　LEX 的工作原理

LEX 通过对源文件的扫描,经宏替换后,将规则部分的正规表达式转换成与之等价的 DFA,并产生 DFA 的状态转换矩阵(采用稀疏矩阵的数据结构);利用该矩阵和源文件的 C 代码产生一个名为 int yylex( )的词法分析函数,将 yylex( )函数拷贝到输出文件 lex.yy.c 中。函数 yylex( )以在缺省条件下的标准输入(stdin)作为词法分析的输入文件,在对输入文件进行扫描而到达 DFA 的某一个终止状态,即识别了源文件所定义的某一个模式后,将执行该模式对应的 C 语言动作。考虑到 C 代码的可移植性和分析程序的高效运行,lex.yy.c 中大量地使用了宏定义,并且文件较大(30~50KB),因此,几乎是不可读的。但是,如果源文件中的 C 代码没有错误,lex.yy.c 能够顺利地通过任何于 ANSI C 兼容的编译程序。

lex.yy.c 中定义了很多用户可以改变设置的全局变量,以及在 LEX 源文件的动作中可以调用的函数和宏,这样可方便对识别的模式进行处理。但是,由于 lex.yy.c 太复杂,因此,建议初学者不要直接对该文件进行修改,以免造成不必要的麻烦。

lex.yy.c 中的 DFA 状态转换矩阵是用静态方式保存的,因此,占有一定的内存空间。在源文件的模式特别多时(如 C 语言的词法分析程序),一定要将 Turbo C 内存模式设置为紧模式或大模式(compact or large model),否则程序在运行时会因内存不够而终止。但在一般情况下用 Turbo C 的小模式(small model)也够用。

13.4 yylex()函数的匹配原则

函数 yylex() 的原形是 int yylex(void)。yylex() 函数被调用之后，首先它检查全局文件指针变量 yyin 是否有定义，如果是，则设置将要扫描的文件为用户所定义的文件，否则设为标准输入文件 stdin。接着，利用 yylex() 所定义的 DFA 分析被扫描的文件，如果有唯一的一个模式与被扫描文件中的字符串相匹配，则执行该模式所对应的动作；如果有多个模式可以匹配，则 yylex() 将选择能匹配最长输入串的模式，称为**最长匹配原则**；如果还有多个模式匹配长度相同的输入串，则 yylex() 函数选择在 LEX 源文件中排列最前的模式进行匹配，称为**最先匹配原则**。yylex() 通常需要向前搜索一个字符来实现这样的匹配原则，如果使用超前搜索匹配了某一模式，则 yylex() 在进行下一次分析前，将回退一个字符。在此，通过以下例子来说明 yylex() 是如何进行匹配的：

```
%%
program          printf("keyword: %s!\n",yytext);
                 /*模式 1,字符指针全局变量 yytext 指向当前匹配的字符串 */
procedure        printf("keyword: %s!\n",yytext);      /*模式 2 */
[a-z][a-z0-9]*   printf("identifier: %s!\n",yytext);   /*模式 3 */
%%
```

当输入串为"programming"、yylex() 分析到子串"program"时，有模式 1 和模式 3 可以匹配。但根据最长匹配原则，yylex() 通过向前搜索，发现在继续读入输入串时，还可匹配模式 3。这样，yylex() 将选用模式 3 匹配"programming"。如果输入串是"program"，则模式 1 和模式 3 同时与之匹配，根据最先匹配原则，yylex() 选择模式 1 进行匹配，执行模式 1 对应的动作，打印"keyword：program!"

如果将模式 1 和模式 3 的在源文件中的次序颠倒，则当输入串是"program"时，yylex() 将用模式 3 进行匹配，即模式 1 将永远不会被匹配。因此，在编辑一个程序设计语言的词法分析 LEX 源程序时，关键字一定要出现在标识符之前。

yylex() 函数在匹配某个输入串后，该字符串由在 lex.yy.c 中定义的字符指针全局变量 yytext 给出，而该字符串的长度由 yyleng 给出。用户可直接在源程序的动作部分使用它们，如上例。

如果没有任何模式匹配输入的字符，则 yylex() 使用**缺省规则**，将输入字符拷贝到输出文件 yyout（其缺省值是 stdout）中，如源文件中没有定义任何模式

```
%%
```

则由此产生的词法分析程序将把输入文件逐个字符地拷贝到输出文件之中，即简单的拷贝程序。由于是逐字拷贝，该程序的效率比整段拷贝的程序要低。

13.5 识别模式后处理

在源文件中的规则部分，每一个模式有一个对应的动作，它可以是任意的 C 语句。在动作中，还可以使用 LEX 提供的全局变量、宏和函数。对这些动作编程是实现基于 LEX 的应用

程序的关键,只有灵活掌握 LEX 提供的这些宏过程和函数,才能充分地体现 LEX 的"模式—识别—处理"的功能,实现各种复杂的词法分析程序。

模式对应的动作可以为空,表示对识别的字符串不作任何的处理,即"吃"掉匹配串,如 LEX 源文件为

```
%%
"zap me"
```

由此产生的词法分析函数将删除被扫描文件中出现的所有的"zap me",剩下的字符将用缺省规则拷贝到输出文件中。

再如

```
%%
[\t]+     putchar(' ');       /*将连续的空白字符压缩为一个空格 */
[\t]+$                        /*将忽略在换行符之前的连续的空白字符 */
```

该源文件产生的词法分析函数将压缩被扫描文件的空白字符。

利用空动作还可以过滤程序设计语言的注释。

如果两个模式对应相同的操作,则可在两个模式之间加竖杠"|"表示它们执行相同的动作,如

```
%%
program    |
procedure  printf("keyword: %s!\n", yytext);      /*模式1,2 */
[a-z][a-z0-9]*  printf("identifier: %s!\n", yytext);  /*模式3 */
%%
```

注意:该竖杠虽然在作用上和正规表达式运算的竖杠相同,但是,在写法上是不一样的:竖杠和第一个模式之间一定要有空白字符,而正规表达式是不允许的。这样的书写方式便于阅读。

当 yylex() 函数识别某一个输入串,执行相应的动作之后,yylex()将刚识别的输入串后的第一个字符作为下一次扫描的开始。如果执行的动作中没有结束 yylex() 函数的返回语句 return,则 yylex()继续分析被扫描的文件,直到碰到文件结束标记 EOF。在读到 EOF 时,yylex()调用 int yywrap()函数(该函数用户必须提供),如果该函数的返回值非 0(真),则 yylex()返回 0 而结束执行。用户可以通过在 yywrap 中重新设置被扫描的文件 yyin,返回 0(假)而继续对新文件的扫描。

在动作中,用户可以用 return 语句结束 yylex(),return 语句必须返回一个整数。由于 yylex 的运行环境都是以全局变量的方式保存的,如被扫描文件指针和输入缓冲区等,因此,在下一次调用 yylex 时,yylex()将和连续执行一样继续对输入文件中还未扫描的部分进行分析。利用这一点,可将编译程序的词法分析和语法分析结合起来,即在语法分析需要移进一个单词时,调用词法分析函数 yylex(),而 yylex()通过对被扫描的文件分析识别某一个单词后,在动作中,用返回该单词对应的代码而结束 yylex()的执行。这样交替进行,直到完成对整个文件的分析(详见 14.7 节)。

在动作部分最好不要对 yytext 和 yyleng 等全局变量进行修改,以免破坏 yylex()的运行环境。LEX 除了提供这些全局变量之外,还为用户在动作部分使用提供一些函数和宏。

① ECHO   将当前识别的字符串拷贝到分析程序的输出 yyout(缺省为 stdout)。
② BEGIN   后面接某个开始条件名,激活该开始条件对应的模式(见 13.6 节)。

③ REJECT 放弃当前匹配的字符串和当前的模式,让分析程序重新扫描当前的字符串,并选择另一个最佳的模式再次进行匹配。由于当前匹配的字符串完全交给了输入,在不使用当前的模式再次进行匹配时,所识别的输入串可能比当前串要长,也可能要短。如在计字程序 count.l 中,我们希望对单词"frob"进行一个特别的处理 special(),但是,如果不使用 REJECT 就不能对"frob"计字。使用 REJECT 之后,frob 将退回到输入,再使用模式 3 对"f"、"r"、"o"和"b"进行匹配,如

```
  ⋮
%%
frob      special(); REJECT;        /*模式 1 */
\n        ++num_chars;++num_lines;  /*模式 2 */
.         ++num_chars;              /*模式 3 */
  ⋮
```

注意:宏 REJECT 是使用分支语句实现的,因此,在 REJECT 之后的语句不再被执行。

④ yymore() 将当前识别的词形保留在 yytext 中,分析程序下一次识别的词形将追加到 yytext 中,如模式定义如下:

```
%%
mega-  ECHO;  yymore();
kludge ECHO;
  ⋮
```

当输入串为"mega-kludge"时,"mega-"首先匹配第一个模式,执行 ECHO 输出词形,yymore() 将"mega-"保留在 yytext 中。当"kludge"匹配第二个模式时,这时,yytext 为"mega-kludge",因此,最后输出"mega-mega-kludge"。由于有指针重新定位的操作,所以,yymore() 对分析程序的效率有一定的影响。

⑤ yyless(n) 回退当前识别的词形到输入中,让分析程序从回退的第一个字符重新开始扫描。如

```
%%
foobar  ECHO; yyless(3);  /* 模式 1 */
[a-z]+  ECHO;             /* 模式 2 */
  ⋮
```

当输入为"foobar"时,匹配模式 1,即打印当前词形,回退"bar"到输入,此时输入串为"bar",它将匹配模式 2,将之输出,由此最后输出"foobarbar"。yyless(0) 将回退整个词形到输入,这样下一次分析时,如果没有开始条件被激活,则还会使用当前模式,从而产生死循环,因此一定要慎用。

⑥ unput(c) 回退字符 c 到输入,它将作为下一次扫描的开始字符。下段动作将把当前识别的词形加上括号"()"之后,回退给输入,让分析程序重新扫描加上括号后的输入串

```
{
int    i;
unput(')');
for (i=yyleng-1; i>=0;--i)
unput(yytext[i]);
unput('(');
}
```

注意：由于每一次执行 unput()回退的字符将作为下一次扫描的开始，故上述程序的回退操作是按输入串的逆序进行的。

⑦ input()　让分析程序从输入缓冲区读取当前字符，并且将当前字符指针指向下一次字符。

⑧ yyterminate()　中断对当前文件的分析，返回 0。由于 yyterminate()将输入文件的指针指向文件结束标记，故 yylex()在执行 yyterminate()后再次调用时，将只读到 EOF，即对源文件没有任何处理就返回。

⑨ yyrestart(FILE * file)　重新设置分析程序的扫描文件为 file。如 yyrestart(yyin)，将重新开始对已扫描的文件扫描。

13.6　条 件 模 式

LEX 提供控制某些模式在一定状态下使用的功能，称为**条件模式**。用户可以通过 LEX 提供的 C 语言宏过程在动作中激活或休眠这些模式，使这些模式在以后的扫描中成为有效或无效的匹配规则。

LEX 首先在定义部分通过％start(在 FLEX 中可以简化为％s)定义条件名称。该名可以是任意的标识符，并且是大小写敏感的，"INITIAL"被系统保留，作为缺省条件。在规则部分通过〈条件名1，条件名2，…，条件名n〉模式引入条件。规则部分中任何未加条件名的模式将作为缺省条件模式。由 LEX 产生的词法分析程序工作时，任何未加条件的模式(缺省条件模式)都是有效的匹配模式，而加上条件的模式处于休眠状态。用户在动作部分可以通过宏"BEGIN 条件名1；"(或者"BEGIN（条件名1）；")来激活模式中含有"条件名1"的规则，分析程序分析下一个输入时，可以使用的匹配模式将是缺省条件模式(该模式永远有效)和含有"条件名1"的模式。用户可以通过"BEGIN 条件名2；"将含有"条件名2"的模式激活，从而休眠上一次激活的条件模式。"BEGIN INITIAL；"(或"BEGIN 0；")将休眠所有的条件模式，使分析程序回到开始状态，即仅有缺省条件模式有效。

例如，将输入文件中的单词"magic"进行如下处理：如果"magic"所在行行首为字母"a"，则将之转换为"first"；如果所在行的行首为"b"，则将之转换为"second"；如果所在行的行首为"c"，则将之转换为"third"；否则，原封不动地输出"magic"。如果不用条件模式，则 LEX 源文件可以这样书写：

```
        int flag;
%%
^a              {flag='a'; ECHO;}
^b              {flag='b'; ECHO;}
^c              {flag='c'; ECHO;}
\n              {flag=0; ECHO;}
magic           {
                switch (flag)
                    {
                    case 'a': printf("first"); break;
                    case 'b': printf("second"); break;
                    case 'c': printf("third"); break;
```

```
                    default: ECHO; break;
                  }
              }
%%
```

如果使用条件模式,则上述源文件可简化为

```
%start AA BB CC
%%
^a              {ECHO; BEGIN AA;}
^b              {ECHO; BEGIN BB;}
^c              {ECHO; BEGIN CC;}
\n              {ECHO; BEGIN 0;}
<AA>magic       printf("first");
<BB>magic       printf("second");
<CC>magic       printf("third");
%%
```

13.7　FLEX 的命令选项

FLEX 的命令选项如下。
- -f　生成快速词法分析程序,即 DFA 的状态转换图用一般的数组表示,而不是用稀疏矩阵表示。
- -i　生成大小写不敏感的分析程序。如模式是"BEGIN",则 begin、Begin 和 beGIN 均可与之匹配。用此选项可生成 PASCAL 语言的词法分析程序。
- -s　取消缺省规则。
- -t　将生成的词法分析程序输出到标准输出上,即不产生输出文件 lex.yy.c,将之打印到屏幕上。
- -v　将 FLEX 生成的词法分析程序的有关统计结果打印到标准错误输出中(stderr)。这些统计数据主要有 NFA 的状态数、DFA 的状态数和条件模式的条件数(包括缺省条件)等。
- -L　去掉输出文件中的宏指令♯line。这样,在用 C 语言编译生成分析程序时,任何出错信息所在的行号将直接显示为当前编译文件,而不是 LEX 源文件。
- -8　生成 8 位的词法分析程序,此选项为缺省选项。
- -T　打印 FLEX 中间过程到标准错误输出 stderr 中。

13.8　举　　例

以下 LEX 源程序将生成一个简单的 PASCAL 语言的词法分析程序:

```
/*简单 PASCAL 语言词法分析程序 */
%{
#include<math.h>   /*动作中需要调用数学库函数 */
```

```
%}
DIGIT       [0-9]
ID          [a-z][a-z0-9]*
%%
{DIGIT}+              {
              printf ("整数：%s (%d)\n", yytext, atoi(yytext));
              }
{DIGIT}+ "." {DIGIT} *        {
              printf("浮点数：%s (%g)\n", yytext, atof(yytext));
              }
if|then|begin|end|procedure|function        {
              printf("关键字：%s\n", yytext);
              }
{ID}        printf("标识符：%s\n", yytext);
"+"|"-"|"*"|"/"    printf("运算符 r：%s\n", yytext);
   "{"[^}\n]*"}"         /*删除注释 */
[\t\n]+              /*删除空白字符 */
.           printf("不能识别字符：%s\n", yytext);
%%
main(argc, argv)
int argc;
char **argv;
{
++argv,--argc;   /*跳过执行文件名到第一个参数 */
if (argc>0)
  yyin=fopen(argv[0],"r");
else
yyin=stdin;    /*如果有参数，则设置分析程序要扫描的文件名为该参数，否则为标准输入 */
yylex();
}
int yywrap()
  {
  return 1;
  }
```

习 题 十 三

13.1 汉字 GB 码在文本文件中用两个最高位是 1 的字节表示，试利用 LEX 设计一程序，统计一个文本文件的汉字数、英文单词数、字符数和行数。

13.2 汉字 HZ 码是将汉字 GB 码的两个字节的最高位转换成 0 的一种汉字编码，该编码广泛用于 Internet 中传递汉字邮件和汉字新闻讨论组。在文本文件中为了区别汉字码和其他 ASCII 码,用"~{"和"~}"引入汉字码,即在"~{"和"~}"中出现的字符是汉字编码。试编写两个程序实现 HZ 编码文件和 GB 编码文件的互换(提示:HZ 码向 GB 码转换考虑使用开始条件,GB 码向 HZ 码转换考虑使用函数 unput())。

  13.3 DOS 和 Unix 系统的文本文件的格式有所不同,Unix 的文本文件的换行标记是"\n",而 DOS 的换行符是"\n"和"\r"(十进制 ASCII 码 10 和 13),试编写两程序实现 DOS 和 Unix 文本文件的互换(注意,在处理 DOS 向 Unix 转换时,必须用二进制方式打开要转换的文件,否则不可能删除"\r")。

  13.4 试写出 C 语言字符串常量的正规表达式,并编写识别正规表达式的程序,要求打印出所识别的字符串,其中,转义字符按照其对应的字符输出。

第14章 语法分析程序生成工具 YACC

自下而上语法分析程序的构造过程是：定义形式文法规则，构造LR分析表，编写由该分析表驱动的语法分析程序；借助语法制导翻译，可在语法分析的同时，完成对语义的翻译。语法分析程序生成工具(parser generator)正是这样的程序。它以形式文法和语法制导翻译作为输入，经过处理产生输入文法的分析表及用分析表驱动的语法分析和翻译源程序或执行文件。YACC是该类工具中最著名、也是最早开发出来的一个。该软件工具和LEX都是源于贝尔实验室的UNIX计划，由该实验室的S.C.Johnson在20世纪70年代初编制完成。他利用语法制导翻译的技术，成功地将由C语句片断组成的语义翻译嵌入到语法规则中，从而使生成的语法分析程序同时具有语义翻译功能。YACC同LEX一样，也是UNIX系统的标准实用程序(Utility)。它大大地简化了在语法分析程序设计时的手工劳动，将程序设计语言编译程序的设计重点放在语法制导翻译上来，从而方便了编译程序的设计和对编译程序代码的维护。Berkeley大学开发了和YACC完全兼容，但代码完全不一样的语法分析程序生成工具BYACC(Berkeley YACC)，GNU也同样推出和YACC兼容的语法分析程序生成工具BISON。BYACC和BISON都是以源代码的形式在Internet上免费发行的。因此，用户很容易在其他操作系统平台上编译安装这两个工具。本章有关的编译工具及其源程序例子，包括BYACC v 1.9和BISON v 1.25版的源程序和16位DOS执行程序文件，可到 http://ultra1.Wuhee.edu.cn/compiler/compiler.html浏览下载。目前颇受欢迎的Linux和FreeBSD操作系统都配有BYACC和BISON。

由于YACC和LEX的特殊功能，这两个姊妹程序成为软件工程的重要工具。很多程序设计语言编译程序的设计都使用了LEX和YACC，著名的GNU C语言编译程序及PASCAL语言向C语言的转换工具p2c就是用FLEX和BISON实现的。

本章的所有例子均用BYACC、BISON和Turbo C v 2.0调试通过。通过这两个软件可以学习YACC。

14.1 YACC简介

语法分析是对输入文件第二次重组。输入文件是**有序的字符串**，词法分析对该字符串序列进行第一次重组，将字符序列转换成单词序列；第二次重组是在第一次重组的基础上将单词序列转换为语句，是使用上下文无关文法的形式规则。一般的程序设计语言的形式文法大多是LALR(1)文法，它是上下文无关文法的一个子类。多数程序设计语言的语法分析都采用LALR(1)分析表，YACC也正是以LALR(1)文法为基础的。类似于LEX，它通过对输入的形式文法规则进行分析产生LALR(1)分析表，输出以该分析表驱动的语法分析程序C语言源程序。YACC的输入文件称为YACC**源文件**，它包含一组以Backus-Naur范式(BNF)书写的形式文法规则，以及对每条规则进行语义处理的C语言语句。YACC源文件的文件名后缀一般用.y 表示。YACC 的输出文件有两个：一个是包含有语法分析函数 int yyparse() 的 C 语言源程序 y.tab.c(DOS 下为 y_tab.c, BISON 的输出文件名为 xxx.tab.c, 其中 xxx 为源文件的文件名), 称为**输出的语法分析程序**；另一个是包含有源文件中所有的终结符(词法分析意义下的单词)编码的宏定义文件 y.tab.h(DOS 下为 y_tab.h, BISON 的输出文件名为 xxx.tab.h, 其中 xxx 为源文件的文件名), 称为**输出的单词宏定义头文件**。

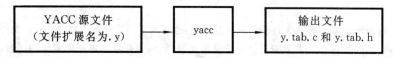

下面通过一个简单的例子来说明 YACC 是如何工作的。在此设计一个逆波兰表示的计算器(避开中缀表达式的文法二义性), 即从键盘输入逆波兰表示的算术表达式, 计算器将显示表达式的计算结果。

例 14.1 其 YACC 源文件 rpcalc.y 列表如下：

```
/*逆波兰表示计算器 */

/*定义部分 */
%{
#define YYSTYPE double  /*定义语义值的数据类型 */
#include<stdio.h>
#include<math.h>
#include<ctype.h>   /*包含输出分析程序 y.tab.c 所用的库函数的头文件 */
%}
%token NUM  /*声明终结符 */
%%  /*语法规则和对应的语义动作 */
input:  /*空串 */
      | input line
      ;

line:   '\n'
      | exp '\n'    { printf ("\t%.10g\n", $1); }
      ;

exp:    NUM              {$$=$1;           }
        /* $$、$1 表示分析栈中的语法符号对的语义值,其中 $$ 对应于规约后的非终结符
           的语义值,而 $1,$2,…,$n 分别对应于栈中第 1,2,…,n 个元素的语义值 */
      | exp exp '+'    { $$=$1+$2;      }
      | exp exp '-'    { $$=$1-$2;      }
      | exp exp '*'    { $$=$1*$2;      }
      | exp exp '/'    { $$=$1/$2;      }
      | exp exp '^'    { $$=pow ($1, $2); }   /*指数计算 */
      | exp 'n'        { $$=-$1;         }    /*一元减 */
      ;

%%  /*附加 C 代码 */
main ()   /*主函数 */
    {
```

```
        yyparse ();
      }
yyerror (s)    /* 语法分析函数 yyparse()出错时调用该函数 */
  char * s;
  {
  printf ("%s\n", s);
  }
/* yyparse()在对输入文件进行词法分析时,通过调用词法分析函数 yylex()获得当前单词的编
   码,在此提供一个手工编写的词法分析函数,该函数在返回单词的编码的同时,还处理单词的
   语义值 yylval,该语义值将和单词码一起移进分析栈 */

int yylex ()
  {
  int c;
    /* 跳过空白字符 */
  while ((c=getchar ())==' ' || c=='\t')
    ;
    /* 处理数字 */
  if (c=='.' || isdigit (c))
    {
    ungetc (c, stdin);
    scanf ("%lf", &yylval);
      /* 全局变量 yylval 记录当前词形的语义值,它在 y.tab.c 中定义,其数据类型由定义部
         分所定义的宏 YYSTYPE 给出,即双精度数 double */
    return NUM;
      /* 返回数字对应的单词编码 NUM,YACC 将定义部分的"%token NUM"翻译为 C 的宏定义
         "#define NUM XXX"输出到 y.tab.c 中,因此,在此可直接使用宏名 NUM */
    }
    /* 文件结束时,返回 0 */
  if (c==EOF)
    return 0;
    /* 返回字符的 ASCII 码,对语法规则部以单个字符形式出现的终结符(加' ')在定义部分不
       需要用%token 语句声明,它的单词编码是其 ASCII 码 */
  return c;
  }
```

在例 14.1 的规则部分,定义了逆波兰表示的形式文法规则:input 由多行组成,每行或者有一个逆波兰表示或者为空行,每个逆波兰表示的语义值是该表达式计算后的结果,而在分析程序归约一个有表达式的行时,执行打印该表达式计算结果的语义动作。

在 DOS 提示符下运行

```
C:\byacc>byacc rpcalc.y
```

则在当前目录 C:\byacc 下生成新文件 y_tab.c。用 Turbo C 编译

```
C:\byacc\tcc y_tab.c
```

产生执行文件 y_tab.exe,执行

```
C:\byacc>y_tab
```

则运行结果如下:
```
1 2 +
    3
10 n 12 * 5 -
    -125
```
如果在编译 rpcalc.y 时加上选项"-d",则将输出头文件 y_tab.h:

  C:\byacc\type y_tab.h

则显示 `#define NUM 257`

  该文件列出 YACC 源文件所有除单个字符之外的单词编码的宏定义。如果词法分析程序和语法分析程序在不同的 C 模块中,则在词法分析程序所在的 C 源程序中加上包含宏"♯include〈y_tab.h〉"可直接使用单词的宏名。

  由例 14.1 可看出,YACC 生成的语法分析程序不仅能进行语法分析,而且能够在语法分析的同时计算语义属性值(在 YACC 中称为语义值),从而完成对形式语言的语义分析。但是另一方面,YACC 仅提供一个对形式语言进行第二次重组的程序,因此用户必须提供一个与 YACC 输出的语法分析程序对应的词法分析程序,以完成对形式语言的第一次重组。

  与 LEX 完全一样,调试 YACC 源文件有两个层次,一个是 YACC 编译程序,另一个是 C 编译程序。任何层次上的出错都必须回到对 YACC 原文件的修改。与 LEX 不同的是,YACC 会容忍大多数源文件的错误而输出语法分析程序,初学者往往因为 YACC 默认原文件的录入错误而遇到输出分析程序不能正常工作的情况。

14.2 YACC 源文件的格式

  YACC 的源文件由三个部分组成,即

    定义部分
    %%
    规则部分
    %%
    用户附加 C 语言代码部分

不像 LEX 那样对源文件格式有严格的要求,任何 YACC 指令都可以非顶行书写。下面在介绍 YACC 源文件格式之前,先来回顾有关形式语法的基本概念。

14.2.1 单词和非终结符

  在 YACC 源文件中,有两种方式表示的单词:一种是在定义部分通过 YACC 指令%token 定义文法中出现的单词,称为**有名单词**;另一种是单个字符,称为**字符单词**。如果单个字符本身作为终结符出现在规则部分,则不需要在定义部分说明,而直接加单引号使用,如同 C 语言的字符常量,例如,'+' 是表示字符加号的单词。

  同 C 语言的标识符一样,有名单词和非终结符可以是以任意字母和下画线"_"开始,并以字母、数字和下画线组成的字符串。它是大小写敏感的。YACC 在对源文件编译时,将对所有的单词和非终结符进行编码,并用该编码建立分析表和语法分析程序。单词的**编码原则是:**

字符单词使用其对应的 ASCII 码;有名单词的编码从 257 开始,并用 C 语言宏定义的方式实现编码,其宏名就是单词名本身。如例 14.1 中的"define NUM 257",该宏定义将出现在输出语法分析程序 y.tab.c 和单词宏定义头文件 y.tab.h 中。因此,y.tab.c 和包含 y.tab.h 的 C 源程序中可直接使用单词名替代对应的编码。根据 C 的宏定义的习惯,单词名一般用大写字母表示。为了区别单词,非终结符一般用小写字母组成的字符串表示。用户在对单词命名时还要注意,单词名一定不要和使用该单词名的 C 源程序中已有的宏名相同,否则在编译该 C 模块时会产生宏定义冲突,如在 YACC 源文件中定义单词 BEGIN,它将匹配字符串"BEGIN",即

```
%token BEGIN
```

如果利用 LEX 生成对应的词法分析程序,其 LEX 源文件如下:

```
%{
#include "y.tab.h"
    /*包含单词编码的宏定义 */
%}
⋮
%%
⋮
BEGIN   return BEGIN;   /*返回对应的单词编码 */
⋮
```

这样,LEX 输出的词法分析程序将有两个以 BEGIN 命名的宏,一个是定义单词的编码,另一个定义激活条件模式的函数(见 13.6 节)。因此,编译该 C 语言源程序时,编译程序将把后一个出现的宏定义,即定义函数的宏替换程序中所出现的 BEGIN,所以,在编译"return BEGIN;"时将出错。为了避免这样的错误,可将匹配字符串"BEGIN"单词名修改为 SBEGIN,即

```
%token SBEGIN
```

由于 SBEGIN 还是匹配字符串"BEGIN",因此,LEX 源文件修改如下:

```
⋮
BEGIN   return SBEGIN;   /*返回对应的单词编码 */
⋮
```

这样就可避免宏定义冲突。

14.2.2 定义部分

YACC 的定义部分比 LEX 复杂,在此定义所有的有名单词、语义值的数据类型、运算符号的优先级别和结合次序,以及在语义值是共用体结构时非终结符语义值的数据类型与共用体分量的对应关系等,定义部分结构如下:

```
%{
C 语言代码部分
%}
/* YACC 说明部分 */
语义值数据类型定义
单词定义
```

非终结符定义

优先级定义

1. 注释

YACC 源文件的注释和 C 语言的一样,用"/ * "和" * /"引入,注释可以出现在源文件的任何地方,YACC 编译源文件时将跳过这些注释。

2. C 语言代码部分

同 LEX 一样,定义部分的 C 代码由"%{"和"%}"所引,YACC 分析源文件时将该部分直接拷贝到输出的分析程序中,在此,可以定义语义处理时用到的全局变量和必要的宏定义语句。如

```
%{
#define YYSTYPE double    /* 定义语义值的数据类型 */
#include<stdio.h>
#include<math.h>
#include<ctype.h>        /* 包含输出分析程序 y.tab.c 所用的库函数的头文件 */
%}
```

3. 语义值数据类型定义

自下而上语法分析程序的核心是分析表和分析栈。分析程序将通过栈顶的状态和当前的单词查看分析表,进行移进-归约操作。YACC 产生的语法分析程序除了有一个保存移进单词和归约非终结符的分析栈之外,同时还有一个与分析栈并行的栈(称为**语义栈**),用于存放与分析栈文法符号对应的语义值(semantic value)。如例 14.1 中,语义值记录每个表达式的数值。语义值数据类型定义就是确定语义栈元素的数据结构。YACC 输出的分析程序源程序中,该数据类型是 YYSTYPE。YYSTYPE 是一个抽象的数据类型,用户通过在原文件定义部分设定 YYSTYPE 的宏定义或数据类型定义而给出 YYSTYPE 一个具体的类型。在缺省时,YYSTYPE 是整型 int,因为在输出的分析程序文件中有下述语句:

```
#ifndef  YYSTYPE
typedef int YYSTYPE;
#endif
```

用户可以有以下两种方式设定 YYSTYPE 的宏定义。

① 如果语义值的数据类型是简单类型,用户可直接在 C 语言代码部分用宏定义 YYSTYPE 为所需的数据类型,如

```
%{
#define YYSTYPE double
%}
```

将把分析程序中出现的每一个 YYSTYPE 替换为 double,这样,语义值的数据类型就是 double 了。

② 如果不同的语法符号有不同语义值,这些语义值统称为**多类型语义值**。例如,标识符的语义值是指向符号表元素的指针,语句的语义值是指向四元式链表的指针,表达式的语义值是表达式二叉树的结点,等等。这时用上述方法不能定义这样有多种语义值的数据类型。因此,YACC 利用 C 语言的共用体结构实现对不同语法符号的语义值,选择不同的数据类型,这

也是共用体结构一个最典型的应用。在源文件的定义部分用指令％union{ }声明所有的可能出现的语义值的数据类型，％union 的内部结构和 C 语言的声明共用体的分量完全一样，如

```
%union
    {
      SYMB  * symb;
       /*符号表元素指针,单词 IDENTIFIER 使用该类型 */
      TAC   * tac;  /*四元式指针,非终结符 statement 使用该类型 */
      ENODE * enode;
       /*二叉树结点指针,非终结符 expression 使用该类型 */
    }  /*注意:花括号"}"之后没有分号";" */
```

YACC 编译源文件时将把上述定义翻译为

```
typedef union
    {
      SYMB  * symb;
       /*符号表元素指针,单词 IDENTIFIER 使用该类型 */
      TAC   * tac;  /*四元式指针,非终结符 statement 使用该类型 */
      ENODE * enode;
       /*二叉树结点指针,非终结符 expression 使用该类型 */
    } YYSTYPE;
```

即语法分析程序还是以 YYSTYPE 作为其语义值的数据类型，但此时语义值是一个有多种类型可选的复合结构。

4. 单词定义

形式文法中所有的有名单词必须用指令％token 定义，否则，将被 YACC 当成非终结符处理，单词定义有如下两种形式：

(1)％token 单词名 1　单词名 2　…　单词名 n
(2)％token〈类型〉单词名 1　单词名 2　…　单词名 n

其中，类型是共用体结构的分量名，如上例中的 symb 等。

％token 可以多次出现，如

```
%token NUM
%token IDENTIFIER
```

如果语义值是单一的数据类型，或者语义值是多类型但所定义单词的语义值不被任何语义动作所引用，则可选择第一种方式定义单词；如果语义值是多类型的，并且所定义单词的语义值被某一个语法规则的语义动作所引用，则必须使用第二种方法定义单词，如

```
%token BEGIN END IF THEN
     /*关键字的语义值不参与任何计算 */
%token<symb>VARIABLE NUMBER
     /*定义两个单词,其语义值都取符号表元素指针 */
```

字符单词，如果有必要，也可用％token 定义，如

```
%token<enode>  '+'
```

5. 非终结符定义

非终结符一般不需要声明，但是，如果语义值是多类型的，并且该非终结符的语义值参与

了动作部分的语义计算,则必须声明。其格式为

   %type〈类型〉非终结符1 非终结符2 … 非终结符n

如 %type〈tac〉program statement

   %type〈enode〉expression expression_list

6. 文法的二义性和优先级定义

  YACC仅能够识别LALR(1)文法。一个非LALR(1)用YACC编译后所得到的LALR(1)分析表一定有移进-归约或归约-归约冲突,YACC会报告分析表的冲突信息。

  对于移进-归约冲突,YACC在缺省条件下选择移进动作构造分析表,并输出分析程序。文法的二义性是产生移进-归约冲突的主要原因。最典型的例子是嵌套的if-then-else结构else如何挂靠if,它最早出现在AGCOL 60中,如

```
if_stmt:
        if expr then stmt              /* 规则1 */
      | if expr then stmt else stmt    /* 规则2 */
      ;
```

用YACC分析上段文法规则,一定会出现移进-归约冲突。YACC选择移进else解消冲突,这样就消除了文法的二义性,即在if-then-else不平衡时,else挂靠离它最近的if,如

   if x then if y then win (); else lose;

  当语法分析程序读到else,由于选择移进,这样分析程序将把"if y then win(); else lose;"归约为if_stmt,即else匹配第二个if。由于YACC缺省的移进策略和if-then-else的语义规定相吻合,因此,在YACC源文件中不需要任何特别的说明即可处理。

  可以通过对文法进行变换,设计一个同原文法语义相符并消除二义的等价文法提供给YACC,但是,这样往往代价太大,并且变换后的等价文法给直观理解产生式的含义造成很大困难。为此,YACC提供在源文件中定义运算符号优先级别和结合次序的机制,来改变缺省的移进策略,这样可灵活地利用二义性设计简单明了的形式文法。运算符号优先级别定义单词的方式和%token一样,指令%left(或%right)所定义的单词表示该单词具有左结合性(或右结合性),有名单词和字符单词都可以通过该方式定义。如果一个单词用该方式定义,则不必再用%token声明。此外,YACC还有指令%nonassoc定义不具有结合性的单词,即如果分析程序发现该单词连续两次出现,将认为有语法出错。

  YACC利用%left和%right在源文件中定义部分出现的次序,定义算符的优先级别,其优先级别按第一个%left(或%right)所定义的单词到最后一个%left(或%right)所定义的单词由低到高依次排列。

  结合次序和优先级别的定义,将让YACC在编译源文件时,面对由文法的二义性引起的移进-归约冲突,能够正确地选择移进或归约。如左结合的算符,在移进-归约冲突时将选择归约而不是移进。如果算符"*"比算符"+"的优先级高,则在已识别一个加法表达式,且当前输入是乘号"*"时选择移进;在已识别一个乘法表达式,且当前输入是加号"+"时选择归约。也就是说,在有移进-归约冲突时,YACC比较归约文法规则中的单词和要移进单词的优先级别和结合次序,如果前者的优先级别高,则选择归约,否则选择移进。如果两个单词优先级别相同(即同被一个%left或%right定义),则根据结合的左右次序选择归约或移进。例如,C语言的表达式的运算优先级别和结合次序可定义为

   %left '<' '>' '=' NE LE GE

```
            /*不等"!="、小于等于"<="和大于等于">=" */
    %left '+' '-'
    %left '*' '/'
```
即乘除的优先级别最高,比较运算的优先级别最低,所有的二元运算都是左结合的。

文法中,同一个算符在不同的上下文环境可能有不同的结合次序和优先级别,如"－"作为一元减的优先级别比作为二元减的优先级别要高。YACC 为了处理这种与上下文有关的优先级,引入指令％prec,通过在定义部分用％left(或％right,或％nonassoc)定义一个虚拟单词(该单词将不出现在任何规则部分),在语法规则部分对有可能产生这样二义性的规则加上"％prec虚拟单词",表示该规则中出现的算符的优先级别和虚拟单词的一样。如
```
        ⋮
    %left '+' '-'
    %left '*' '/'
    %left UMINUS
            /* 虚拟单词,它和一元减有相同的优先级别和结合次序 */
        ⋮
```
在规则部分,对一元减作如下处理:
```
    expr:       ⋯
                | expr '-' expr
                  ⋮
                | '-' expr %prec UMINUS
```
这样就区别了同一算符在不同上下文环境中的优先级别和结合次序。

如果不能直观地看出形式文法的二义性及对应的移进-归约冲突,可利用 YACC 提供的输出分析表的功能,查看分析表找出产生移进-归约冲突的项目集。运行 YACC 时加上选项"-v",将输出分析表文件 y.output(DOS 下文件名为 y.out),该文件列出了所有的项目集和对应的移进-归约操作。

YACC 提供消除移进-归约警告信息的指令"％expect n",其中 n 为整型常数。YACC 在编译源文件时将不显示前 n 个移进-归约的警告信息。一般在确定了移进-归约冲突和对应的处理情况下使用该指令,否则将不能发现移进-归约冲突。

下面来看一个完整的例子,在此利用上述消除二义性的方法,设计一个中缀表达式的计算器。

例 14.2 YACC 源文件如下:
```
/*中缀表示计算器 */
%{
#define YYSTYPE double
#include<math.h>
%}

/*定义部分 */
%token NUM
%left '-' '+'
%left '*' '/'
%left UMINUS   /*虚拟单词,它和一元减有相同的优先级别 */
%right '^'    /*指数运算 */
```

```
/* 规则部分 */
%%
input:      /* 空串 */
        |   input line
        ;

line:       '\n'
        |   exp '\n'    { printf ("\t%.10g\n", $1); }
        ;

exp:        NUM             { $$=$1;           }
        |   exp '+' exp     { $$=$1+$3;        }
        |   exp '-' exp     { $$=$1-$3;        }
        |   exp '*' exp     { $$=$1*$3;        }
        |   exp '/' exp     { $$=$1/$3;        }
        |   '-' exp %prec UMINUS { $$=-$2;     }
        |   exp '^' exp     { $$=pow ($1, $3); }
        |   '(' exp ')'     { $$=$2;           }
        ;
%%
/* 用户代码部分同例 14.1 一样，在此省略 */
```

对于归约-归约冲突，一般结合语义分析进行处理，在 14.4 节中将专门讨论。

7. 文法开始符号

在缺省情况下，YACC 将语法规则部分出现的第一个非终结符作为文法的开始符号，如例 14.2 中的 input。但在定义部分可以通过指令 %start 定义开始符号，其格式如下：

%start 非终结符

8. 定义部分指令小结

综上所述，定义部分的指令如表 14.1 所示。

表 14.1 定义部分指令

指令	解释
%union	定义多类型语义值的数据类型
%token	定义有名单词和对应的语义值类型
%right	定义单词，并且规定该单词按从右到左的次序结合
%left	定义单词，并且规定该单词按从左到右的次序结合
%nonassoc	定义单词，并且规定该单词不能进行结合
%type	定义非终结符及语义值的数据类型
%start	定义文法开始符号
%expect	取消移进-归约警告信息

14.2.3 语法规则部分

YACC 利用 BNF 范式定义形式语言的递归生成规则。YACC 使用下述符号作为书写每个产生式的控制符号:冒号":"分割产生式左右两个部分;竖杠"|"分割同一非终结符对应的多条规则;分号";"结束一个产生式。在书写语法规则时一定要区别单词、非终结符和上述控制符号,在产生式中出现的字符单词";"如果没有加上单引号,则被 YACC 认为是产生式的分割符号,而导致编译源程序时出错。每个产生式的书写格式如下:

```
非终结符:      规则 1
            |  规则 2
               :
            |  规则 n
            ;
```

其中,每个规则是由单词和非终结符组成的语法符号串,每个语法符号用白字符分隔,上述 n 个产生式定义左边非终结符的递归生成原则,如

```
exp:       exp '+' exp
        |  exp '*' exp
        |  NUM
        ;
```

规则部分可以是空串,表示空产生式,如

```
input:     /*空串 */
        |  input line
        ;
```

为了便于阅读,对空产生式最好加上注释"/*空串 */"。

YACC 最欢迎的是左递归文法,即产生式左边的非终结符出现在规则的最左边,如上例。这样生成的分析程序将始终是归约优于移进,使分析栈保持最少的状态;相反,当文法是右递归,即产生式左边的非终结符出现在规则的最右边时,如将上例修改为

```
input:     /*空串 */
        |  line input /*右递归 */
        ;
```

则生成的分析程序将是移进优于归约的。分析栈有固定长度(BYACC 缺省时设定分析栈的长度 YYMAXDEPTH 为 600),如果只移进不归约,将有可能发生栈溢出的运行错误(stack overflowed)。如上例中,如果输入超过 600 行,则分析栈将要移进 600 多个非终结符 line,而使得栈溢出。因此要尽量避免使用右递归。

14.3 语义定义

YACC 输出的分析程序不仅要识别形式语言,更重要的是要完成语义的翻译。YACC 提供一种语法规则制导语义定义的功能,它通过在源程序的语法规则中嵌入求解语义值或者完成相应语义动作的 C 语言代码,从而定义每个语法规则的语义。

语义值的数据类型通过 C 语言的宏定义或指令%union 在定义部分给出。分析程序在语法分析时,语义栈将和分析栈同时工作,即在移进一个单词到分析栈时,同时拷贝当前单词的语义值到语义栈中;如果用一个产生式进行归约,则分析程序将从分析栈弹出产生式右边的文法符号串,将产生式左边的非终结符压入分析栈中,同时也把对应语义栈的语义值弹出,把该非终结符的语义值压入栈中。这样的分析机制将限制分析程序只能直接求解 L 属性,即已知语法树上的左边叶结点的属性,而用已知结点的属性去求解右边结点的属性和父结点的属性。对于继承属性只能借助于构造语法树等保留整个分析过程历史的方法进行求解。

14.3.1 单词语义值的计算

输出分析函数 int yyparse()在需要向前查看单词或者移进一个单词时将调用函数 yylex(),从该函数的返回值获得当前单词的编码。用户必须在 yylex()中计算出当前单词的语义值,将该值保存在 YACC 输出的分析程序提供的一个类型是 YYSTYPE 的全局变量 yylval 中。yyparse()在移进一个单词到分析栈的同时,将 yylval 的值拷贝到语义栈中。如例 14.1 中的单词 NUM,其语义值是该数字串表示的实数,因此有下述求解 NUM 的语义值并赋值到 yylval 的语句:

```
int yylex ()
  {
  ⋮
  /*处理数字 */
  if (c=='.' || isdigit (c))
    {
    ungetc (c, stdin);
    scanf ("%lf", &yylval);
      /*全局变量 yylval 记录当前词形的语义值,它在 y.tab.c 中定义,其数据类型由定义部
        分所定义的宏 YYSTYPE 给出,即双精度数 double */
    return NUM;
      /*返回数字对应的单词编码 NUM,YACC 将定义部分的"%token NUM"翻译为 C 的宏定义
        "#define NUM XXX"输出到 y.tab.c 中,因此,在此可直接使用宏名 NUM */
    }
  ⋮
  }
```

如果 YYSTYPE 是一个共用体结构,则引用 yylval 时,必须用加点的方法(yylval.分量名)使用 yylval,其中分量名一定要和当前处理的单词的数据类型一致。如

```
  ⋮
  %union
  {
  SYMB   * symb;
    /*符号表元素指针,单词 IDENTIFIER 使用该类型 */
  TAC    * tac;
    /*四元式指针,非终结符 statement 使用该类型 */
  ENODE  * enode;
```

```
        /*二叉树结点指针,非终结符 expression 使用该类型 */
} /*注意:花括号"}"之后没有分号";" */
%token<symb>IDENTIFIER
        /*标识符语义值的数据类型是符号表元素的指针 */
   ⋮
int yylex()
  {
    ⋮
    {
     ⋮
    yylval.symb=insert_symtab();
    return IDENTIFIER;
    }
    ⋮
  }
```

14.3.2 非终结符语义值的计算

栈中的任何一个非终结符都是由归约获得的。计算非终结符的语义值一般随归约动作同时进行,YACC 提供在每个语法规则的尾部附加 C 语言代码的功能,称为**语义动作**,如同 LEX。该段代码将被拷贝到输出函数 yyparse()中适当的地方,当分析程序用该规则进行归约时,将执行该段代码。利用这段代码和语义栈中已知语法符号的语义值,可完成对归约的非终结符的语义值计算。语义动作由花括号引入,其格式如下:

```
非终结符:    规则 1 { 动作 1 }
          |  规则 2 { 动作 2 }
            ⋮
          |  规则 n { 动作 n }
          ;
```

每个动作允许有多行的 C 语句。YACC 能够识别 C 的字符串常量、注释和嵌套的复合语句以便判断动作的结束标记"}",因此在动作中的复合语句开始标记"{"和结束标记"}"一定要匹配;否则,YACC 将把源文件中动作以后的所有的内容当成动作拷贝到输出文件中而出错。

YACC 提供一种简单的方式让用户在语义动作中访问语义栈中栈顶元素的语义值。设当前语法规则中有 n 个语法符号,如

```
non_terminal :    S₁   S₂  ⋯   Sₙ
```

则当用上述产生式进行归约时,语义栈自底向顶分别排列 $S_1, S_2, \cdots, S_n$ 的语义值可用 \$1,\$2,⋯,\$n 直接引用,归约后的非终结符 non_terminal 的语义值用 \$\$表示,\$\$是将要在动作中计算的未知项。YACC 在编译源文件时,将把上述的语义值翻译为对应语义栈元素的 C 语言表示,并且当语义值是多类型时,YACC 按照定义部分对每个语法符号规定的类型,将通过加点方式正确选择语法符号的数据类型。输出的语法分析程序在完成语义动作后,在把 non_terminal 移进分析栈的同时,将把\$\$的内容拷贝到语义栈中,如

```
exp:    ⋯
      | exp '+' exp
```

```
        { $$=$1+$3;      }
    ;
```

其中，$1 和 $3 分别表示规则中第一个和第二个 exp 的语义值，由于第二个 exp 是规则中出现的第三个语法符号，因此用 $3 表示。

当语义动作省略时，YACC 将提供一个缺省的动作"$$ = $1;"给输出的分析程序，即归约的非终结符的语义值赋值为规则中第一个文法符号的语义值。因此，缺省动作是有效的赋值语句当且仅当非终结符和规则中第一个文法符号的语义值属于相同的数据类型。如果是空产生式，则 YACC 将忽略缺省动作。

用 $n 访问语义栈中的元素，其中，n 可以是 0 或者是负数，表示语义栈中在当前归约的语法符号串之前的语法符号的语义值。使用这一功能时要慎重，要保证在任何上下文环境中，超前访问的语法符号一定是固定的已知符号；否则，如果在动作中期望超前访问某一非终结符的语义值(如 $-1，表示访问语义栈中在当前归约规则第一个语法符号之前的第二元素)，但是在不同的上下文中，该非终结符不一定出现在上述位子，而语义动作始终是用 $-1 来访问的，这样将导致语义分析出错。下面是一个可以安全使用 $0 的例子：

```
    foo:    expr bar '+' exp   { … }   /*规则 1 */
        |   expr bar '-' exp   { … }   /*规则 1 */
        ;
    bar:    /*空串 */
            {previous_expr=$0;}   /*规则 3 */
        ;
```

当用规则 3 归约 bar 时，分析栈的栈顶一定是非终结符 expr，因此可以放心使用 $0。但是，如果在上述基础上加上这样的规则：

```
    expr:           IDENTIFIER bar '(' expr ')' { … }
                    /*规则 4,函数调用 */
        ;
```

则当用规则 3 归约 bar 时，栈顶可能是非终结符 expr，也可能是单词 IDENTIFIER，因此在其语义动作中不能使用 $0。

14.3.3 在规则中部的语义动作

语义动作一般出现在规则的尾部，在分析程序归约某一句子成分时执行，YACC 也允许在产生式语法符号串的中部嵌入语义动作，称为**规则中部**的**语义动作**(action in mid-rule)。其格式如下：

```
    non_terminal : S₁    S₂  …  Sᵢ₋₁  {动作}  Sᵢ  …  Sₙ
```

当分析程序进入包含项目(non_terminal: $S_1 S_2 \cdots S_{i-1} \cdot S_i \cdots S_n$)的项目集所在的状态时，即分析程序识别了规则中的前 i−1 个语法符号时，将执行动作中的 C 语句。由于动作执行时分析栈中仅有规则中前 i−1 个语法符号，因此在动作中只能使用动作之前语法符号的语义值。分析程序在处理动作后将在分析栈中增加一个临时的非终结符，语义栈也同时增加一个元素。如同完成下述语法规则的分析一样：

```
    non_terminal : S₁    S₂   …   Sᵢ₋₁   tmp   Sᵢ   …   Sₙ
        ;
```

```
            tmp         :    { 新动作 }
                        ;
```

其中，新动作是将原动作中对语义值的访问修改为对语义栈内部元素的访问，如动作中的 $x 在新动作中将改为 $(x-i+1)$。

这样，在规则中部的语义动作也具有语义值，用 $$ 表示，它相当于上述等价文法的非终结符 tmp 的语义值。用户可在动作中求解该值，并且在以后的尾部动作中引用它。

当语义值是多类型时，由于引入的临时非终结符语义值的数据类型没有定义，因此，在对该语义值进行赋值和在以后的动作中引用时，必须用尖括号〈类型〉指明其数据类型，其中，类型是指令 %union 所定义的共用体类型选项，如 $〈symb〉$，表示取符号表元素指针类型作为动作的语义值。

注意：因为在执行这一操作后压入分析栈的是一个临时非终结符，而不是归约后的非终结符，所以，在中部的语义动作出现的 $$，不是产生式左边非终结符的语义值，这样，就不能在中部的语义动作中计算 non_terminal 的语义值。

由于在执行了中部语义动作之后，分析栈将增加一个元素，它相当于在规则中增加了一个语法符号，因此，在尾部动作中引用该临时非终结符的语义值要用 $i，而 S_i 的语义值用 $(i+1)$，S_{i+1} 的语义值用 $_{i+2}$，等等。

下面通过一个例子来分析中部语义动作是如何工作的。设程序设计语言有定义局部变量的命令 LET（VARIABLE）statement，其中，LET 是关键字，VARIABLE 是匹配变量名的单词，非终结符 statement 是语句。该语句的语义是定义一个临时变量 VARIABLE，其作用域是 statement。因此，进行这样的语义处理：将临时变量 VARIABLE 压入符号表中，当 statement 分析结束时，弹出 VARIABLE，即

```
        statement:      LET '(' VARIABLE ')'
                        { $<context>$=push_context ();
                          declare_variable ($3); }
                        statement    { $$=$6;
                          pop_context ($<context>5); }
```

这样，当分析程序首先识别"LET（VARIABLE）"时，将执行中部语义动作，它将把 VARIABLE 压入符号表中，并返回符号表元素的指针作为该动作的语义值。语义值的数据类型选择在 %union 中定义的符号元素指针"context"，然后调用函数 declare_variable() 处理变量定义；当分析程序识别整个语句时，将执行定义在尾部的动作，即设置归约后的 statement 程序代码指针为规则中的 statement 的代码指针（**注意**：由于中部动作占有一个位置，因此该语义值是 $6 而不是 $5)，然后将临时变量弹出符号表。由于临时变量占据了规则中的第 5 个位置，所以用 $<context>5。

中部动作也可以出现在规则的句首，但是，这样往往会导致类似归约-归约的冲突。下述文法如果没有置入句首的动作，就能够正常工作：

```
        compound:       '{' declarations statements '}'
                    |   '{' statements '}'
                    ;
```

如果加入定义在句首的动作，如

```
        compound:       { prepare_for_local_variables (); }
                        '{' declarations statements '}'
```

```
            | '{' statements '}'
            ;
```

由于项目(compound：•'{' declarations statements '}')和项目(compound：•'{' statements '}')同在一个项目集,当分析程序进入该项目集所在的状态并向前查看单词"{"时,上述两项目都可在移进"{"后进入下一个状态。这样,分析程序将不知道当前语句中是否含有 declarations,因此不能确定是否执行上述定义的动作。这相当于在句首引入一个非终结符后产生了归约-归约冲突。因此,设想在第二规则的句首也加上相同的动作解决冲突,即

```
    compound:           { prepare_for_local_variables (); }
                '{' declarations statements '}'
            |           { prepare_for_local_variables (); }
                '{' statements '}'
            ;
```

遗憾的是,YACC不能识别任何C语句。它将把上述两个相同的语义动作当成不同的进行处理,因此这种方法不能够消解冲突。因此,引入一个非终结符,将上述两个语义动作统一在归约该非终结符时完成,这样就可避免冲突,即

```
    subroutine:         /*空串*/
                        { prepare_for_local_variables (); }
            ;
    compound:   subroutine
                '{' declarations statements '}'
            |   subroutine
                '{' statements '}'
            ;
```

另一个消解冲突的方法是将上述的语义动作移到"{"之后,即

```
    compound:   '{'
                        { prepare_for_local_variables (); }
                declarations statements '}'
            | '{' statements '}'
            ;
```

这样,分析程序在移进"{"后到达项目(compound：'{' • declarations statements '}')和(compound：'{' • statements '}')所在的状态。如果非终结符 declarations 和 statements 的语句成分中的第一个单词是不同的(首符号集的交是空集),如 declarations 必须以关键字"LET"开始,这样,YACC可以通过向前查看一个单词确定当前分析的语句是否含有 declarations 成分,即可以确定是否执行上述语义动作;否则,虽然动作是定义在规则的中部,但还是有由中部动作引起的归约-归约冲突。

14.4 归约-归约冲突和上下文相关性的处理

　　YACC在编译源文件时,如果发生归约-归约冲突,YACC将选择第一个出现在源文件的规则作为归约规则以消解冲突。但是作为用户一定不能忽略归约-归约冲突,因为它破坏了文法的识别能力,使分析程序不能正确地翻译语义。最典型的例子是C语言的说明语句

foo(x);

如果 foo 是一个函数名，则上述语句是一个函数调用语句；如果 foo 是一个类型名，则上述语句将声明 x 是类型为 foo 的变量。如果不考虑语句的上下文环境，语法分析程序将不能确定用怎样的产生式归约这条语句，由此产生归约-归约冲突。

如果贸然确定一个归约规则，将导致语法和语义分析出错。上述产生归约-归约冲突的原因是上下文的相关性，它不能通过修改文法的方式解决这类冲突。C 编译程序在处理这类冲突时一般通过上下文语义分析确定怎样去识别有冲突的语句，如 gcc 将标识符分为两类单词 IDENTIFIER 和 TYPENAME，IDENTIFIER 匹配一般用途的字符串，而 TYPENAME 仅匹配作为类型名的字符串。这样，由于使用了不同的单词，就避免了上述的归约-归约冲突，但同时使得词法分析程序不能判断一个字符串是 IDENTIFIER 还是 TYPENAME。好在借助于语义分析产生的符号表可以查看字符串的属性来判断一个字符串是否为 TYPENAME。

处理这样的上下文相关文法一个常用的方法是设置一个开关变量，在语法分析到某一个特定的语法成分时打开开关，词法分析通过监测开关返回不同的单词。这样，语法分析和词法分析协调工作解决上下文相关问题，如设某一程序设计语言用关键字"hex"引入十六进制整型常数 hex（HEX-EXPR），在 hex 之后的表达式中所有的整型常数都是十六进制，这样就产生了上下文相关的因素，分析程序将不能确定在 HEX-EXPR 中出现的形如"a1b"的字符串是整数还是变量。解决问题的方法是设置一个全局变量 hexflag，在语法分析进入 hex 结构时，设置 hexflag 为 1，否则为 0，即

```
%{
int hexflag;
%}
%%
    ⋮
expr:   IDENTIFIER
    | constant
    | HEX '('
            { hexflag=1; }
        expr ')'
            { hexflag=0;
              $$=$4; }
    | expr '+' expr
            { $$=make_sum ($1, $3); }
    ⋮
    ;
constant:
        INTEGER
    | STRING
    ⋮
    ;
```

词法分析程序进行这样的处理：查看 hexflag 开关量，如果为 1，则在分析字符串时将尽可能地返回十六进制整数，而对数字串将返回其十六进制数值。这样，也避免了上下文相关造成的困难。

YACC 没有能力处理归约-归约冲突。如果在编译源文件时发现归约-归约冲突（YACC

将提醒用户,并在输出的分析表文件 y.output 中指出冲突所在),一定不能忽视,要通过形式文法和语义查找原因,结合语义分析和词法分析寻求解决冲突的方法。

14.5 出错处理和恢复

YACC 输出的语法分析函数 yyparse() 在对一个输入文件进行分析时,如果面对某一状态和输入单词在分析表中找不到对应的操作,即认为输入的文法有误,分析程序将调用函数 yyerror() 报错;如果没有任何恢复措施,函数 yyparse() 将返回 1 结束执行。函数 yyerror() 必须由用户提供,其原形是 int yyerror(char * s),用户一般可定义如下:

```
int yyerror(char * s)
{
fprintf(stderr,"%s\n, s);
}
```

即打印字符串 s 到标准错误输出。

在语法分析出错时,分析程序提供给 yyerror() 的参数是"syntax error"。

另一个出错的可能是分析栈溢出。考虑到分析栈将被频繁访问,YACC 输出的分析程序采用的是静态栈,栈的大小是一个常数,用户可以查看 YACC 输出文件中 YYMAXDEPTH 的宏定义了解在缺省时栈的大小。如果在分析过程中移进的单词超过了栈的规定值,则分析程序也将调用函数 yyerror(),报告栈溢出错误("yacc stack overflow")并返回。用户可以通过在源文件定义部分增加 C 语言的宏定义重新设定 YYMAXDEPTH 大小,解决栈溢出问题,如

```
%{
   ⋮
#define YYMAXDEPTH 1000
   ⋮
%}
```

上述宏定义将设置分析栈的大小为 1000,它将覆盖 YYMAXDEPTH 的缺省值。

另一个方法是对文法进行修改,尽量减少右递归文法规则(见 14.2.3 节)的使用。

在一般情况下,不希望分析程序在遇上语法错误时就立刻停止执行,而是能够容忍错误,从错误处恢复分析。YACC 提供恢复分析的措施。YACC 保留一个特殊的单词 error,在源文件的形式文法规则中使用这个特殊的单词,将提示在可能出错的地方如何进行恢复,如

```
non_terminal:   S₁,⋯,Sᵢ, Sᵢ₊₁,⋯, Sₙ
              | S₁,⋯,Sᵢ, error, Sᵢ₊₁,⋯, Sₙ
```

含有 error 的规则称为**出错规则**。词法分析程序将按如下方式处理出错规则:语法分析程序在分析 non_terminal 的语句成分出错时,如果这时栈顶的语法符号在 S_i 之前,则分析程序将保留当前输入并从分析栈中弹出相应的栈顶元素,直到当前单词和栈顶语法符号在分析表中有有效的动作为止;如果在弹出栈顶元素时,分析栈已空,则分析程序将退出执行;如果这时栈顶元素是 S_i,则分析程序将把单词 error 压入栈中,用当前单词继续分析,这时分析程序将使用出错规则去匹配以后的语句;如果发生错误,栈顶的语法符号在 error 之后,则分析程序将试图放弃当前输入,读取下一个单词,直到出现一个有效的单词为止。

为了避免分析程序在出错后频繁调用 yyerror(),分析程序只有在成功地移进 3 个有效的单词之后,才退出错误状态。在错误状态下,如果再发现语法错误,分析程序将不调用函数 yyerror()报错。

如例 14.1 中,在非终结符 line 可加下述出错规则:
```
    line:      '\n'
          | exp '\n'
          | error    { printf("line error!"n); }
```
这样,如果在分析 line 的句子成分 exp 时出错,分析程序将弹出分析栈中所有已识别的 exp 成分,将 error 压入栈中,用(line:error)规则进行归约,并执行打印"line error! \n"的语义动作。如输入串是"1 2",用 BYACC 的调试模式(见 14.6 节)显示分析结果如下:
```
        input
        |              …… look ahead at NUM    '1.000000'
        |        NUM<--'1.000000'
        |        exp
        |        |      …… look ahead at NUM    '2.000000'
        |        |   NUM<--'2.000000'
        |        |   exp
        |        |   |     …… look ahead at '\n'    '\n'
syntax error
        |     +-------+  discarding state
        |     |
+-------+  discarding state
        |
        |     error
        |     line
line error
+-------+
        |
        input
```
如果将上述出错规则修改为
```
    line:   error '\n'    { printf("line error!\n"); }
```
在出错并且栈顶形成 error 后,分析程序将跳过输入的所有单词直到换行符为止。

分析程序用放弃当前的栈顶语法符号和当前输入的策略去匹配出错处理规则并恢复分析,因此,将有可能跳过一些重要的语句成分,恢复后会产生更大的语法错误。如分析程序期待一个表达式中反括号")"在栈顶形成可归约的出错规则,但是由于用户漏打这个反括号,分析程序则可能跳过多行输入直到碰到反括号为止。这将改变整个输入的语句结构。

YACC 提供两个宏在出错的语义动作中使用:"yyerror;"将分析程序错误状态立刻恢复;"yyclearin;"将放弃当前单词,让分析程序从输入中去读取下一个单词。由于"yyerror;"是在保留当前输入和分析栈状态的前提下撤销错误状态的,而且在执行 yyerrok 后分析程序将立刻重读当前单词继续分析,因此,如果出错处理动作紧随单词 error 之后,则执行该操作前一定要有出错处理过程,并用 YACC 提供的宏"yyclearin;"刷新输入;否则,分析程序将进入死循环。用户的出错处理可以是这样:

```
stmt:     error {
            resynch();   /*同步处理出错函数 */
            yyerror;
            yyclearin; }
            ⋮
```

14.6 输出分析程序的调试

由于 YACC 对源文件的格式要求不太严格，并且能够默认输入错误输出分析程序，因此，用户需要精确地调试分析程序，才能让它正常地工作。

YACC 提供了让输出分析程序跟踪分析过程的功能。在 BYACC 中还增加了一个用字符方式显示移进-归约过程的功能，这样能够直观地看出分析程序是如何工作的。下面针对 BYACC 来介绍怎样去调试分析程序。

首先在源文件的 C 语言定义部分加上宏定义"♯define YYDEBUG 1"，或者在编译源文件时加上选项"-t"，表示输出的分析程序将通过宏指令激活含有跟踪调试分析过程的代码。分析程序在运行时将通过读取环境变量 YYDEBUG 的值来判断是否显示分析过程以及显示的级别。当命令环境中未设置 YYDEBUG 或者 YYDEBUG 的值小于 1 时，分析程序将不显示任何分析过程；如果 YYDEBUG 在 5 到 9 之间，则分析程序将用字符图形的方式显示分析过程；如果 YYDEBUG 是其他的值，分析程序则以文字方式显示移进-归约的过程。所有的分析过程将显示到标准输出文件 stdout 上。

在 DOS 下可用下述方式设置环境变量 YYDEBUG：

```
C:\byacc\set YYDEBUG=6
```

Linux 的 bash 可以用下述方式设置 YYDEBUG：

```
turing:~/compiler$ export YYDEBUG=6
```

上述定义表示分析程序将以图形方式显示分析过程。在以图形方式显示分析过程时，分析程序将通过宏 YYDEBUG_LEXER_TEXT 输出向前查看单词的词形。如果用户没有设定该宏，分析程序则选用它的缺省定义"YYDEBUG_LEXER_TEXT not defined"。用户可以用一个全局字符数组记录词法分析的当前词形，如"char yytext[80];"，而在源文件的定义部分加上宏定义

```
#define YYDEBUG_LEXER_TEXT yytext
```

在词法分析函数中加上将当前的词形拷贝到 yytext 的语句，从而保证分析过程能正确地显示向前查看的词形。

字符图形方式将把分析栈的内容显示到一行中，其中，栈底元素在行首，而栈顶元素在行尾，同时在行尾显示移进-归约的操作和向前查看的单词，如上节例子所示。利用这一直观表示，可以很容易检查出分析程序是否能按设计的要求正确地工作，及时找到语法规则的录入错误。同时它也能够加深我们对语法分析理论的理解。

14.7 YACC 和 LEX 的接口

由于 YACC 只能生成语法分析程序，因此，在进行语法分析时需要的词法分析程序必须

由用户手工编写,或者用 YACC 的姊妹工具 LEX 生成。而 YACC 和 LEX 的研制和开发源于同一计划,所以它们之间预留的接口是一致的,用户很容易将两个生成的分析程序编译连接。

YACC 输出的语法分析函数 yyparse() 通过调用函数 yylex() 获取当前单词的编码,而 LEX 输出的词法分析函数也正是 yylex(),但是在处理两个输出分析程序的连接时,还要注意以下几个问题。

① 为了避免最后的 C 语言源程序过大以及方便对源代码的编译、调试和维护,一定要用模块化方法,即将每个分析程序源程序设置为能够独立编译的模块。在 Turbo C 中,用项目(Project)文件实现编译和连接;在 UNIX 环境下用 Makefile 文件描述模块间的关系,用 make 命令实现编译连接。

② 由于是独立编译每个 C 模块,因此,每个 C 源程序需要引用在其他模块的函数和全局变量时,必须有引用定义。这样,要对 LEX 源文件进行如下处理。

在 C 语言定义部分加上:

```
#include<y.tab.h>
   /*包含单词宏定义头文件,这样在识别一个单词时,可直接使用单词名,而不是单词编码  */
extern YYSTYPE yylval;
   /*如果语义值的数据类型是由%union定义,则 y.tab.h 中含有 YYSTYPE 的数据类型定义,全
     局变量 yylval 将在处理单词的语义值时使用,如果语义是单一数据类型,如 double,则直
     接用"extern double yylval;"。总之,引用类型一定要和 YACC 源文件的类型一致  */
```

在处理每个有名单词的动作加上下述语句:

```
词形  {
         处理语义值 yylval.type;
         /*type 是%union 中定义的类型选项  */
         return 单词名;
      }
```

由于字符单词的编码是其 ASCII 码,所以分析程序必须加上下述规则:

```
{
   return yytext[0];
}
```

③ 对 YACC 源文件 C 语言定义部分加上如下的设置:

```
extern char * yytext;      /*如果在分析语义时需要查看词形  */
int yylex();               /*引用词法分析函数说明  */
```

④ 主函数 main() 的处理:主函数可以放在 LEX 或 YACC 源文件的附加 C 代码部分,也可以单独形成一个文件。在 main() 中,要定义语法分析程序的输入文件,也就是 yylex() 的扫描文件 yyin,以及进行语义处理所需要的初始化操作。最后调用 yyparse() 和语义的后处理函数等。当 main() 所调用的函数不在它所在的模块时,一定要有引用定义。

14.8　BYACC 的命令选项

BYACC 的命令选项主要有:

-d　输出单词宏定义头文件 y.tab.h。

-l 取消输出分析程序 y.tab.c 的宏指令 #line，这样，在用 C 编译分析程序时，出错信息所显示的行号为 y.tab.c 所在的行号，而不是 YACC 源文件所在的行号。在缺省时 YACC 将产生 #line 指令。

-t 在输出文件中设置宏 YYDEBUG 为 1，从而打开分析程序的调试代码。

-v 输出分析表文件 y.output。

14.9 举 例

本例使用了多类型语义值，通过它可以学习 YACC 对复杂语义值的处理方法。设计一个以中缀表示的计算器，它支持变量定义和简单数学函数的计算。其中，变量定义的形式为 var＝exp，函数调用的形式为 function_name（exp），函数可以是 C 语言的数学库函数 sin、cos、atan、ln、exp 和 sqrt。

计算器形式语言的有名单词为数值常量 NUM、函数名 FNCT 和变量名 VAR。用符号表记录表达式中出现的变量和函数，每个符号表中的元素包含词形、该词形对应的单词编码及其属性（数值或函数指针），语言值的数据类型有双精度 double 和符号表元素指针两种类型。由于函数是系统设定的 C 语言的数学库函数，因此，在程序初始化时，可以预先将上述函数装入符号表中。在词法分析时通过查看符号表来判断一个标识符是否为函数名或变量。

将计算器分为语法分析程序 y.tab.c（YACC 生成）、词法分析程序 scanner.c 和主函数模块等 3 个模块，另外，将 3 个模块共同引用的说明放入一个独立的头文件 calc.h 中。

编译程序的程序清单列表如下：

```
calc.h：
    #include<stdio.h>
    #include<string.h>
    #include<math.h>
    #include<ctype.h>
    #include<alloc.h>
    /*符号表的数据类型，每个符号元素表将保存函数名和变量名和对应的类型及其数值或函数
        指针，符号表以链表方式实现 */
    struct symrec
        {
        char * name;    /*符号名 */
        int type;       /*符号类型 */
        union {
            double var;           /*变量的数值 */
            double (* fnctptr)();  /*函数指针 */
            } value;
        struct symrec * next;    /*指向下一个符号单元 */
        };

    typedef struct symrec SYMREC;
    /*符号表的应用定义 */
```

```
extern SYMREC * sym_table;
SYMREC * putsym (); /*插入函数 */
SYMREC * getsym (); /*查表函数 */
```

语法分析 YACC 源文件 mcalc.y：

```
%{
#include "calc.h"   /*包含系统定义头文件 */
#define YYDEBUG 1
#define YYDEBUG_LEXER_TEXT lexeme
                /*调试时输出的向前查看的词形 */
char lexeme[80];   /*记录向前查看的词形 */
%}

%union {
    double    val;  /*表达式的语义值 */
    SYMREC   * tptr;
            /*变量和函数的语义值是符号表元素指针 */
    }
%token<val>   NUM   /*语义值的类型是双精度浮点数 */
%token<tptr>  VAR FNCT
                /*语义值的类型是符号表元素指针 */
%type  <val>    exp
    /*定义结合次序和优先级别 */
%right '='
%left '-' '+'
%left '*' '/'
%left NEG     /*虚拟单词,和一元减同级 */
%right '^'    /*指数函数 */
/*语法规则部分 */
%%
input:    /*空串 */
          | input line
          ;

line:
            '\n'
          | exp '\n'    { printf ("\t%.10g\n", $1); }
          | error '\n' { yyerrok; }
          ;
exp:      NUM        { $$=$1; }
          | VAR        { $$=$1->value.var; }
          | VAR '=' exp { $$=$3; $1→value.var=$3; }
          | FNCT '(' exp ')' { $$=(*($1→value.fnctptr))($3); }
          | exp '+' exp    { $$=$1+$3; }
          | exp '-' exp    { $$=$1-$3; }
          | exp '*' exp    { $$=$1*$3; }
```

```
            | exp '/' exp      { $$=$1/$3; }
            | '-' exp  %prec NEG{ $$=-$2; }
            | exp '^' exp     { $$=pow($1, $3); }
            | '(' exp ')'      { $$=$2; }
            ;
%%
yyerror()
  char *s;
  {
  printf("%s", s);
  }
```

词法分析程序 scanner.c：

```
#include "calc.h"
#include "y.tab.h"   /* DOS 中为 y_tab.h */
extern YYSTYPE yylval;
extern char lexeme[];
yylex ()
   {
   int c;
     /* 跳过空白字符 */
   while ((c=getchar())==' ' || c=='\t');
   if (c==EOF)
   return 0;
     /* 读取数值常量 */
   if (c=='.' || isdigit (c))
       {
       ungetc (c, stdin);
       scanf ("%lf", &yylval.val);
       sprintf(lexeme,"%lf", yylval.val); /* 记录词形 */
       return NUM;
       }
     /* 读取标识符 */
   if (isalpha (c))
       {
       SYMREC * s;
       static char * symbuf=0;
       static int length=0;
       int i;
         /* 动态申请一个长度为 41 的字符数组保存词形 */
         if (length==0)
           length=40, symbuf=(char *)malloc (length+1);
       i=0;
```

```
            do
              {
                /*如果词形的长度超过 40,重新分配双倍的内存 */
                if (i==length)
                  {
                   length * =2;
                   symbuf=(char * )realloc (symbuf, length+1);
                  }
                   /*保存当前字符到数组 symbuf 中 */
                symbuf[i++]=c;
                 /*读取下一个字符 */
                c=getchar ();
               }
                while (c!=EOF && isalnum (c));
          ungetc (c, stdin); /*回退最后一个字符到输入 */
          symbuf[i]='\0';
             /*查看符号表,如果不在其中表示新定义变量 */
          s=getsym (symbuf);
          if (s==0)
            s=putsym (symbuf, VAR);
          yylval.tptr=s;
          sprintf(lexeme, s->name, 79);      /*返回词形 */
          lexeme[79]=0;
          return s->type;
         }
           /*对其他的字符返回其 ASCII 码 */
      lexeme[0]=c; lexeme[1]=0;
      return c;
     }
```

主函数模块 main.c:

```
    #include "calc.h"
    #include "y.tab.h"
    extern int yyparse();

    struct init
    {
    char * fname;
    double ( * fnct)();
    };

struct init arith_fncts[]
      =   {
            "sin", sin,
            "cos", cos,
            "atan", atan,
```

```c
            "log", log,
            "exp", exp,
            "sqrt", sqrt,
            0, 0
        };
    /*定义符号表表头指针,其初值为空指针 */
SYMREC * sym_table=(SYMREC * )0;
SYMREC * putsym (sym_name,sym_type)
        char * sym_name;
        int sym_type;
    {
      SYMREC * ptr;
      ptr=(SYMREC * ) malloc (sizeof (SYMREC));
      ptr->name=(char * ) malloc (strlen (sym_name)+1);
      strcpy (ptrname,sym_name);
      ptr->type=sym_type;
      ptr->value.var=0;   /* set value to 0 even if fctn. */
      ptr->next=(SYMREC * )sym_table;
      sym_table=ptr;
      return ptr;
    }
SYMREC * getsym (sym_name)
      char * sym_name;
    {
    SYMREC * ptr;
      for (ptr=sym_table; ptr!=(SYMREC * ) 0;
        ptr=(SYMREC * )ptr->next)
      if (strcmp (ptr->name,sym_name)==0)
        return ptr;
      return 0;
    }
int init_table ()   /*将数学函数预置于符号表中 */
    {
    int i;
    SYMREC * ptr;
      for (i=0; arith_fncts[i].fname!=0; i++)
        {
         ptr=putsym (arith_fncts[i].fname, FNCT);
         ptr->value.fnctptr=arith_fncts[i].fnct;
        }
     }
    main()
        {
```

```
            init_table();
            yyparse();
        }
```

Turbo C 的工程文件 mcalc.prj 如下：

```
    main.c
    scanner.c
    y_tab.c
```

用 Turbo C 的集成开发环境打开上述工程文件，用 Make 命令即可编译连接生成执行程序 mcalc.exe，在 DOS 提示符下运行 mcalc.exe，显示结果如下：

```
    C:\mcalc\mcalc
    pi=3.141592653589
        3.141592654
    sin(pi)
        7.932657894e-13
    alpha=beta1=2.3
        2.3
    alpha
        2.3000000000
    ln(alpha)
        0.8329091229
    exp(ln(beta1))
        2.3
```

如果加上环境变量"YYDEBUG＝5"，则程序还将显示移进-归约的分析过程。

习 题 十 四

14.1 二进制整数的文法定义如下：

```
    binary :      digit
           |      binary digit
           ;
    digit:    '0' | '1'
           ;
```

① 试设计 YACC 程序将二进制整数字符串序列翻译成对应的十进制整数。
② 如果将 binary 的规则修改为

```
    binary :      digit
           |      digit binary
           ;
```

试设计同样的翻译程序。
③ 通过上述两个翻译程序，试阐述文法规则的不同对语义翻译的影响。

14.2 设 C 语言的说明语句定义如下：

```
declaration_list :
                 | declaration_list declaration
                 ;
declaration :      type_specifier declarator ';'
                 ;
type_specifier :   INT
                 | FLOAT
                 | CHAR
                 ;
declarator :       ID
                 | '(' declarator ')'
                 | '*' declarator
                 | declarator '(' ')'
                 | declarator '[' ']'
                 ;
```

其中,有名单词 ID 匹配 C 语言的标识符,INT 匹配关键字"int",FLOAT 匹配关键字"float",CHAR 匹配关键字"char"。利用上述文法,可作如下的变量定义:

   char (* s)();

其语义为:s 是函数指针,该函数返回字符。

  C 语言规定定义表达式中的后缀运算(定义函数的()和定义数组的[ ])的优先级别比前最运算(定义指针的 *)要高,这样,

   char * s();

将等价于"char * (s())",即 s 是函数,该函数返回指针,该指针指向字符,而不是"char (* s) ()"。

 ① 试用 YACC 的优先级别和结合次序的指令消除上述文法的二义性,并使得消除二义性后的解释和上述语义相符合。

 ② 试设计 YACC 源文件的语义动作,将每个变量定义语句翻译为自然语言。要求,数组翻译为:数组,该数组的元素为……指针翻译为:指针,该指针指向……函数翻译为:函数,该函数返回……这样"char * (s())"的标准翻译是:s 是函数,该函数返回指针,该指针指向字符。注意,由于是继承属性的求解,所以不能够用语义栈的方法。

参考文献

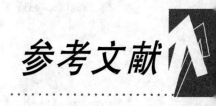

[1] GRIES D. Compiler Construction for Digital Computers[M]. John Wiley & Sons, Inc. 1971.

[2] [美]格里斯 D. 数字计算机的编译程序构造[M]. 曹东启, 仲萃豪, 姚兆炜, 译. 北京:科学出版社, 1976.

[3] 陈火旺, 钱家骅, 孙永强. 编译原理[M]. 北京:国防工业出版社, 1980.

[4] GRIES D. The Science of Programming[M]. Springer-Verlag, 1981.

[5] BARRETT W, BATES R, GUSTAFSON D. et al. Compiler Construction[M]. Science Research Associates, Inc. 1979.

[6] AHO A, ULLMAN J. Principles of Compiler Design[M]. Addison-Wesley, 1986.

[7] 何炎祥. 编译程序构造[M]. 武汉:武汉大学出版社, 1988.

[8] 金成植. 编译原理与实现[M]. 北京:高等教育出版社, 1989.

[9] 陆汝钤. 计算机语言的形式语义[M]. 北京:科学出版社, 1992.

[10] 何炎祥. 并行程序设计方法[M]. 北京:学苑出版社, 1994.

[11] 何炎祥. 计算机高级语言编译原理与方法[M]. 北京:海洋出版社, 1994.

[12] WIRTH N. Compiler Construction[M]. Addison-Wesley, 1996.

[13] BENNETT J P. Introduction to Compiling Techniques—A First Course Using Ansi C, Lex and Yacc [M]. McGraw Hill Book Co, 1990.

[14] HOLUB A. Compiler Design in C[M]. Prentice-Hall, 1990.

[15] JOHNSON S C. YACC—Yet Another Compiler Compiler[M]. C. S. Technical Report #32, Bell Telephone Lab, 1975.

[16] LEVINE J R, MASON T, BROWN D. Lex & Yacc[M]. 2nd Edition. O'Reilly and Associates, 1992.

[17] LESK M E, SCHMIDT E. Lex—A Lexical Analyzer Generator[M]. Unix programmer's manual, AT&T Bell Lab, 1975.

[18] DONNELY, STATTMAN. The Bison Manul[M]. Part of the on-line distribution of the FSF's Bison, 1992.

向您推荐

计算机专业精品课程教材和优秀学术专著

离散数学基础(第三版)　　　洪　帆　主编

数字逻辑(第四版)　　　欧阳星明　主编
普通高等教育"十一五"国家级规划教材　　国家级精品课程主教材

计算机组成原理(第三版)　　薛胜军　主编
普通高等教育"十一五"国家级规划教材

计算机系统结构(第二版)　　尹朝庆　主编

微型计算机接口技术及应用　　刘乐善　主编

32位微型计算机接口技术及应用　　刘乐善　主编
普通高等教育"十五"国家级规划教材

微机系统与接口技术　　吴产乐　主编

数据结构(C++语言描述)(第三版)　　薛超英　主编

计算机算法基础(第三版)　　余祥宣　崔国华　邹海明
普通高等教育"十五"国家级规划教材

80X86汇编语言程序设计　　王元珍　主编
普通高等教育"十五"国家级规划教材

80X86汇编语言程序设计上机指南　　许向阳　编著

操作系统原理(第四版)　　庞丽萍　编著
普通高等教育"十一五"国家级规划教材　　国家级精品课程主教材

编译原理(第三版)何炎祥　主编
普通高等教育"十一五"国家级规划教材　　国家级精品课程主教材

计算机网络(第二版)肖德宝　主编

软件工程　　　徐仁佐　主编

计算机图形学——原理、方法与应用　　伏玉琛　周洞汝　主编

通信原理概论　　贺贵明　主编

信息安全概论　　洪　帆　主编

人工智能方法与应用　　尹朝庆　主编

网络管理理论与技术　　肖德宝　徐慧　著

Xen虚拟化技术　　金　海　著